普通高等院校土建类专业"十四五"创新规划教材

建筑结构CAD

王成虎　谢清涛　黄太华　编著

中国建材工业出版社

图书在版编目（CIP）数据

建筑结构 CAD/王成虎，谢清涛，黄太华编著 . --
北京：中国建材工业出版社，2021.10（2023.8 重印）
普通高等院校土建类专业"十四五"创新规划教材
ISBN 978-7-5160-3248-0

Ⅰ.①建… Ⅱ.①王… ②谢… ③黄… Ⅲ.①建筑结
构—计算机辅助设计—AutoCAD 软件—高等学校—教材
Ⅳ.①TU311.41

中国版本图书馆 CIP 数据核字（2021）第 122484 号

建筑结构 CAD
Jianzhu Jiegou CAD
王成虎　谢清涛　黄太华　编著

出版发行　中国建材工业出版社
地　　址：北京市海淀区三里河路 11 号
邮　　编：100831
经　　销：全国各地新华书店
印　　刷：北京雁林吉兆印刷有限公司
开　　本：787mm×1092mm　1/16
印　　张：20.25
字　　数：460 千字
版　　次：2021 年 10 月第 1 版
印　　次：2023 年 8 月第 3 次
定　　价：**69.80 元**

前 言

　　结构工程是土木工程学科的一个重要分支，工程中常用力学方法对结构进行力学分析，再结合规范对结构进行工程设计。随着我国国民经济的高速增长，建筑业发展迅速，建筑市场规模日趋庞大。实践中要求结构工程师对各种结构进行分析设计，复杂工程的分析和设计工作单靠手工计算很难满足需求，需要借助计算机高效的计算效率来满足工程项目的进度和精度需求。

　　21世纪以来，国内涉及结构工程领域的有限元软件层出不穷，以北京盈建科软件股份有限公司的 YJK 系列软件、中国建筑科学研究院的 PKPM 系列软件、北京筑信达工程咨询有限公司的 SAP2000 及 ETABS 软件、北京迈达斯技术有限公司的 midas 系列软件、广东建研数力建筑科技有限公司的 SAUSAGE 软件为代表的结构分析和设计软件形成了成熟的应用领域。本书第 2 篇选取设计院应用较为广泛的 YJK 软件进行结构建模、结构计算和出结构施工图，第 3 篇选用 YJK 软件、PKPM 软件和 SAUSAGE 软件进行结构的超限分析。

　　在校学生缺乏对工程实践的感受，需要一个能将理论和实践紧密结合起来的桥梁。本书将大学理论知识和设计院工程实践有机结合起来，力求为即将踏入工程实践的大学生们提供指导，同时也可作为工程设计人员的参考用书。

　　本书分为以下 4 篇：

　　第 1 篇为工程中常用建筑及结构软件简介，系统地介绍了目前市场上主流的建筑软件、结构软件的发展历程。对各种建筑、结构设计软件的基本功能和特点做了简单的介绍，解析了结构工程专业课程之间的内部脉络联系。书中对结构超限分析的范围予以界定，对动力弹塑性分析的优越性给予阐述，对常用动力弹塑性分析软件的数值模型、单元的骨架曲线进行了讲解。最后对建筑和结构软件发展方向、BIM 信息化技术建设和基于协同平台的全专业正向设计做了总结和展望。

　　第 2 篇为盈建科软件的基本操作，采用国内目前广泛应用的盈建科软件，以一个简化的实际工程贯穿本篇的始终。包含上部结构设计和基础设计，上部结构设计又包含建立结构模型、结构计算、结构布置调整、构件截面优化和绘制上部结构施工图，基础设计包含建立基础模型、进行基础计算和绘制基础施工图。

　　第 3 篇为结构超限分析，讲述了我国抗震设计的原则、结构超限分析及结构抗震性能设计等内容，对抗震概念设计、地震反应分析、抗震性能验算、抗震构造设计进行了详细阐述。最后提供了一个结构超限分析报告，结构超限分析报告包含概述、地基与基础、设计荷载及材料、抗震设防性能目标构件分类、结构超限分析。

　　第 4 篇为常用结构类型的工程实例，提供了框架结构、剪力墙结构、框架-剪力墙结构等常用结构体系的工程案例，每个案例对结构设计条件、结构布置情况、结构主要参数、结构整体指标进行了简要介绍，使在校大学生能对各种结构形式有个大致的认识。

本书由王成虎、谢清涛、黄太华编著，其中黄太华编写大纲、修改并定稿。本书在编写过程中参考了大量的参考文献和工程案例，湖南智谋规划工程设计咨询有限责任公司为本书的工程案例采集和编著提供了有力的支持，北京盈建科软件股份有限公司为本书的编写提供授权和技术支撑，广州建研数力建筑科技有限公司为本书的编写提供了技术支撑。湖南中天建设集团股份有限公司高连生博士为第1篇的编写提出了许多宝贵意见并做了局部修改；悉地国际设计顾问（深圳）有限公司孙素文、刘伟峰，广州建研数力建筑科技有限公司侯晓武博士为第3篇的编写提供了指导和技术支持；湖南湖大工程咨询有限责任公司黄征为第4篇的编写提供了帮助。

编写本书时，作者力求准确使用工程理论及结构软件，并与工程实践紧密结合，由于作者水平和实践经验的局限性，书中难免存在疏漏、不妥之处，恳请读者批评指正，以便及时改进。

编著者

2021 年 4 月

目 录

第1篇 工程中常用建筑及结构软件简介

第 2 篇　盈建科软件的基本操作

第 1 篇

工程中常用建筑及
结构软件简介

第1章

建筑结构软件的发展历程

1.1　建筑软件的发展历程

1.1.1　AutoCAD 软件的发展历程

AutoCAD（Autodesk Computer Aided Design）是建筑结构工程设计的基础软件，工程中大量使用的建筑设计软件（如天正建筑软件）直接在 AutoCAD 的平台上二次开发而成，部分结构设计软件（如 3D3S）也是直接以 AutoCAD 作为支撑平台，工程中的结构施工图都是在结构软件中建模计算并形成初步图纸后，在 AutoCAD 中进行修改完善后出施工图。

AutoCAD 是 Autodesk 公司 1982 年开发的自动计算机辅助设计软件，用于二维绘图、详图绘制和三维设计。经过多年的改进、完善，AutoCAD 现已成为国际上广为流行的涵盖很多方面的工程绘图软件。

AutoCAD 软件最初是基于 CAD（Computer Aided Drafting）技术开发出来的一款软件。CAD 技术至今已经有 60 多年的历史，发展历程可分为五个阶段。

（1）初始准备阶段：1959 年 12 月，麻省理工学院（MIT）召开的计划会议上明确提出 CAD 的概念。

（2）研制试验阶段：1962 年，美国 MIT 林肯实验室的博士研究生 I. E. Sutherland 发表"Sketchpad 人机交互图形系统"的论文，首次提出了计算机图形学、交互技术、分层存储的数据结构新思想，实现了人机结合的设计方法；1964 年，美国通用汽车公司和 IBM 公司成功研制了 DAC-I 系统，将 CAD 技术实际应用于汽车玻璃设计方面。这是 CAD 技术第一次被用于具体对象上，至此之后，CAD 技术得到了迅猛的发展。

（3）技术商品化阶段：20 世纪 70 年代，CAD 技术开始步入实用化，从二维技术发展到三维技术，开发 CAD 技术的软件公司也层出不穷。

（4）高速发展阶段：20 世纪 80 年代开始，随着科学技术的不断发展，计算机成本大幅度下降，这使得计算机硬件和软件功能提高的同时其价格不升反降，CAD 的硬件配置和软件开发能够在中、小型企业的承受能力范围内，CAD 技术不再只被大企业垄断，从此 CAD 技术进入了高速发展阶段。Autodesk 公司于 1982 年推出了微机辅助设计与绘图软件系统 AutoCAD，并且不断地对版本进行更新，完善系统功能，此举在 CAD 发展的历程中产生了巨大的影响。

（5）全面普及阶段：20 世纪 90 年代开始，CAD 技术在设计领域得到了广泛应用，从此成为工程界一种重要的设计技术。

由 CAD 技术发展而来的 AutoCAD 软件的发展过程可分为初级阶段、发展阶段、高级发展阶段、完善阶段和进一步完善阶段。

初级阶段，AutoCAD 更新了五个版本：

1982 年 11 月，Autodesk 公司首次推出了 AutoCAD 1.0 版本。

1983 年，Autodesk 公司推出了 AutoCAD 1.2 版本、AutoCAD 1.3 版本和 Auto-CAD 1.4 版本。

1984 年 10 月，Autodesk 公司推出了 AutoCAD 2.0 版本。

发展阶段，AutoCAD 更新了以下版本：

1985 年 5 月，Autodesk 公司推出了 AutoCAD 2.17 版本和 2.18 版本。

1986 年 6 月，Autodesk 公司推出了 AutoCAD 2.5 版本。

1987 年 9 月后，Autodesk 公司陆续推出了 AutoCAD 9.0 版本和 9.03 版本。

高级发展阶段，AutoCAD 更新了三个版本，使 AutoCAD 的高级协助设计功能逐步完善：

1988 年 8 月，Autodesk 公司推出的 AutoCAD 10.0 版本。

1990 年，Autodesk 公司推出的 11.0 版本。

1992 年，Autodesk 公司推出的 12.0 版本。

完善阶段，AutoCAD 更新了三个版本，逐步由 DOS 平台转向 Windows 平台：

1996 年 6 月，AutoCAD R13 版本问世。

1998 年 1 月，Autodesk 公司推出了划时代的 AutoCAD R14 版本。

1999 年 1 月，Autodesk 公司推出了 AutoCAD 2000 版本。

进一步完善阶段，AutoCAD 更新了两个版本，功能逐渐加强：

2001 年 9 月，Autodesk 公司向用户发布了 AutoCAD 2002 版本。

2003 年 5 月，Autodesk 公司在北京正式宣布推出其 AutoCAD 软件的划时代版本——AutoCAD 2004 简体中文版。

至此以后，开发 AutoCAD 软件的 Autodesk 公司也没有停下前进的脚步，一直对 AutoCAD 软件系统进行不断的改进、完善，让软件一直紧跟时代的脚步，适应其他软件的发展，往后的每一年，AutoCAD 软件都有 1～2 次的版本更新，一直到今天。AutoCAD 软件在全球广泛使用，可以用于土木建筑、装饰装潢、工业制图、工程制图、电子工业和服装加工等多个领域，在国际上占有重要地位。

1.1.2　天正建筑软件发展历程

运用 AutoCAD 软件也能完成建筑图的设计，但操作极为复杂，天正建筑 TArch-CAD 软件是国内较早在 AutoCAD 平台上开发的商品化建筑 CAD 软件，天正建筑 TArchCAD 软件在 AutoCAD 基础上进行二次开发，将一般的 AutoCAD 命令进行集成，使完成建筑图的设计变得更为简便。目前，天正软件已具有相当的规模，现今的天正软件已发展成为涵盖建筑设计、装修设计、暖通空调、给水排水、建筑电气与建筑结构等多项专业的系列软件，并为日新月异的房产发展商提供了房产面积计算功能等。

自 1994 年发展至今，由天正公司推出的建筑 CAD 系列软件在全国范围内取得了极大的成功，全国范围内的建筑设计单位大多在使用天正建筑软件进行图纸设计。天正建筑软件已经成为国内建筑 CAD 的主导软件，它的图档格式已经成为各设计单位与甲方之间进行图形信息交流的基础。

随着 AutoCAD 2000 以上版本的推出、普及以及新一代自定义对象化的 Object-ARX 开发技术的发展，在经过多年刻苦钻研后，天正公司终于在 2001 年推出了从界面到核心面目全新的 TArch5 系列。此系列软件采用二维图形描述与三维空间表现一体化的先进技术，从方案到施工图全程体现建筑设计的特点，在建筑 CAD 技术上掀起了一场革命。

建筑 CAD 软件采用了自定义对象技术，更具有人性化、智能化、参数化、可视化等多个重要特征，以建筑构件作为基本设计单元，把内部带有专业数据的构件模型作为智能化的图形对象。天正建筑软件提供了方便用户的操作模式，使得软件更加易于掌握，可以轻松完成各个设计阶段的任务，包括体量规划模型和单体建筑方案比较，适用于从初步设计直至最后阶段的施工图设计，同时可为天正日照设计软件和天正节能软件提供准确的建筑模型，大大推动了建筑节能设计的普及。

1.1.3　Rhino 软件的发展背景

Rhino，中文名称犀牛，是美国 Robert McNeel & Assoc 于 1998 年基于 NURBS 为主开发的 PC 上强大的专业三维建模软件。它可以广泛地应用于建筑设计、三维动画制作、工业制造、科学研究以及机械设计等领域，其开发人员基本上是原 Alias（开发 Maya 的 A/W 公司）的核心代码编制成员。

使用 Rhinoceros 辅助建筑设计这一想法最初源于国外一些建筑院校在建筑教学上的实践，例如，英国的伦敦 AA 建筑学院、美国的哥伦比亚大学和麻省理工学院等。由于其优秀的曲面造型能力和 RhinoScript 参数化设计平台，Rhinoceros 对新建筑形式的表达来说，是一个强有力的软件支持。伦敦的一些建筑师和建筑师事务所（London based Architects），例如，扎哈·哈迪德（Zaha Hadid）、彼得·库克（Peter Cook）、HOK Sport 和福斯特及合伙人事务所（Fos-ter＋Partners）等，都对 Rhinoceros 在建筑实践上的应用做了最初的一些尝试，这些使用 Rhinoceros 辅助设计出来的建筑实例，许多因其独特的造型和高超的结构技术而获得了广泛的赞誉。目前，Rhinoceros 已经在建筑设计行业得到了广泛的应用，国内一些建筑院校已经将 Rhinoceros 引入到其课程设计中，国内最新的一些建筑设计方案也都用到了 Rhinoceros 辅助设计，例如，上海东方体育中心、高度超过 600m 的上海中心大厦等。

Rhino 得到所有专业人士认可的原因大致有以下几点：

首先，Rhino 是一个"平民化"的高端软件。它不像 Maya、SoftImage XSI 等"贵族"软件，必须在 Windows NT 或 Windows 2000、Windows XP，甚至 SGI 图形工作站的 Irix 上运行，还必须搭配价格昂贵的高档显卡。Rhino 本身所需的配置：只要是 Windows 95，一块 ISA 显卡，甚至 486 主机都能运行起来。

其次，Rhino 不像其他三维软件那样有着庞大的身躯，动辄几百兆，Rhino 全部安装完毕才 20 几兆。因此，Rhino 软件着实地诠释了"麻雀虽小，但五脏俱全"这一说法，并且由于 Rhino 引入了 Flamingo 及 BMRT 等渲染器，其图像的真实品质已非常接近高端的渲染器。

最后，Rhino 不但可用于 CAD、CAM 等工业设计，更可为各种卡通设计、场景制作及广告片头打造出优良的设计模型。另外，Rhino 以其人性化的操作流程让设计人员爱不释手，从而最终为学习 SolidThinking 及 Alias 打下一个良好的基础。

总之，Rhino3D NURBS 软件是三维建模高手必须掌握的、具有特殊实用价值的高级建模软件。

1.1.4　Grasshopper 发展背景

Grasshopper（以下简称 Gh）是一款可视化编程语言，它基于 Rhino 平台运行，是数据化设计方向的主流软件之一，同时与交互设计也有重叠的区域。与传统设计方法相比，Gh 有两个显著的特点：一是可以通过输入指令，使计算机根据拟定的算法自动生成结果，算法结果不限于模型、视频流媒体以及可视化方案；二是通过编写算法程序，机械性地重复操作及大量具有逻辑的演化过程可被计算机的循环运算所取代，方案调整也可通过修改参数直接得到修改结果，这些方式可以有效地提升设计人员的工作效率。

Gh 是一款运用在 Rhinoceros 中的新兴编程插件，它借鉴了 Quest3D 等虚拟现实开发软件的可视化编程方式，为用户提供了以计算机程序的逻辑来组织模型创建和调控操作。Gh 的产生源于在参数化设计潮流下 Rhino 用户在编程功能与性能方面的需求，同时 Gh 的产生也极大地推动了 Rhino 乃至参数化设计技术与理论的普及。

Gh 一经问世便被广泛使用，因其操作简单，且广受好评，降低了运用算法进行复杂的、逻辑性的形体设计过程所需的技术门槛，成为现今最热门的参数化设计工具之一。

1.1.5　SketchUp 软件的发展历程

SketchUp 又称草图大师，是一款三维软件，与设计类的其他相关软件，例如，AutoCAD、3ds Max、Photoshop、Lumion 等软件能够达到密切结合的程度。

SketchUp 于 2000 年 8 月首次发布，是科罗拉多州博尔德创业公司@Last Software 的产品。该公司由 Brad. Schell 和 Joe. Esch 共同创立。2000 年，在首次商业销售展上，它获得了社区选择奖；随后开发者发现了一个位于建筑以及楼房设计产业的市场，并且迅速地发布了针对这种专业性工作需要的修订版；设计人员能够快速地学习掌握草图大师，相比于其他商业三维软件有较短的学习期。

2006 年 3 月 14 日，受 SketchUp 与 Google Earth 集成的吸引，Google 收购 SketchUp 及其开发公司@Last Software。

2007 年 1 月 9 日，SketchUp 6 正式发行，其中包含一些新工具以及 Beta 版的 Google SketchUp LayOut。Google SketchUp LayOut 包含一系列二维矢量工具，以及一个页面布局工具，可以让用户轻松创建演示而无须跳转到第三方的演示程序。

2007 年 2 月 9 日，公司发布了一个维护更新，修正了一系列的程序漏洞，但不包含任何新特性。

2008 年 5 月 29 日，SketchUp 6.4 正式发行。

2008 年 11 月 17 日，SketchUp 7 正式发行，包含一些让用户更加易于使用的改进，添加了 3D Warehouse 搜索和浏览器组件、增加了矢量渲染、提高了文字处理等功能的 LayOut 2，对于动态缩放反应的提升和增强的 Ruby API 性能。

2010 年 9 月 1 日，SketchUp 8 的最新版本发布，它具有地理位置、匹配照片、彩色图像和建筑商集成等改进。

2012 年 6 月 1 日，美国 Trimble 公司购买了 SketchUp 所有权。

2013 年 5 月 21 日，Trimble 公司发布了 SketchUp Pro 2013。Trimble 公司收购 SketchUp 之后，成功推出了 SketchUp 的 64 位版本，增加了对多 CPU、大内存的支持。同时，由于 Trimble 公司在建筑类软件方面的开发优势，新版本的 SketchUp 操作更简便、受众面更广、运算速度更快。

2014 年，SketchUp Pro 2015 版本发布。

2016 年 11 月 7 日，SketchUp Pro2017 版本发布。

近年来，SketchUp 软件被设计人员广泛运用于设计方案的创作，形成了工具与思维之间的专业互动，成为一款适合设计师使用的软件。因为使用它，用户可以专注于设计本身，更加自由地创建 3D 模型。

1.2　结构软件的发展历程

1.2.1　PKPM 软件的发展历程

PKPM 软件是由中国建筑科学研究院研发的大型建筑工程综合 CAD 系统，其功能强大到集建筑、结构、设备、工程量统计、概预算及节能设计于一体，盈建科软件出现前在国内设计行业占绝对优势，拥有用户上万家。PKPM 软件是早期国内应用最为普遍的结构 CAD 辅助设计系统。

20 世纪 80 年代，中国建筑科学研究院结构所应时代的需求，开发了国内最早的混凝土框排架设计软件 PK，早期的 PK 基于 DOS 操作系统，只能计算一维的连续梁、二维的排架和二维的框架，不能以图形的方式输入截面、荷载等计算所需数据，必须将图形转换为字符、数据等输入电脑，也不能生成施工图，只能输出文字计算结果或配筋量图形计算结果，随着操作系统由 DOS 升级为 Windows，PK 软件也由文本方式输入计算所需原始数据转变为以图形方式输入计算所需原始数据。

随着 20 世纪 90 年代高层建筑建设的起步，只能进行平面杆系计算的 PK 已不能满足设计的需求，这时具有空间协同（主要是水平荷载）计算能力的 TBSA（Tall Building Structure Analysis）出现了。TBSA 不适合于用在平面和竖向布置复杂的结构中，这个软件后来淡出了市场。

PK 也没有停下自己发展的脚步，为了将平面结构转换为真实的空间三维结构，推出了 PMCAD 模块，使建立结构模型变得更为简单、快捷和真实，实现了结构模型所见即所得的巨大转变，PKPM 软件名称也由此得来。结构模型已经变为三维空间模型，PK 已经不适应了，三维结构分析模块 TAT 应运而生。TAT 直接进行三维分析，不需要将结构离散为平面框架和连续梁，彻底抛弃平面框架的概念。尽管工程实践早就由平面进入了三维时代，但在教学时，平面框架仍是教学重点，很多高校的毕业设计还需手算一榀框架。

20 世纪 90 年代，随着三维结构分析模块 TAT、基础工程计算机辅助设计软件 JCCAD 等的研发成功，PKPM 软件逐步成为建筑 CAD 行业的领军软件。

TAT 把二维的剪力墙简化为一维的薄壁杆，2000 年后，高层剪力墙结构（尤其是高层住宅）在全国大中小城市大量新建，TAT 这种简化处理同剪力墙的实际受力情况存在较大的差异，PKPM 软件又推出了结构空间有限元分析设计模块 SATWE。2008 年世界奥林匹克运动会在北京举行，出现了一个划时代的建筑——鸟巢，该运动场馆没有严格的建筑层的概念，复杂空间结构分析与设计模块 PMSAP 应运而生。

21 世纪后，PKPM 软件版本历经了几次更新，出现了 PKPM2002 版、PKPM2005 版、PKPM2008 版这几个重要版本。我国在 2010 年前后出版了 2010 版结构系列设计规范，为与 2010 版规范相适应，分别在 2011 年 3 月 31 日、2011 年 9 月 30 日和 2012 年 6 月 30 日推出三个版本。这三个版本都准确反映了规范设计意图，且版本稳定，并得到大量的工程设计实践的考验。针对建筑结构荷载规范、建筑抗震设计规范、混凝土结构设计规范、钢结构设计规范和建筑地基基础设计规范等设计规范的颁布，中国建筑科学研究院对 PKPM 软件进行了跨版本升级，PKPM2010 V2.1 版本的研发延续了前三个版本的研发与测试模式，陆续把新的相关规范设计要求加入软件，现在常用的版本是 PK-PM2010 V4.3。

PKPM2010 V5.0 融入了 BIM 的思想，在将来有可能在 BIM 这杆大旗下，有把所有的专业软件进行大融合的趋势。

1.2.2　盈建科软件的发展背景

盈建科软件（简称"YJK"）为北京盈建科软件公司推出的一款类似于 PKPM 的结构设计专业软件。此公司由原 PKPM 软件研发部陈岱林总工于 2010 年在北京创办，相比于 PKPM 软件，YJK 更具有人性化的界面，操作简便，有利于结构设计人员的学习和应用。

2016 年 5 月 26 日，盈建科建筑结构设计软件系统 V2016-1.7.1.0 版发布，它主要针对当前普遍应用的软件系统中亟待改进的方面和 2010 结构设计规范局部修订出现大量新增的要求而开发。

2016 年 6 月 24 日，盈建科建筑结构设计软件系统 V2016-1.8.0.0（Beta）版发布，功能包括上部结构设计、基础设计、砌体结构设计、施工图设计、非线性分析、装配式结构设计、钢结构施工图、鉴定加固、接口等几大方面。

2016 年 9 月 13 日，盈建科建筑结构设计软件系统 V2016-1.8.1.0 版发布。

2017 年 1 月 23 日，盈建科建筑结构设计软件系统 V2016-1.8.2.0 版发布。

2017 年 4 月 1 日，盈建科建筑结构设计软件系统 V2016-1.8.2.1 版发布。

2017 年 6 月 13 日，盈建科建筑结构设计软件系统 V2016-1.8.2.2 版发布。

2017 年 7 月 21 日，盈建科建筑结构设计软件系统 V2016-1.8.2.3 版发布。

2017 年 9 月 11 日，盈建科建筑结构设计软件系统 V2016-1.8.3.0 版发布。

2018 年 12 月 7 日，盈建科建筑结构设计软件系统 V2016-1.9.3 版发布，1.9 版本系列在模型荷载输入、前处理及设计结果、减震隔震、动力弹塑性、静力弹塑性、施工图及装配式施工图、钢结构和基础等版块方面均有改进及新增功能。

2019 年 12 月 26 日，盈建科建筑结构设计软件系统 V2020-2.0.x 版发布。该版本增加了几大模块，分别有门式刚架设计、校审软件、温室大棚、外国规范版本、动力机器基础、Tekla 接口以及变电构架模块。

2020 年 6 月 10 日，盈建科建筑结构设计软件系统 V2020-3.0.x 版发布。

盈建科软件在近几年一直不断改进，发展至今已经是面向国际市场的一款建筑结构设计软件，既有中国规范版，也有欧洲规范版。盈建科现今已经推出了多款建筑结构设计软件系统：盈建科建筑结构计算软件（YJK-A）；盈建科基础设计软件（YJK-F）；盈建科砌体结构设计软件（YJK-M）；盈建科结构施工图设计软件（YJK-D）；盈建科钢结构施工图设计软件（YJK-STS）；盈建科弹塑性动力时程分析软件（YJK-EP）和接口软件等。

盈建科脱胎于 PKPM，现今的盈建科在操作的简便、计算的细腻、与规范的紧密程度方面均优于 PKPM，PKPM 的市场受到了前所未有的挑战。

1.2.3　SAP2000 的由来

SAP2000 中文版是由北京金土木软件技术有限公司、中国建筑标准设计研究院与美国 Computers and Structures Ins.（CSI）公司共同研制开发的通用结构分析与设计软件，于 2004 年 11 月正式颁布。

SAP2000 来源于 SAP，是由 SAP5、SAP80、SAP90 发展而来的。SAP 程序是一个历史最悠久、最负盛名的结构分析软件，至今已有 40 多年的历史。1969 年美国加州大学 Berkeley 分校的 Wilson 教授原创性地开发了静力与动力分析的 SAP 程序。SAP 是 "Structural Analysis Program" 首字母的缩写。SAP 程序应用了当时的许多技术，使其数组允许每个节点具有不同的位移数目，但其与那些每节点具有固定位移数目的特定用途程序一样高效。在不到一年的时间里，Wilson 教授和他的三位学生就开发出了第一个 SAP 程序，它成了许多有限元工程的基本初始程序。

1973 年，Bathe 博士更新了动力响应选项，发展成了 SAP Ⅳ，在那时，这就是世界上最快和最强大的结构分析程序。

自 1979 年开始，从美国归来的张之勇教授、董平教授等在国内开办了一系列的有限元讲座，实时传授最新的有限元知识，为国家培养了一大批的有限元科研开发应用人才，而且在当时国内广泛应用的第一个有限元程序就是张之勇教授带回来的 SAP Ⅴ 程序。SAP Ⅴ 程序对当时的国内产生了极大的影响，还获得了第三届中国工业大奖。

自从 SAP 诞生后，SAP 已经成为结构工程分析方法发展技术水平的代名词，由 SAP 程序衍生的 SAP2000 一直延续着这个传统。在针对交通设施、工业建筑、公共建筑、体育场馆以及其他的基础设施方面，SAP2000 提供了精妙的用户界面、无可匹敌的分析引擎以及全面完善的设计工具。

1.2.4　midas 软件的发展历程

midas 的中文名是迈达斯，是一种有关结构有限元分析软件，分为建筑领域、桥梁领域、岩土领域、仿真领域四个大类。其中建筑领域包含如下软件：midas Building、midas Gen、Gen Designer。桥梁领域包含如下软件：midas Civil、midas SmartBDS、Civil Designer。岩土领域包含如下软件：midas GTS、midas SoilWorks、midas GeoX。仿真领域包含软件如下：midas NFX、midas FEA。在此，我们主要了解 midas Building 和 midas Gen 这两款建筑结构设计软件。

2002 年 midas 进入中国，历经多年的不断发展，已在建筑结构领域形成了完整的产品线，midas Building、midas Gen、midas FEA 共同组成了建筑结构领域的整体解决方案。同时，随着国家鼓励企业"走出去""一带一路"等号召，中国对外工程承包行业继续保持较高增速，业务规模也继续扩大。MIDAS 公司作为一家跨国软件公司，为海外项目设计提供了完整的解决方案。工程师可根据工程的需要，灵活选用不同软件的组合，取长补短，发挥软件的最大优势，满足国内外甲方和工程本身提出的各种高端分析需求。

1.2.5 ETABS 软件的发展历程

ETABS 是由美国 CSI 公司开发研制的房屋建筑结构分析与设计软件，至今已有近 30 年的发展历史，是美国乃至全球公认的高层结构计算程序，ETABS、SAP2000 等 CSI 系列软件是加州大学 Berkeley 分校的美国工程院院士 Wilson 教授开发的，计算精度上经得起考验。

2001 年，由于 GUI 的潜力和 ETABS 技术上的领先，AISC 委托美国 CSI 建立一个特殊模板支持交错桁架设计。AISC 与 CSI 合作开展了一系列国际研讨会来探讨交错桁架结构体系的设计方法，而 ETABS 已经实现了解决交错桁架设计中复杂问题的功能。

ETABS 是代表当今科技发展水平的集成建筑设计系统，被美国钢结构协会（AISC）授予 2002 年现代钢结构建筑荣誉产品奖（HOT PRODUCTS HONOR AWARD）。在过去的 25 年里，ETABS 被公认为建筑分析设计国际标准，被世界上主要的标志性建筑所采用。除此之外，该软件也被数以千计的教育机构作为研究和教育的工具。

在多年发展中，ETABS 一直保持着稳定的计算、分析能力，在业界有着广泛的影响力，被很多其他有限元软件作为校核软件。如今，新版的 ETABS 带有完全集成的面向对象的分析、设计、优化、制图和加工数字环境，将要在未来的 25 年中重新确立数字技术及其生产力的标准，并且引领一个新的数字技术时代。

ETABS 集成了大部分国家和地区的现有结构设计规范，它已经将美国、加拿大、欧洲规范和中国规范纳入其中，可以完成绝大部分国家和地区的结构工程设计工作。随着中国加入 WTO，越来越多的外国设计公司进入中国市场，同时我国的设计单位也逐步参与国际性的设计竞争，所以了解和使用国外的设计规范对中国的设计人员来讲是十分重要的。

1.2.6 ANSYS 软件的发展历程

ANSYS（Analysis System）软件是融结构、流体、电场、磁场、声场和耦合场分析于一体的大型通用有限元分析软件，由世界上最大的有限元分析软件公司之一的美国

ANSYS 开发，能与多数 CAD 软件接口，实现数据的共享和交换，如 Pro/Engineer、NASTRAN、Alogor、I-DEAS、AutoCAD 等，是现代产品设计中的高级 CAD 工具之一。

自从 1970 年由美国匹兹堡大学力学系教授 John Swanson 博士开发出来，在至今几十年的长足发展中，该软件的功能不断强大，逐渐在全球的大型设计软件中占有举足轻重的地位，其设计内容涵盖机械、航空航天、能源、交通运输、土木工程、水利、电子、地矿、生物医学、教学科研等众多领域。

经过几十年的发展和推广，ANSYS 的应用已经涉及众多领域，已经能够解决结构、流体、热、电磁以及它们的耦合场问题，尤其像其中的静力学分析、动力学分析、非线性分析、疲劳分析、流体分析、优化设计、碰撞分析等都已经成为稳定可靠的技术。近年来，随着计算机硬件技术的快速发展，ANSYS 能够更加容易地处理大自由度问题。此外，由于一直不断改进和完善数值计算方法，ANSYS 涉足的行业范围越来越广，能够解决的问题也越来越多。随着科学技术的逐渐成熟，在现代工程技术领域，ANSYS 越来越受到广大工程技术人员和科研人员的青睐。

1.2.7　ABAQUS 软件的发展历程

ABAQUS 是一种有限元分析软件，用于机械、土木、电子等行业的结构和市场分析。ABAQUS 软件早年属于美国 HKS（Hibbitt、Karlsson 和 Sorensen 博士）公司的产品，后期卖给了达索公司，因此该软件又被称为达索 SIMULIA；2005 年 5 月，前 ABAQUS 软件公司与在产品生命周期管理软件方面拥有先进技术的世界知名的法国达索集团合并，共同开发新一代的模拟真实世界的仿真技术平台 SIMULIA。目前，ABAQUS 是达索 SIMULIA 公司的产品。达索 SIMULIA 公司是世界知名的计算机仿真行业的软件公司，成立于 1978 年，其主要业务是为世界上最著名的非线性有限元分析软件 ABAQUS 进行开发、维护及售后服务。

1.2.8　3D3S 软件的发展历程

3D3S 是同济大学开发的用于钢结构设计的软件。该软件可用于钢框架、门式刚架、自立塔架、钢屋架及吊车梁等各种钢结构的设计。

1997 年，3D3S 推出了 1.0 版。20 多年来，3D3S 历经千家以上用户和数千个工程实践的检验，不断地经历使用、维护以及进行改进升版。3D3S 软件中采用的高层结构弹塑性时程分析模型是吕西林教授团队的研究成果（获国家和省部级科技进步奖），而其采用的预张力结构、索膜结构计算设计理论及钢结构实体建造绘图技术又是张其林教授团队的研究成果（获省部级科技进步奖）。

作为高校科研结合产业成果，3D3S 软件编制及相关理论研究得到了社会和同行的认可。3D3S 软件于 1999 年首批进行了行业软件登记，成为国内最早获得承认的钢结构与空间结构专业设计软件；上海同磊土木工程技术有限公司于 2004 年获得软件科技企业称号，又于 2006 年获得上海市以及国家科技部创新项目的全额资助。同济大学科技处组织专家对 3D3S 各系统和各功能模块分别进行了专家鉴定以确保软件的可靠性和严肃性。

第2章

建筑设计软件简介

2.1 AutoCAD 软件简介

AutoCAD 软件主页如图 2-1 所示。

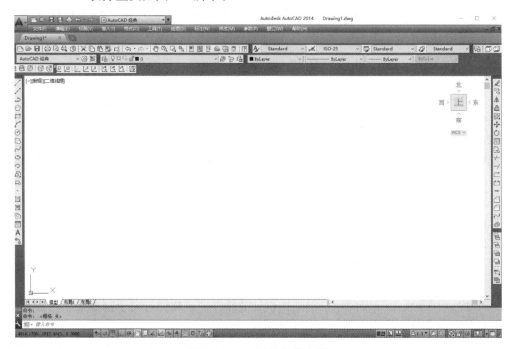

图 2-1 AutoCAD 软件主页

AutoCAD 软件基本功能：

1. 平面绘图

AutoCAD 是能以多种方式创建直线、圆、椭圆、多边形、样条、曲线等基本图形对象的绘图辅助工具。AutoCAD 提供了正交、对象捕捉、极轴追踪、捕捉追踪等绘图辅助工具。正交功能使用户可以很方便地绘制水平、竖直直线，对象捕捉可帮助拾取几何对象上的特殊点，而追踪功能能使画斜线及沿不同方向定位点变得更加容易。

2. 编辑图形

AutoCAD 具有强大的编辑功能，可以移动、复制、旋转、阵列、拉伸、延长、修剪、缩放对象等。

标注尺寸：可以创建多种类型尺寸，标注外观可以自行设定。

书写文字：能轻易在图形的任何位置、沿任何方向书写文字，可设定文字字体、倾斜角度及宽度缩放比例等属性。

图层管理功能：图形对象都位于某一图层上，可设定图层颜色、线型、线宽等特性。

3. 三维绘图

可创建 3D 实体及表面模型，能对实体本身进行编辑。

网络功能：可将图形在网络上发布或通过网络访问 AutoCAD 资源。

数据交换：AutoCAD 提供了多种图形图像数据交换格式及相应命令。

二次开发：AutoCAD 允许用户定制菜单和工具栏，并能利用内嵌语言 AutoLISP、Visual LISP、VBA、ADS、ARX 等进行二次开发。

AutoCAD 软件的基本特点可归纳为：具有完善的图形绘制功能，强大的图形编辑功能；可以采用多种方式进行二次开发或用户定制；可以进行多种图形格式的转换，具有较强的数据交换能力；支持多种硬件设备和多种操作平台；具有通用性、易用性，适用于各类用户。

此外，从 AutoCAD 2000 开始，该系统又增添了许多强大的功能，如 AutoCAD 设计中心（ADC）、多文档设计环境（MDE）、Internet 驱动、新的对象捕捉功能、增强的标注功能以及局部打开和局部加载的功能。

2.2　天正建筑软件简介

天正建筑软件主页如图 2-2 所示。

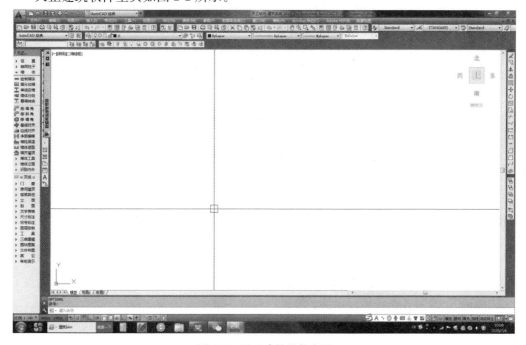

图 2-2　天正建筑软件主页

天正建筑软件基本功能如下：

1. 用户交互主面板

（1）文件视图选项板

集成天正文件布图功能，便于图档交流；集成状态栏常用开关以及视图观察工具，便于快速更改图面显示状态。

（2）图层选项板

将天正标准图层植入图层管理器，加载图层更加方便；图层分组器，方便对图层的管理与整体操作；图层搜索功能，可与天正图层控制条交互，方便图层查找；锁定图层透明度显示，使锁定图层的显示更加清晰。

（3）编组选项板

编组功能可将图中对象进行编组，列表中会显示组名，既可对组内对象进行整体操作，也可直接将整组隐藏或显示，集合或解散。

（4）天正工具栏

工具栏中包含"平行""对齐""等距"命令，便于规整对象方位；天正"图案填充""颜色填充""墙柱填充"对话框，简化操作流程，填充更加快速。

（5）多功能命令行

将命令行与绘制符号对话框巧妙结合，不占用绘图界面；将使用频繁的"正交"及"对象捕捉"设置以图标按钮呈现，修改捕捉模式更加快速。

2. 符合制图规范和实际工程的天正注释系统

"快速标注"命令，可以批量标注出选中的所有构件尺寸。

"弧弦标注"命令，通过鼠标位置判断标注类型，准确标注。

"双线标注"命令，可以同时标注出第二道总尺寸线。

"两点标注"命令，可以通过鼠标位置自动判断所要标注的墙体及门窗构件。

"等式标注"命令，可以自动进行计算。

"取消尺寸"命令，不仅可以取消单个区间，也可框选删除尺寸。

"尺寸等距"命令，用于把多道尺寸线在垂直于尺寸线方向按等距调整位置。

"设置坐标系"命令，用于调整世界坐标系位置。

"场地红线"命令，用于定义场地坐标系。

"标高符号"面板化，插入与选型清晰。

"坐标标注"命令，支持以世界坐标系或场地坐标系为标准，分别进行标注。

3. 全新统一的对话框风格及交互行为

在 AutoCAD 的平台上进行命令集成、二次开发后，运用天正软件完成建筑图比直接使用 AutoCAD 完成建筑图更为简单方便，以下为一些天正软件的重要模块。

"轴网柱子"，绘制并标注轴网、添加柱子。

"墙体"，生成各类墙体。

"门窗"，绘制门窗及自动标号、统计门窗表。

"楼梯"，绘制各类楼梯、电梯、坡道、台阶、散水及阳台。

"房间屋顶"，绘制各类屋顶、房间面积统计。

2.3　Rhino 软件简介

Rhino 软件主页如图 2-3 所示。

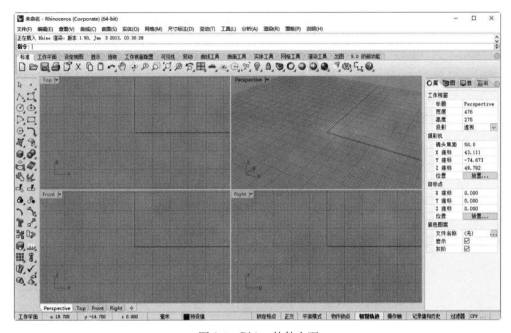

图 2-3　Rhino 软件主页

Rhino 是一款三维建模工具，包含所有的 NURBS 建模功能，用它建模给人感觉非常流畅，可以导出高精度模型给其他三维软件使用。Rhino 可以创建、编辑、分析和转换 NURBS 曲线、曲面和实体，并且在复杂度、角度和尺寸方面没有任何限制，除此之外，Rhino 也支持多边形网格和点云。

从设计稿、手绘到实际产品或只是一个简单的构思，Rhino 所提供的曲面工具可以精确地制作所有用来作为渲染表现、动画、工程图、分析评估以及生产用的模型。

Rhino 可与非常流行的 3D 自由体建模工具"MOI3D 自由设计大师"无缝结合，更可与建筑界的主流概念设计软件 SketchUp 建筑草图大师兼容，给建筑业界人士提供了一种自由体建模的优秀工具。

2.4　Grasshopper 插件简介

Grasshopper 插件页面如图 2-4 所示。

Grasshopper 主要功能与特点可分为：

1. 节点可视化数据操作

Grasshopper 最显著的特点是它所拥有的功能全面的运算器提供了节点式可视化编程操作，这些运算器的功能包括数值运算、数组与树状数据操作、各种输入与输出操作以及 Rhino 中各种几何类型的分析、创建和变动等。

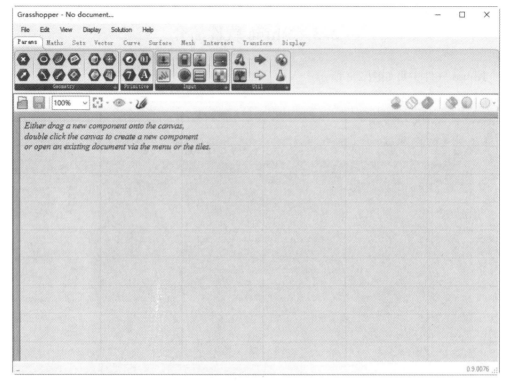

图 2-4　Grasshopper 插件页面

2. 动态实时的成果展示

Grasshopper 的每个运算器只要识别到有输入项输入或者发生变动，都会自动以最新的输入数据再次运行自己内部的程序，形成最新运行结果的实时展示，并且为用户提供了各式的数值滑动条，让用户能够进行简便快捷的重赋值操作。成为模型动态变化的发起者，让用户能够具有更大的自由度和更细致的观察力去调整与揣摩设计成果，从而得到更全面的测试反馈。

3. 严谨的数据化建模操作

Grasshopper 中的操作均以数据为依据，这是由其可视化编程的工作本质所决定的。因此，Grasshopper 的操作也具有计算机语言的高效性和精确性以及计算机语言的无限可能性。设计人员只要将建模思路转译成数学表达（算法），就能利用 Grasshopper 的各种基础运算器进行连接组织来实现复杂模型的创建，并且通过算法中某些参数的变化，可以快速达到模型调控的目的。

4. 完整的数据保存与反馈

Grasshopper 所创造的形体在用户操作层面强调了严谨的数据传递关系，并在建模过程中完整地由运算器将这些数据保存下来，而且各个过程所产生的图形都可以被相应的运算器化解为数据。

5. 开放的用户自定义与开发

Grasshopper 是用高级语言开发的插件，具有极大的开放性，允许用户利用高级语言进行广泛的插件自定义功能拓展。

2.5　SketchUp 软件简介

SketchUp 软件主页如图 2-5 所示。

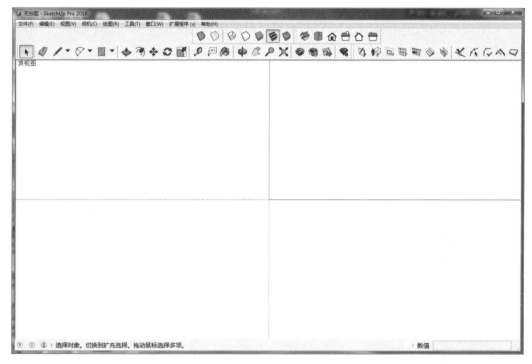

图 2-5　SketchUp 软件主页

SketchUp 是一个以简单易用著称的 3D 绘图软件，官方网站将它比喻为电子设计中的"铅笔"。SketchUp 是一套直接面向设计方案创作过程的设计工具，其创作过程不仅能够充分表达设计师的思想，而且完全满足与客户即时交流的需要。它使得设计师可以直接在电脑上进行十分直观的构思，是三维建筑设计方案创作的优秀工具。在 SketchUp 中建立三维模型就像我们使用铅笔在图纸上作图一般，SketchUp 本身能自动识别这些线条，并能自动捕捉。它的建模流程简单明了，画线成面，而后挤压成型，这也是建筑建模最常用的方法。

SketchUp 功能介绍如下：

（1）独特简洁的界面，可以让设计师在短期内掌握。

（2）适用范围广，可以应用在建筑、规划、园林、景观、室内以及工业设计等领域。

（3）方便的推拉功能，设计师通过一个图形就可以方便地生成 3D 几何体，无须进行复杂的三维建模。

（4）快速生成任何位置的剖面，使设计者清楚地了解建筑的内部结构，可以随意生成二维剖面图并快速导入 AutoCAD 进行处理。

（5）与 AutoCAD、Revit、3ds Max、Piranesi 等软件结合使用，快速导入和导出

DWG、DXF、JPG、3DS 格式文件，实现方案构思，完美结合效果图与施工图绘制，同时提供与 AutoCAD 和 ArchiCAD 等设计工具的插件。

（6）自带门、窗、柱、家具等组件库和建筑肌理边线需要的材质库。

（7）轻松制作方案演示视频动画，全方位地表达设计师的创作思路。

（8）具有草稿、线稿、透视、渲染等不同的显示模式。

（9）能准确定位阴影和日照，设计师可以根据建筑物所在地区和时间实时进行阴影和日照分析。

（10）能简便地进行空间尺寸和文字的标注，并且标注部分始终面向设计者。

第3章

常用结构设计软件简介

3.1　结构设计软件相关课程概论

合格的结构设计师必须经过大学的专业学习，在工程实践中又必须会利用结构设计软件来完成工程设计。由于实际工程的复杂性，现在已经无法也没有必要完全靠运用手工计算来完成工程设计。

下面对工程设计软件要用到的一些主要课程进行一个简要介绍，以便初学者对专业学习和工程设计软件有更深刻的理解。

"理论力学"重点解决了刚性体系情况下力和力矩的平衡问题；"材料力学"揭示了弹性体系下内力和应力的内在关系，当然还有变形和内力的关系，应变和应力的关系；"理论力学"讲的主要是外力，"材料力学"讲的则是内力，是"结构力学"将外力和内力联系起来，在满足力（力矩）平衡、变形协调和合理的内力-变形（或应力-应变）关系这三个前提下，可以在已知外力时求得内力，当然也会同时求出变形，在工程设计软件中常用位移法来解决这个问题；"结构力学"还谈结构稳定、结构振动，结构振动讲的是结构动力学问题，由于地面运动带来建筑物的运动就不是结构静力学所能解决的问题，现在的结构动力学能计算出地面水平运动和地面竖向运动在结构中产生的内力和变形。"线性代数"提供了线性方程组的解法，"线性代数"与"结构力学"的位移法结合，出现了矩阵位移法，又称为有限单元法，很多高校都开设了"有限元"课程；在已知外力的前提下，工程设计软件就是利用有限元法来求解内力、变形的，必要时可能需要求解应力、应变，有了计算机的参与，这个工作就变得极其简单。

以上课程为从事工程设计方向所必须学好的重要基础课，下面对相关的重要专业课做一简要介绍。"荷载与可靠度设计原理"主要讲解在满足国家规定的可靠度的前提下，如何进行荷载计算，在通过力学的方法将内力计算出来以后，规定了内力如何组合，以及材料强度如何取值；"建筑结构抗震设计"则主要讲解地震效应计算的基本方法，以及在有地震参与的情况下，如何从概念设计、承载力设计和构造设计这三个方面来保证建筑结构的安全；"混凝土设计原理"主要讲解了混凝土结构如何通过配筋使某一截面的承载力大于计算的内力；"钢结构设计原理"则讲解如何保证钢结构在某一截面满足承载力大于计算的内力；"混凝土设计"讲解楼盖的设计方法和平面框架的设计方法；"钢结构设计"讲解各种钢结构体系的设计方法；若是高层建筑，"高层建筑结构设计"讲解如何设计各种高层混凝土结构体系，如框架结构、剪力墙结构、框剪结构和筒体结构等。

以上均为地面以上的上部结构设计，"基础工程"则教授学生各种基础形式的设计方法，包括如何满足地基承载力的要求和基础自身承载力的要求，必要时还应满足基础变形的要求。

运用工程设计软件，可以完成内力计算、承载力设计及出初步的施工图，把结构设计人员从繁重的计算中解放出来，用于思考结构体系的问题和思考结构布置的合理性问题。由于计算机的运算速度很快，构件的截面尺寸也可以调得很精细，既能满足结构设计的经济性要求，又能做到尽可能地让结构构件不影响建筑的使用。这些事是软件无法独立完成的，只有具备一定水平的专业设计人员才能胜任此工作。

运用工程设计软件进行结构设计也不能完全脱离手算，楼板的面荷载、梁上的隔墙线荷载都必须通过手算来完成。

3.2　PKPM 软件简介

PKPM 软件初始页面如图 3-1 所示。

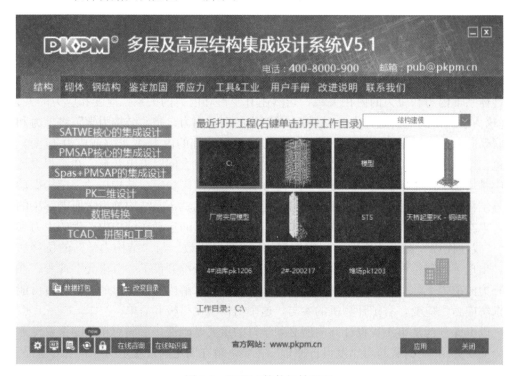

图 3-1　PKPM 软件初始页面

PKPM 软件的各类模块具体可分为以下几大类：

（1）具有结构建模功能的模块——PMCAD、PMSAP、STS、QITI。

（2）具有结构分析与设计功能的模块——SATWE、SATWE8、PMSAP、PMSP8、TAT、TAT-8、PK。

（3）墙梁柱施工图绘制。

（4）基础设计模块 JCCAD。

PKPM 结构常用模块的功能大致可概括为以下几个方面：

1. PMCAD

PMCAD 采用人机交互方式建立结构模型，是 PKPM 结构软件的基本组成部分。

PMCAD 以结构标准层为基本单元建立结构模型，主要包括建立并编辑网格、结构构件布置（含柱、剪力墙和梁）、楼板生成、荷载布置、建立其他结构标准层、楼层组装等基本操作。

PMCAD 有较强的荷载导算功能，软件自动计算柱、剪力墙和梁的结构自重，将板的面荷载自动导算到梁或剪力墙上，一次性完成整栋楼的柱、剪力墙和梁等结构构件的内力分析和承载力设计，形成柱脚内力。

2. STS

STS 是 PKPM 结构软件的一个钢结构功能模块，既能独立运行，又可共享 PKPM 结构软件其他模块的数据。

STS 的主要功能有：完成钢结构的模型输入、优化设计、结构计算、连接节点设计与施工图辅助设计；建立多高层钢框架、门式刚架等结构模型。对于三维模型的整体分析和构件设计，必须配合 SATWE 或 PMSAP 来完成。

3. SATWE

SATWE 是专门为高层结构分析与设计而开发的基于壳元理论的三维组合结构有限元分析软件，主要用于高层建筑结构分析与设计，也可用于多层建筑结构分析与设计，将剪力墙用壳元进行模拟，采用空间单元模拟梁、柱及支撑等杆件。

SATWE 前接 PMCAD，完成建筑结构计算和承载力设计；以墙梁柱施工图、JCCAD 为后续程序，完成上部结构施工图绘制、基础施工图设计。

SATWE 软件分为多层版本（SAT-8）和高层版本（SATWE）。SAT-8 适用于 8 层及 8 层以下结构设计；SATWE 适用于 200 层以下的结构设计。

4. PMSAP

PMSAP 从力学上看是一个线弹性组合结构有限元分析程序，适合于广泛的结构形式和相当大的结构规模，内含的 SpasCAD 用于较为特别的结构建模。

对于多高层建筑中的剪力墙、楼板、厚板转换层等关键构件提出了基于壳元子结构的高精度分析方法，并可进行施工模拟分析、温度应力分析、预应力分析、活荷载不利布置分析等。PMSAP 还提出了"二次位移假定"的概念并加以实现，使得结构分析的速度与精度得到兼顾。

5. 墙梁柱施工图

接力计算软件 SATWE 或 PMSAP 的计算结果，辅助用户完成上部结构各种混凝土构件的配筋设计，并绘制施工图。

6. JCCAD

JCCAD 采用人机交互方式建立基础模型，是 PKPM 结构软件中的基础设计软件，适用于设计柱下独立基础、墙下条形基础、弹性地基梁、带肋筏板、柱下带肋条形基础、墙下筏板、柱下桩基承台基础、桩筏基础、桩格梁基础及单桩基础，还可进行多类基础组合的大型混合基础设计，以及同时布置多块筏板的基础设计。

7. LTCAD

LTCAD 采用人机交互方式建立楼梯模型，含普通楼梯和异型楼梯，可采用独立输入各层楼梯数据、从 APM 软件传来数据、接力结构 PMCAD 软件传来数据三种方式。通过软件完成钢筋混凝土楼梯的结构计算、配筋计算和施工图绘制。

3.3　盈建科软件简介

盈建科软件主页如图 3-2 所示。

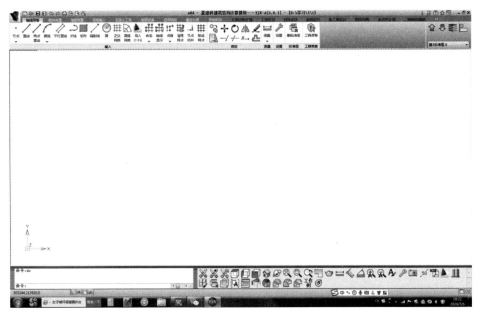

图 3-2　盈建科软件主页

盈建科软件将所有模块集成在一个统一的界面下，模块切换更为简便快捷。盈建科软件包括：

（1）模型荷载输入：该板块能确定楼面导荷方式，精准输入楼面荷载、梁墙荷载以及板面线荷载等，提高软件计算准确率和结构安全性。

（2）建筑结构计算软件（YJK-A）：多高层建筑结构空间有限元计算分析与设计软件，适用于框架、框剪、剪力墙、筒体结构、混合结构和钢结构等结构形式。YJK-A 采用了空间杆单元模拟梁、柱及支撑等杆系构件，用在壳元基础上凝聚而成的墙元模拟剪力墙，对于楼板则提供刚性板和各种类型的弹性板计算模型。YJK-A 依据结构 2010 系列新规范编制，在连续完成恒、活、风、地震作用以及吊车、人防、温度等效应计算的基础上，自动完成荷载效应组合、考虑抗震要求的调整、构件设计及验算等。

（3）砌体结构设计软件（YJK-M）：可完成多层砌体结构、底框-抗震墙结构等的设计计算；程序进行多层砌体结构抗震验算、墙体受压计算、墙体高厚比计算、墙体局部承压计算、风荷载计算、上部竖向荷载导算、底框-抗震墙结构地震计算、砌体墙梁计算等。YJK-M 程序内容分为建模、计算和计算结果输出三大部分；建模方式与 YJK 其他模块相同，并具有构造柱、圈梁布置等功能。同时 YJK-M 程序可依据抗规、砌体规范对砌体结构做出模型的合理性检查。

（4）结构施工图设计软件（YJK-D）：可进行钢筋混凝土结构的楼板、梁、柱、剪力墙、楼梯的结构施工图辅助设计。YJK-D 接力其他 YJK 软件的建模和计算结果,自动选配钢筋以及进行施工图设计。YJK-D 软件按照《混凝土结构施工图平面整体表示方法制图规则和构造详图》自动绘制施工图纸、钢筋修改等操作。

(5) 弹塑性动力时程分析软件(YJK-EP):接力结构模型和结构计算结果完成弹塑性动力时程分析计算,对梁、柱、墙、板的实配钢筋进行了合理的转换导入;可将次梁、悬挑梁等次要构件凝聚,从而简化计算模型,提高计算效率和稳定性;采用纤维束模型计算杆件、细分并凝聚的壳元计算墙和楼板,可给出各构件计算结果;采用 64 位多核求解器,计算速度快;具有图文并茂的分析后处理功能。

(6) 盈建科基础设计软件(YJK-F):用于各种类型的基础设计,包括独基、条基、弹性地梁、桩基承台、筏板、桩筏等,能进行由上述多类基础组合的混合基础设计。YJK-F 直接读取上部结构计算结果;基础布置采用二维和三维结合方式进行;可自动生成独基、条基、承台、板桩、地基梁翼缘等;提供高效有限元计算分析,自动完成地基承载力或桩基承载力验算,自动完成基础内力、配筋、冲切、抗剪、局部承压计算以及基础沉降计算;计算结果包括荷载显示、地基反力、桩反力、基础承载力验算结果、沉降等;完成初步的基础施工图。

(7) 盈建科钢结构施工图设计软件(YJK-STS):接力结构模型和上部结构计算结果,完成钢结构施工图设计,结构形式包括框架、门式刚架等。YJK-STS 软件自动进行节点设计,并给出以节点为核心内容的施工图设计。节点包括梁柱节点、梁梁节点、柱脚节点、支撑节点等。平面图或者立面图上标注大样索引,对钢结构节点施工图按照大样加表格方式出图。这种方式表达清晰,出图量相较传统软件大幅减少。

3.4　SAP2000 软件简介

SAP2000 软件主页如图 3-3 所示。

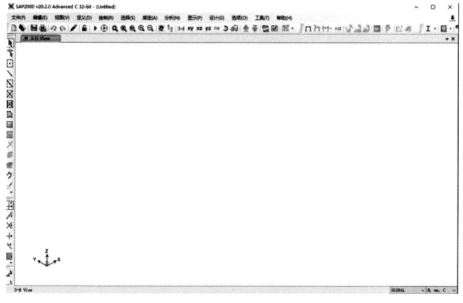

图 3-3　SAP2000 软件主页

SAP2000 中文版是一个集成化的通用结构分析与设计软件。对建筑结构、工业建筑、桥梁、管道、大坝等不同体系类型的结构来说，它都能进行分析和设计，此外，它纳入了世界上大多数国家和地区的结构规范设计。

SAP2000 能够提供给工程师一个集成化的视图环境。工程师可以运用 SAP2000 在同一个界面中完成建模、分析和设计，可以通过不同的视图窗口将结构的模型信息、分析结果和设计结果显示出来。

SAP2000 具有十分强大的分析计算功能。40 多年以来，对软件的改进和发展，让 SAP2000 积累了丰富的结构计算分析经验，从静力动力的计算到线性非线性分析、从 P-Δ 效应到施工顺序加载、从结构阻尼器到基础隔振等方面都能运用自如，为工程师们提供了最可靠的计算分析结果。

SAP2000 是一个一体化的设计程序，钢框架设计、混凝土框架设计、壳体设计都可以在同一个软件中完成，其设计内容包含各种结构体系的设计、全面输出结构体系分析和设计整体结果以及构件设计的详细信息。

3.5　midas 软件简介

PKPM 与盈建科计算时具有较大的相似性，遇到较为复杂的工程，需要用到两个结构软件时，国内的设计院大多采用 midas 对结构进行复核。我们下面对 midas 做简要的介绍。

3.5.1　midas Building 软件简介

midas Building 软件主页如图 3-4 所示。

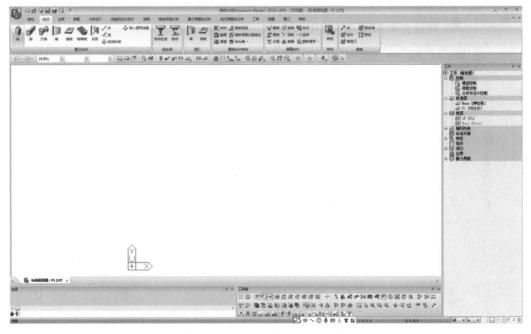

图 3-4　midas Building 软件主页

midas Building 软件是基于三维开发的建筑结构分析和设计软件，其中包括四个主要模块：结构大师（Structure Master）、基础大师（Foundation Master）、绘图师（Building Drawer）和建模师（Building Modeler）。

midas Building 是融入新流程、新技术、新设计的第三代建筑结构分析和设计系统，采用了最新的计算机技术、图形处理技术、有限元分析技术及结构设计技术，提供建模、分析、设计、施工图、校审的全流程解决方案，从整体分析到详细分析、从线性分析到非线性分析、从安全性到考虑合理的经济性的全流程解决方案，为设计人员提供了全新的建筑结构分析和设计一站式解决方案，让设计人员能够设计出更为合理的结构。

3.5.2　midas Gen 软件简介

midas Gen 软件主页如图 3-5 所示。

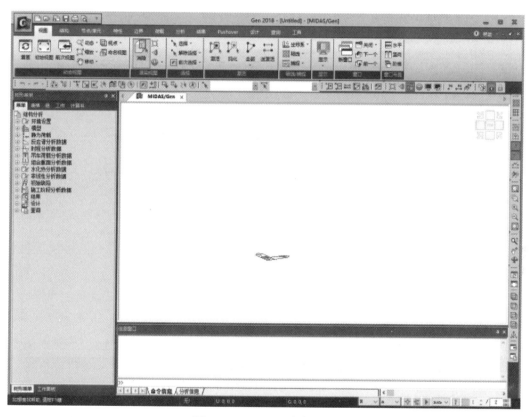

图 3-5　midas Gen 软件主页

midas Gen 是一个通用的空间有限元结构分析与设计系统，在复杂结构和空间结构方面有明显优势。midas Gen 适用于民用建筑、工业建筑、特种结构、体育场馆等结构的分析与设计。除了一般的静力、动力分析之外，midas Gen 还可以进行施工阶段分析、水化热分析、静力弹塑性分析、动力弹塑性分析、隔震和消能减震分析，并融入了包括中国、美国、欧洲、日本、英国、印度等多个国家的设计规范，为工程师设计更合理的结构提供了有力的工具。此外，midas Gen 海外版支持欧标、美标、日标、韩标等规范，能提供自动生成计算书和动态更新等功能，并接力 midas Dshop 和 midas Design

＋进行设计、选筋、出图的三维设计平台，实现与其他软件数据共享，解决数据孤岛等问题。

在结构设计方面，midas Gen 全面强化了在实际工作中结构分析所需要的分析功能。midas Gen 通过在已有的有限元单元库中加入索单元、钩单元、间隙单元等非线性单元，结合施工阶段、时间依存性、几何非线性等最新结构分析理论，计算出更加准确的切合实际的分析结果。

midas Gen 采用自行开发的新概念 CAD 形式的建模技术，加以如 Auto Mesh Gene、ation、结构建模助手等高效自动化建模功能，从而提高建模效率。

3.6　ETABS 软件简介

ETABS 软件主页如图 3-6 所示。

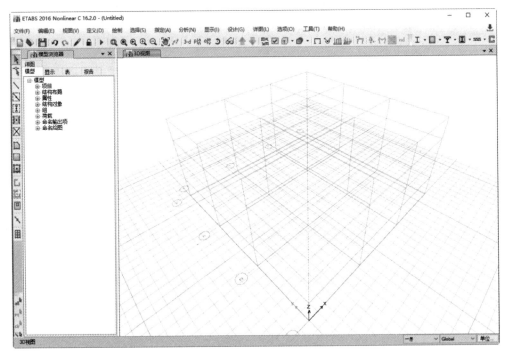

图 3-6　ETABS 软件主页

ETABS 分析计算功能十分强大，是高层建筑分析计算软件中的标尺性程序，囊括了结构工程领域内的所有最新结构分析功能。经过 20 多年的发展，ETABS 积累了丰富的结构计算分析经验，从静力、动力计算，到线性、非线性分析，从 $P\text{-}\Delta$ 效应到施工顺序加载，从结构阻尼器到基础隔震，都能运用自如，为工程师提供经过大量的结构工程检验的最可靠的分析计算结果。

ETABS 包含强大的塑性分析功能，既能满足结构弹性分析的功能，也能满足塑性分析的需求，如材料非线性、大变形、FNA（Fast Nonlinear Analysis）方法等选项；同时能够在 Pushover 分析中包含 FEMA 273、ATC 40 规范、塑性单元进行非线性分析。此外，高级的计算方法包括：非线性阻尼、推覆分析、基础隔震、施工分阶段加载、结构撞击和抬举、侧向位移和垂直动力的能量算法、容许垂直楼板震动问题等。

　　ETABS 在设计功能方面采用了交互式图形方式进行结构设计，这样软件可以运用多种国际结构设计规范同时对钢筋混凝土结构、钢结构和混合结构进行设计。针对结构设计中反复修改截面、计算和验算的过程，ETABS 采用了结构优化设计理论。对实际结构，只需确定预选截面组和迭代规则，就可以进行自动计算选择截面、校核、修改的优化设计。同时，ETABS 内置了 Setion Designer 截面设计工具，可以对任意截面确定其截面特性。

3.7　ANSYS 软件简介

　　ANSYS 软件主页如图 3-7 所示。

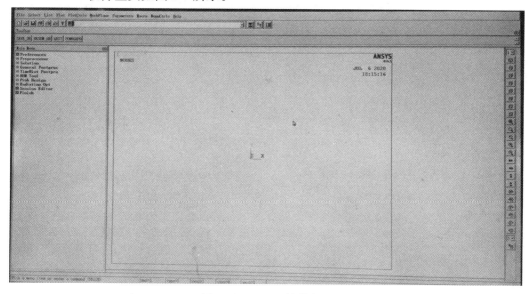

图 3-7　ANSYS 软件主页

　　ANSYS 软件主要包括三个部分：前处理模块，分析计算模块和后处理模块。

　　前处理模块提供了一个强大的实体建模及网格划分工具，用户可以方便地构造有限元模型。

　　分析计算模块包括结构分析（可进行线性分析、非线性分析和高度非线性分析、动力学分析、复合材料分析、优化设计、概率设计、断裂力学分析等）、流体动力学分析、电磁场分析（如电磁分析、静电场、静磁场、低频电磁、谐波分析、瞬态分析、高频电磁、谐波分析、模式分析等）、声场分析（如全耦合液固分析、近场与远场、谐波分析、瞬态分析、模态分析等）、压电分析以及多物理场的耦合分析，可模拟多种物理介质的相互作用，具有灵敏度分析及优化分析能力。

　　后处理模块可将计算结果以彩色等值线显示、梯度显示、矢量显示、粒子流迹显示、立体切片显示、透明及半透明显示（可看到结构内部）等图形方式显示出来，也可将计算结果以图表、曲线形式显示或输出。

ANSYS 建模和计算功能非常强大，但建模工作量和计算时间均较大，初学者不易上手。国内设计师很少用 ANSYS 进行整个工程的设计，主要用它进行局部分析。科研人员主要用于结构研究。

3.8 ABAQUS 软件简介

ABAQUS 软件主页如图 3-8 所示。

图 3-8　ABAQUS 软件主页

ABAQUS 软件有两个主求解器模块，分别为 ABAQUS/Standard 和 ABAQUS/Explicit；ABAQUS 还包含一个全面支持求解器的图形用户界面，即人机交互前后处理模块——ABAQUS/CAE（Complete ABAQUS Environment）。除此之外，ABAQUS 对某些特殊问题还提供了专用模块来加以解决。

ABAQUS 可以分析复杂的固体力学、结构力学，特别是能够驾驭非常庞大复杂的问题和模拟高度非线性问题，因此被广泛地认为是功能最强的有限元软件。ABAQUS 不但可以做单一零件的力学和多物理场的分析，同时还可以做系统级的分析和研究。ABAQUS 的系统级分析的特点相对于其他的分析软件来说是独一无二的。ABAQUS 有优秀的分析能力和模拟复杂系统的可靠性，被各国的工业和研究所广泛地采用。

ABAQUS 拥有大量不同种类的单元模型、材料模型、分析过程等，ABAQUS 拥有丰富的、可模拟任意几何形状的单元库；各种类型的材料模型库，可以模拟各种典型工程材料。在大部分模拟计算时，设计人员也只需提供一些工程数据（如结构的几何形状、材料性质、边界条件及载荷工况等），就可以获得较好的模拟结果。

ABAQUS 除了能解决大量结构（应力/位移）问题，还可以模拟其他工程领域的许多问题，例如，热传导、质量扩散、热电耦合分析、声学分析、岩土力学分析（流体渗透/应力耦合分析）及压电介质分析。由此可见，ABAQUS 被广泛使用，行业可覆盖汽车、船舶、电子、航空、航天、军工、国防建筑、机械、材料、能源以及建筑等。

3.9 3D3S 软件简介

3D3S 软件主页如图 3-9 所示。

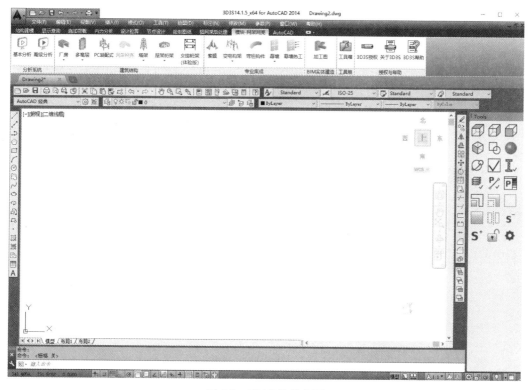

图 3-9 3D3S 软件主页

3D3S 钢结构空间结构设计系统包括轻型门式刚架、多高层建筑结构、网架与网壳结构、钢管桁架结构、建筑索膜结构、塔架结构及幕墙结构的设计与绘图，均可直接生成 Word 文档计算书和 AutoCAD 施工图。

3D3S 钢结构空间结构非线性计算与分析系统分为普通版和高级版。

普通版主要适用于任意由梁、杆、索组成的杆系结构，可进行结构非线性荷载-位移关系及极限承载力的计算、预张力结构的初始状态找形分析与工作状态计算，包括索杆体系、索梁体系、索网体系和混合体系的找形和计算、杆结构屈曲特性的计算、结构动力特性的计算和动力时程的计算。

高级版囊括了普通版的所有功能，此外，还提供结构体系施工全过程的计算、分析与显示，可任意定义施工步及其对应的杆件、节点、荷载和边界，完成全过程的非线性计算，可考虑施工过程中因变形产生节点坐标更新、主动索张拉和支座脱空等施工中的实际情况。

3D3S 软件从 V5.0 以后就基于 AutoCAD 图形平台进行开发，与 AutoCAD 的命令紧密结合，使用操作方式统一。所有建立 CAD 线框模型的二维和三维命令都可以在 3D3S 软件中使用，常用的如画线（line）、复制（copy）、移动（move）、拉伸（stretch）、镜像（mirror）、阵列（array）、打断（break）、使用夹点拉伸等。在选取对象时，也可以使用 wp、fence 等辅助命令参数。

3D3S 的主要优势是钢结构，部分 PKPM 和盈建科解决不了的钢结构设计问题，运用 3D3S 一般都能得到解决。

第4章

结构超限设计分析软件简介

4.1 结构超限分析的范围界定

水平荷载在高层建筑尤其是超高层建筑中所产生的内力及变形比多层建筑要大得多，解决好高层建筑抵抗水平力的问题是设计好高层建筑的重要问题。水平荷载包含风荷载和地震作用，风荷载不会带来超限分析问题，100年一遇的风荷载比50年一遇的风荷载大不了多少，可以推知，1000年一遇的风荷载比100年一遇的风荷载也不会大很多，故风荷载不会有超限分析的需求。

构造地震发生时，地壳底层的岩层由于应力过大发生断裂、碰撞，以地震波的形式向地面传播；离震中较远的地方，地震波先在岩层中向四周传播，再传到地面。地震波很复杂，我们把地震波分为体波和面波两大类，面波又分为纵波（又称为压缩波或P波）和横波（又称为剪切波或S波）。纵波的前进方向与振动方向一致，传到地面以后引起建筑物上下振动，横波的前进方向与振动方向垂直，传到地面后引起建筑物水平振动，现在能定量计算的地震作用效应就是纵波和横波在建筑物内产生的内力和变形，其他复杂的地震波所产生的地震作用效应暂时无法定量计算。若再考虑地震时构件的开裂及材料非线性问题，还考虑结构大变形带来的P-Δ效应问题，则地震效应的计算准确性是存在较大问题的。

基于上述原因，抗震设计应同时考虑概念设计、结构计算和构造措施这三个方面，概念设计在抗震设计时变得尤为重要，概念设计包含定性的规范规定和定量的整体指标计算。我国采用三水准设防，即"小震不坏、中震可修、大震不倒"，具体表述为：发生超越概率为63.2%的多遇地震（小震）时，结构不会损坏；发生超越概率为10%的设防地震（中震）时，经过维修，可以继续使用；发生超越概率为2%~3%的罕遇地震（大震）时，结构不致倒塌。通常所说的7度设防，就是指设防地震（中震）为7度。为了保证小震不坏，抗震设计时，用比设防烈度低约1.5度的小震计算地震反应及结构变形，再考虑荷载分项系数和材料强度分项系数后即能达到小震不坏的目标；当出现中震烈度时，由于小震有较大的安全富余，仍能保证中震可修；当出现比设防烈度高约1度的大震时，对规则结构，由于遵守了概念设计和抗震构造要求，大多能保证结构不致倒塌。由于大震地面运动加速度是小震地面运动加速度的约5.6倍，若小震、大震结构均处于弹性状态，则大震反应是小震的约5.6倍，实际大震时结构会开裂带来结构刚度下降，导致结构自振周期变大，地震反应较弹性结构小，大震的地震反应及变形仍然可观，对不规则结构等超限结构，为能更真实地评价大震下的结构反应特性，一般采用结构有限元程序进行动力弹塑性分析，以评估建筑主体结构在罕遇地震作用下的抗震性能。

动力弹塑性分析方法具有以下优越性：

（1）动力弹塑性分析通过将地震波以加速度的形式输入计算模型，直接模拟结构在地震波作用下的非线性反应，能较真实地反映结构在大震作用下的实际情况。

（2）动力弹塑性分析结构的动力平衡方程建立在结构变形后的几何状态上，可以精确地考虑 P-Δ 效应、大变形效应、材料非线性、结构开裂等非线性影响因素。

目前，能够进行动力弹塑性时程分析的大型商业有限元软件包括：ABAQUS、midas Building、midas GEN、PERFORM-3D、SAUSAGE 等。这些软件功能强大，通用性好。由于篇幅有限，仅就 midas Building、PERFORM-3D 和 ABAQUS 三种软件的数值模型进行简单介绍。

4.2　基于 midas Building 的数值模型

midas Building 是三维建筑结构分析及设计软件，为工程师提供了界面友好的动力弹塑性分析模块。

4.2.1　滞回模型

midas 提供了双折线、三折线、四折线类型共 16 种滞回模型。由多种材料组成的构件，其滞回曲线较单一材料的复杂，如钢筋混凝土构件刚度具有退化与反向加载指向历史最大变形（未发送屈服时指向屈服点）的特点。由于基于截面的塑性铰力学模型更多的是由试验现象并结合理论分析而形成的，因此，可以更有效地考虑此类现象。武田模型能够较为精确地模拟钢筋混凝土构件在反复荷载作用下的弹塑性力学行为，因此在动力弹塑性分析中得到了广泛的使用，如图 4-1 所示。

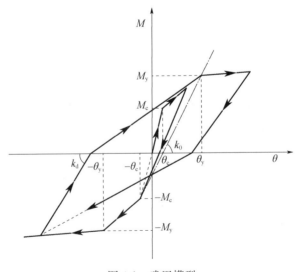

图 4-1　武田模型

武田模型中，卸载刚度与变形的关系满足下式：

$$k_d = k_0 \left| \frac{\theta_y}{\theta} \right|^\alpha \leqslant k_0 \tag{4-1}$$

$$k_0 = \frac{M_c + M_y}{\theta_c + \theta_y} \tag{4-2}$$

式中 k_d——卸载刚度；

θ_y——屈服转角；

θ——最大转角；

α——确定卸载的参数，一般可取值为 0.4；

k_0——连接屈服点与反向裂缝点的直线刚度。

对于部分承受较大剪力的构件，在分析时需要定义其受剪方向的塑性铰。一般认为剪切方向的弹塑性力学行为趋向于"脆性"特点，尤其是对于钢筋混凝土构件。在弹塑性分析时，可以定义独立的剪力-剪切变形类塑性铰，剪切变形一般采用剪切变形角 γ 表示。剪力（Q）-剪切变形（γ）模型中，常用的是指向极值点模型，其滞回模型如图 4-2 所示。

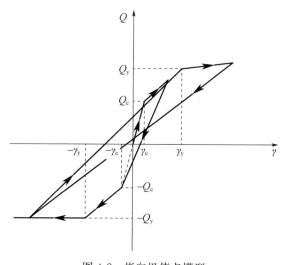

图 4-2 指向极值点模型

图 4-2 中构件的开裂剪力和屈服剪力分别为 Q_c 和 Q_y，开裂变形角和屈服变形角分别为 γ_c 和 γ_y。在指向极值点模型中，随着变形增大，其卸载刚度也出现下降趋势，卸载方向指向历史最大变形点。应注意的是，由于剪切变形的"脆性"特点，尽管指向极值点模型的骨架曲线也是三折线模型，但是在外荷载达到屈服剪力时，其屈服后强度不宜考虑有强化阶段。

4.2.2 非线性梁柱单元

在动力弹塑性分析中，对于常见的梁、柱等构件的模拟，基于截面非线性力学行为，软件提供了多种单元。midas 中采用了具有非线性铰特性的梁柱单元。梁单元公式使用了柔度法（flexibility method），在荷载作用下的变形和位移使用了小变形和平截面假定理论（欧拉贝努利梁理论，Euler Bernoulli Beam Theory），并假设扭矩和轴力、弯矩成分互相独立无关联。非线性梁柱单元考虑了 P-Δ 效应，在分析的每个步骤都会考虑内力对几何刚度的影响而重新更新几何刚度矩阵，并将几何刚度矩阵加到结构刚度矩阵中。

根据定义弯矩非线性特性关系的方法，非线性梁柱单元的塑性铰模型主要分为弯矩-转角型（集中铰模型）和弯矩-曲率型（分布铰模型）；当不可忽略构件轴力的影响时，例如柱构件，可以考虑轴力-弯矩（P-M 或者 P-M-M）相关。

4.2.3 非线性墙单元

对于钢筋混凝土剪力墙，软件提供的墙单元可以考虑面内非线性力学行为，面外考虑为弹性。midas Building 弹塑性时程分析中的钢筋混凝土剪力墙体中设置了墙铰，墙体采用纤维模型模拟，混凝土纤维的本构采用了《混凝土结构设计规范》（GB 50010—2010）（2015 年版）附录 C 中的本构曲线，钢筋纤维采用标准双折线本构，墙铰的具体性质由程序根据弹性阶段分析得出的配筋情况自动计算。

剪力墙由多个墙单元构成，每个墙单元又被分割成具有一定数量的竖向和水平向的纤维，每个纤维有一个积分点，剪切变形则计算每个墙单元的四个高斯点位置的剪切变形，如图 4-3 所示。考虑到墙单元产生裂缝后，水平向、竖向、剪切方向的变形具有一定的独立性，非线性墙单元不考虑泊松比的影响，假设水平向、竖向、剪切变形互相独立。每次增量步骤分析时，程序会计算各积分点上的应变，然后利用混凝土和钢筋的应力-应变关系分别计算混凝土和钢筋的应力。剪切应力通过计算单元高斯点位置的剪切变形求得。

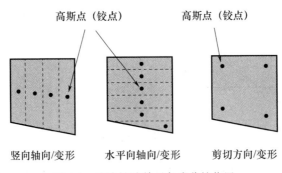

图 4-3　非线性墙单元各成分铰位置

计算剪切非线性时，需要应用到等效剪切材料的本构模型，其骨架曲线可考虑为理想弹塑性，滞回规则一般采用指向原点模型，如图 4-4 所示。

图 4-4 中材料的屈服剪应力为 τ_y，屈服剪应变为 γ_y，初始剪切模量为 G。此模型的主要特点是材料屈服后，其卸载时始终指向原点，随着变形的增大，卸载刚度逐渐降低。同时由于卸载方向始终指向原点，不能考虑材料的残余应变。实际上，由于模型中采用了等效剪切材料概念，其屈服剪应力综合考虑了混凝土与钢筋的共同作用，而初始剪切模量也需要在混凝土剪切模量基础上进行一定的折减。

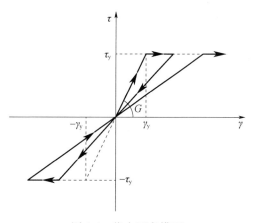

图 4-4　指向原点模型

4.2.4　纤维材料本构应变等级的说明

　　midas Building 弹塑性时程分析中的混凝土材料本构关系中以混凝土的实际应变与混凝土峰值压应变的比值（$\varepsilon/\varepsilon_c$）来定义混凝土的"应变等级"。钢筋材料本构关系中以钢筋实际应变与钢筋的屈服应变的比值（$\varepsilon/\varepsilon_0$）来定义钢筋的"应变等级"。墙单元剪切本构关系中以单元的实际剪切应变与屈服剪应变的比值（γ/γ_0）来定义墙单元的剪切"应变等级"。

　　对于混凝土剪切应变：第 1 等级为弹性状态，第 2 等级为开裂状态，第 3 等级为屈服状态，第 4 等级为屈服后状态，第 5 等级为极限状态。对于钢筋剪切应变：第 1 等级为弹性状态，第 2 等级为屈服状态，第 3、4 等级为屈服后状态，第 5 等级为极限状态。对于墙单元剪切应变，第 1、2 等级为弹性状态，第 3 等级为屈服状态，第 4 等级为屈服后状态，第 5 等级为极限状态。

4.3　基于 PERFORM-3D 的数值模型

　　PERFORM-3D 软件的核心是伯克利的 Powell 教授开发 Drain 系列程序，该程序受到国际学术界的广泛认可和应用。PERFORM-3D 程序具有完善的模型库和稳定可靠的算法，代表了抗震工程研究的先进技术。PERFORM-3D 还体现了基于性能的抗震设计思想，可以在整体结构、构件、材料等层面上定义目标性能水准，通过地震反应后抗震"能力"与地震目标性能"需求"的比较来判断结构是否满足了我们期望实现的抗震要求。

4.3.1　剪力墙单元

　　在目前的技术条件下，剪力墙的宏观弹塑性分析模型有三种，分别是等效柱模型、纤维截面模型以及弹塑性分层壳元。

　　等效柱模型适用于以弯曲变形为主的大高宽比柔性剪力墙，将每个墙肢用一连串能考虑剪切变形的非线性梁柱单元来模拟，这是 FEMA 建议对柔性剪力墙的分析方法。midas Gen、低版本的 SAP2000 以及 ETABS 均采用这种模型。

纤维模型是采用钢筋和混凝土材料的单轴应力-应变关系，通过塑性纤维的轴向变形来模拟剪力墙的轴向-弯曲变形特征，纤维模型不必采用墙集中塑性铰的假定，不必采用双向弯曲互不耦联的假定，但是计算工作量较大，PERFORM-3D 采用该模型，如图 4-5 所示。

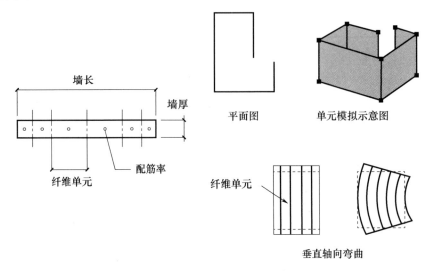

图 4-5　纤维墙元的构成示意

弹塑性分层壳元是将剪力墙分为钢筋层和混凝土层，分别考虑钢筋的拉压非线性和混凝土层的拉压以及剪切非线性。该方法与纤维模型类似，目前的 SAP2000-V14 采用了分层壳元模型。

4.3.2　连梁

连梁采用弹性杆、两端转角型塑性铰来模拟，如图 4-6 所示。该模拟主要是考虑到模型的计算代价以及 ASCE41-06 为该单元提供了完整的技术报告以及性能水准参数。连梁的设计应保证"强剪弱弯"并且沿连梁全长布置箍筋，既能提高连梁抗剪强度又加强了对混凝土的约束，并保证塑性铰区域的转动能力。

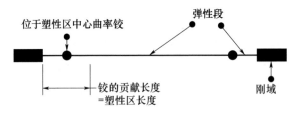

图 4-6　连梁端塑性铰的构成

4.3.3　楼面主梁

楼面主梁由于承担了竖向荷载，并且被楼面次梁分割，与 FEMA 梁单元的计算假定不一致，因此采用了用户定义的弹性杆、两端转角型塑性铰的单元来模拟，如图 4-7 所示。

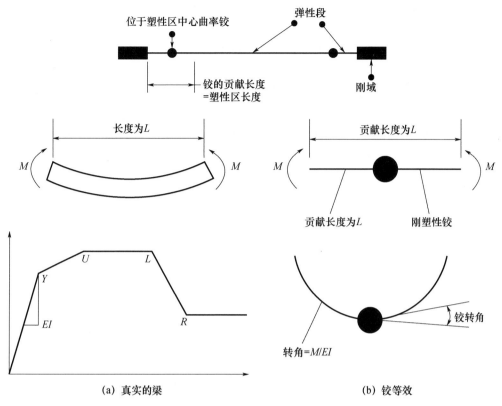

（a）真实的梁　　　　　　　　（b）铰等效

图 4-7　框架梁端塑性铰的构成

4.3.4　框架柱

与梁模型类似，柱也是采用弹性杆、转角型塑性铰的 FEMA 柱模型来模拟其非线性变形特征。柱端形成弯曲塑性铰的条件是柱端弯矩达到柱截面的屈服弯矩值，而柱端形成塑性铰的准则是在三维空间中代表柱端轴力和双向弯矩的点（P，M_1，M_2）位于柱截面 PMM 屈服面上，如图 4-8 所示。

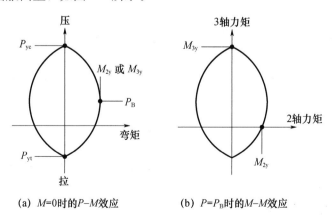

（a）$M=0$时的P–M效应　　　（b）$P=P_B$时的M–M效应

图 4-8　柱端塑性铰的构成

4.3.5 性能水准定义

ASCE41-06 将所有构件的力-位移模型归纳为图 4-9。纵坐标表示广义力，代表弯矩、剪力、轴力、应力；横坐标表示广义位移，代表曲率、转角、剪切变形、轴向变形、应变。整个曲线分为四个阶段，弹性段（AB）、强化段（BC）、卸载段（CD）、破坏段（DE）。只要几个关键点 B、C、D、E 确定，整个本构关系也就确定了。其中 B 点表示屈服位移和屈服力。C、D、E 各点的纵横坐标需要分别按照力、位移与屈服力和屈服位移的比值来确定。B、C 点分别为出现塑性铰点和倒塌性能点。

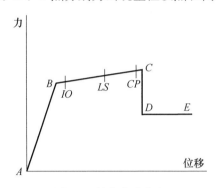

图 4-9　性能水准定义

结构构件进入塑性强化段后，其破坏程度可分为继续使用（Immediate Occupancy）、生命安全（Life Safety）、临界倒塌（Collapse Prevention）三种状态，分别对应图 4-9 中的 IO、LS、CP 点。混凝土构件的性能点 IO、LS、CP 对应的弹塑性位移（横坐标）和力（纵坐标）的限值来自 ASCE41-06。各性能点对应的破坏状态的定性描述如下：

性能点 IO：构件只受到轻微破坏，无须修复即可继续使用。

性能点 LS：构件受到显著破坏但尚不危及生命安全，修复后可继续使用。

性能点 CP：构件受到严重破坏，即将出现或已经出现强度退化，已不可修复使用，但构件尚能承受重力荷载而避免倒塌。

4.3.6 材料及构件非线性定义

捕捉到剪力墙的非线性行为对框架剪力墙结构非线性时程分析的准确性至关重要，纤维墙元的定义需要用到钢筋和混凝土材料本构。Perform-3D 模型中采用双线性随动强化模型模拟钢筋，用三折线模型模拟混凝土受压应力-应变关系，根据《混凝土结构设计规范》（GB 50010—2010）（2015 年版）附录 C 的公式确定相关参数。不考虑混凝土的受拉承载力，不考虑混凝土截面内横向箍筋的约束效应。

非线性行为的模拟是构建弹塑性整体模型的关键。尽管 Perform-3D 软件提供了丰富的非线性力学模型，但在实际应用中仍需要根据实际情况综合考虑精度与效率等因素，建立合适的弹塑性分析模型。

4.4　基于 ABAQUS 的数值模型

进行结构动力弹塑性时程分析，准确地考虑配筋对构件承载力和刚度的贡献是分析正确与否的关键。结构构件均按照计算结果及规范要求进行配筋，剪力墙的约束边缘构件和暗柱按照实际情况配筋，ABAQUS 软件可以精确地考虑钢筋对混凝土梁、柱及剪力墙构件的影响，只要配筋参数输入正确，就可以准确地反映钢筋混凝土构件的弹塑性行为。

为了简化计算，一般在分析过程中采用了如下计算假定：

（1）不考虑钢筋与混凝土之间的滑移，钢筋与混凝土之间完好黏结、变形协调。

（2）在循环荷载作用下，受拉开裂的混凝土反向受压后，其刚度完全恢复；压碎的混凝土反向受拉，其刚度完全丧失。

采用弹塑性损伤模型，该模型能够考虑混凝土材料拉压强度差异、刚度及强度退化以及拉压循环裂缝闭合呈现的刚度恢复等性质。

混凝土材料轴心抗压和轴心抗拉强度标准值按《混凝土结构设计规范》（GB 50010—2010）（2015 年版）表 4.1.3 取值。计算中混凝土均不考虑截面内横向箍筋的约束增强效应，仅采用规范中建议的素混凝土参数。混凝土本构关系曲线如图 4-10 和图 4-11 所示。

当荷载从受拉变为受压时，混凝土材料的裂缝闭合，抗压刚度恢复至原有的抗压刚度；当荷载从受压变为受拉时，混凝土材料的抗拉刚度不恢复，如图 4-12 所示。

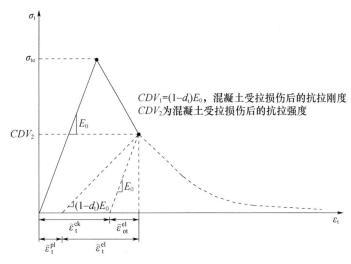

图 4-10　混凝土受拉应力-应变曲线及损伤示意图

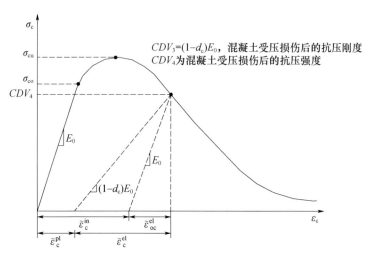

图 4-11　混凝土受压应力-应变曲线及损伤示意图

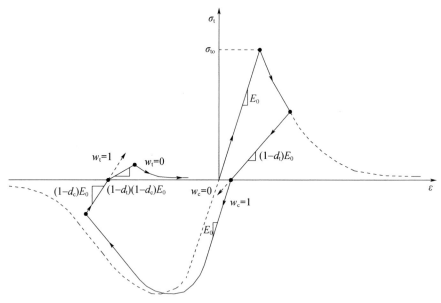

图 4-12　混凝土拉压刚度恢复示意图

第5章 建筑及结构软件的发展方向

建筑行业未来的发展趋势是绿色化、工业化、信息化和智能化。建筑行业转型升级离不开 BIM 技术。BIM 技术是以三维数字技术为基础，集成各参与方信息的数据模型，可以为项目设计、施工和运营提供相互协调的内部一致的可沟通的数据信息。BIM 技术在建筑信息化建设中应用广泛。

正向设计是以 BIM 模型为核心的贯穿在整个设计过程的全数字化导控的设计模式；先建模，后出图；先有 BIM 模型，后有设计施工图及构件深化设计图纸。正向设计能将成熟的技术体系及标准贯穿于整个设计过程中。

5.1 正向设计

5.1.1 正向设计的含义

正向设计各专业设计人员先进行三维模型的建立与协同，形成高度集成的信息模型，由三维模型直接生成项目施工图。设计人员将更多的精力集中于设计本身，减少了绘制施工图的时间。

正向设计三维整体信息模型实现各专业信息协同，在设计前期就会发现专业之间冲突矛盾的问题，及时修改提高了设计质量，减少项目后期实施的风险。

正向设计在项目设计、施工、运维全生命周期，实现全产业链数据互联互通，资源共享实现项目全流程信息管控和质量跟踪。

5.1.2 BIM 正向设计

传统的二维设计思维是面向结果的设计，基于 BIM 三维模型的正向设计首先是面向过程的设计，然后才是面向结果的设计。由传统的二维设计思维转变为三维设计思维的过程大致要经历以下三个阶段：

（1）熟悉 BIM 正向设计常用软件，正确建立模型。市场上的 BIM 应用软件较多，以国外软件为主，功能差异大，要合理地选择软件进行各阶段的设计。对各种软件的接口和兼容性要比较熟悉。

（2）实现标准化正向设计三维模型到二维图纸一键出图。各设计软件的出图能力有限，要绘制出符合深度标准的图纸尚需时日，软件供应商要根据各设计单位的使用反馈情况及时进行软件升级。有能力的设计单位制作了大量的二维族库并开发软件插件。

（3）全专业设计协调 BIM 正向设计。以三维模型的形式进行专业间互提资料，实现了各专业之间设计过程中的高度协调，提高了专业间设计会签效率，更加高效地把控项目设计的进度和质量。

（4）从组织层面实现设计效率全面提升。BIM 正向设计全面纳入设计企业 ISO 质量管理体系。有针对性地进行项目策划，根据现有设计人员 BIM 的熟悉程度和设计效率进行人员安排，必要时设置 BIM 项目组实行双重人员架构。实行实时的三维协同，实现各专业间及时提资，实时的过程校审。实现真正意义上的三维交付。

5.2　BIM 协同平台

在建筑全生命周期的各个环节，要实现全产业链数据互联互通，实现各参与方数据共享和协同工作。各应用软件与核心数据库的数据互通通过 BIM 协同转接，BIM 协同平台的搭建尤为重要。目前主流的 BIM 设计平台有 Autodesk Revit BIM、Bentley Microstation BIM、PKPM-BIM，以下章节分别简要介绍。

5.2.1　BIM 协同

BIM 协同可以使项目各参加方包括代建方、设计、施工总承包、监理单位以及专业分包等都在 BIM 平台上进行管理共享，并且建立与工程项目管理密切相关的基础数据支撑和技术支撑，大大提升了项目协同管理效率。

BIM 技术能将建筑、结构、机电、装修不同的专业更为有效地串联，形成 BIM 一体化设计，进一步强化各专业协同，减少因"错、漏、碰、缺"导致的设计变更，达到设计效率和设计质量的提升，降低成本。

在 BIM 一体化设计中，建筑、结构、机电、装修各专业根据统一的基点、轴网、坐标系、单位、命名规则、深度和时间节点在平台化的设计软件中进行模型的搭建。同时各专业还可以从建筑标准化、系列化构件族库和部品件库中选择相互匹配的构件和部品件等模块来组建模型，提高建模的标准化程度和效率。此外，各专业需要进行各自设计流程的协同，通过协同工作，不断丰富 BIM 模型信息，最终形成集成各专业设计信息的综合设计模型。

5.2.2　Autodesk Revit BIM 协同设计平台

Autodesk Revit 是为 BIM 服务的综合性应用程序，包含适用于建筑设计、设备和结构工程以及工程施工的各项功能。Autodesk Revit 通过参数驱动模型即时呈现设计师的工作并提高设计精度；通过协同工作加强设备专业和建筑、结构专业间的信息沟通以减少冲突；通过模型分析支持节能设计；通过自动更新所有变更减少整个项目设计的失误。

在建设项目设计中，建筑、结构和设备各专业须及时沟通设计理念，共享设计信息。Revit 提供了"链接模型""工作共享"和"碰撞检查"等功能，可以帮助设计团队高效地协同工作。针对同一项目，各专业工程师之间通过时时共享设计信息、同步项目文件和模拟管线综合，准确便捷地进行设计管理，提高设计质量和设计效率，从而有效解决传统设计流程中工程信息交互滞后和设计人员沟通协调不畅等问题。

Revit 中的链接模型是指工作组成员在不同专业项目文件中以链接模型共享设计信息的协同设计方法。Revit 中的工作共享是指允许多名工作组成员对同一个项目文件进行处理的协同设计方法。Revit 中的碰撞检查能快速准确地确定某一项目中图元之间或主体项目和链接模型间的图元之间是否相互碰撞。

5.2.3 Bentley Microstation BIM 协同设计平台

Bentley Microstation 是一个卓越的 BIM 协同平台，Microstation 是 Bentley 公司的基础平台软件，就如 Autodesk 公司的 AutoCAD。2012 年 9 月 Microstation V8i 发布，采用该平台的专业软件已经广泛应用到建筑工程、市政工程、港口、基础设施、结构分析、结构详图等众多领域。

Bentley 公司设计房屋建筑的 BIM 软件 AECOsim Building Designer（V8i）、审图和模型审核软件 Navigator、钢结构和混凝土结构 BIM 软件 ProStructure、实景建模软件 ContextCapture、渲染软件 LumenRT、道路和市政工程 BIM 软件 PowerCivil、桥梁BIM 软件 OpenBridge Modeler。这些专业模块都建立在 Microstation 基础上，使用统一的底层数据结构 ECFramework，这样可以实现信息模型的兼容，各模块进行数据综合。

为了协同各专业，Bentley 还提供了 ProjectWise 协同工作平台，对工作内容、工作标准和工作流程进行管理。在 ProjectWise 协同工作环境下，不同的用户登录到同一个ProjectWise 服务器上，根据权限的不同，获取不同的工作内容。用户可以通过 Project-Wise Explorer 客户端、网页端、移动端来访问这些内容。

5.2.4 PKPM-BIM 协同设计平台

基于 BIM 技术的协同设计平台，各专业间数据顺畅流转，无缝衔接。PKPM-BIM全专业协同设计平台是一个提供建筑、结构、给排水、暖通、电气、绿建全专业设计软件；能够共享模型数据，互相引用参照，实现专业内和专业间协同设计；具有快速建模、智能调整、规范检查、批量成图、精确统计等多种辅助设计工具（图 5-1）。

PKPM-BIM 平台中的施工管理模块能够直接从 BIM 平台抓取项目数据；综合控制施工进度、安全、质量、成本；高效管理资源、场地、文档；高效组织协调多参与方、多工种。

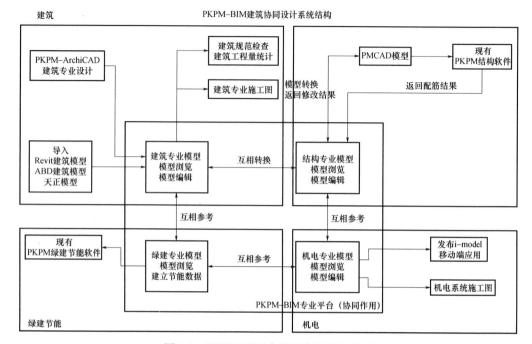

图 5-1　PKPM-BIM 专业平台的业务关系

第 2 篇

盈建科软件的基本操作

本篇学习除结构超限分析以外的结构设计内容，包含上部结构设计和基础设计，上部结构设计又包含建立结构模型、结构计算、结构布置调整、构件截面优化和绘制上部结构施工图，基础设计包含建立基础模型、进行基础计算和绘制基础施工图。

为了便于学习，以一个简化了的实际工程贯穿本篇的始终。实际工程为某职工公寓项目，建筑层数为地上 6 层，无地下室，各层层高均为 3.30m，主屋面结构标高为 19.80m，平面尺寸 31.40m×24.20m。该项目抗震设防类别为丙类；由建筑物所在地查《抗震设防分类标准》可知，建筑抗震设防烈度为 7 度，设计基本加速度值为 0.10g，设计地震分组为第二组；由本项目的《岩土工程详细勘察报告》可知场地类别为Ⅱ类。查《建筑抗震设计规范》（GB 50011—2010）（2016 年版）可得：场地特征周期为 0.4s，结构抗震等级为三级。本项目采用预应力管桩基础，桩端持力层为全风化砂砾岩。

本项目建筑图如下：

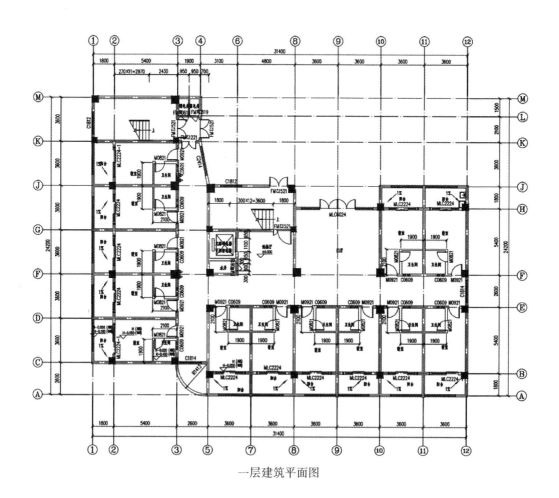

一层建筑平面图

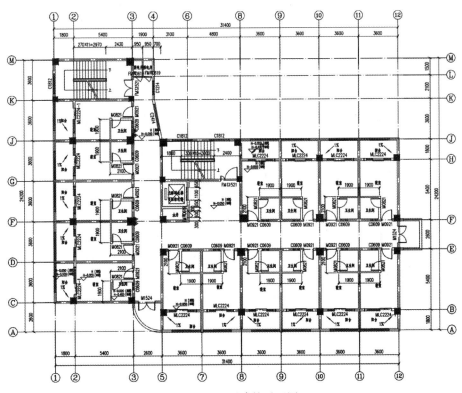

二、四、五层建筑平面图

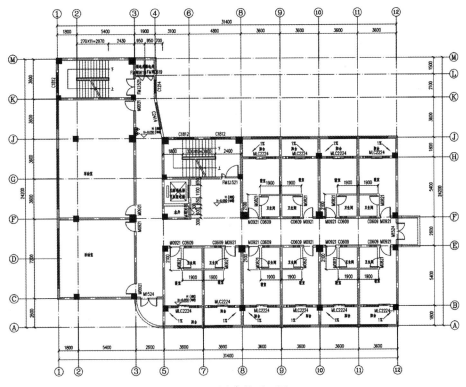

三、六层建筑平面图

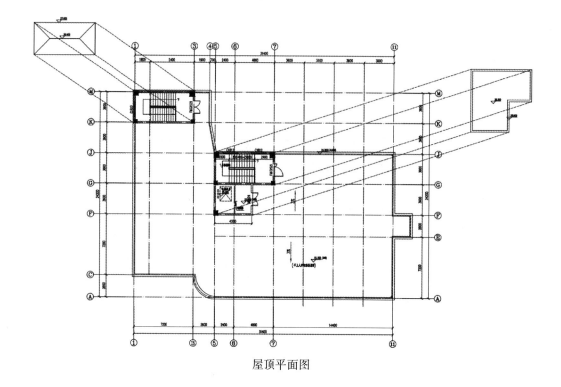

屋顶平面图

第6章

结构建模

6.1 建立结构模型的主要步骤

开始建立结构模型前，需要为工程建立一个工作目录，将软件所产生的所有中间计算结果和最后设计结果都保存在该工作目录下，有利于以后查找和修改。工作目录不要建在系统盘（如 C 盘）。若建在系统盘，在系统崩溃时，所有工作成果将可能消失不见；有些电脑软件安装盘与系统盘不在一起，也尽量不要建在软件安装盘，一方面不便于查找，另一方面可能会由于数据量太大而带来中途转移数据存储位置的问题；将工作目录建在桌面和建在系统盘的效果是一样的，也应避免。不建工作目录也是不可取的，若将计算结果保存在根目录下，一方面由于根目录文件过多会带来混乱，另一方面不便于做别的工程项目设计或不便于别人使用该电脑，还不便于自己拷贝转移。

工程中工作目录的命名一般采用"时间＋工程项目名称"或其他便于自己记忆查找的命名方式，学生一般适合采用"学号＋姓名"的方式，如"20182118 张三"，也可以单独采用学号或姓名，以便于其他同学或老师辨认。

建好工作目录后，打开盈建科，单击"新建"，找到所建工作目录，弹出的对话框如图 6-1 所示，在文件名处对项目进行命名，可以命名为"教工宿舍"或其他自己方便记忆的名称，学生一般用"学号＋姓名""学号""姓名"等方式，如"20182118"，单击"保存"，进入模型荷载输入页面。软件将在工作目录中生成"20182118.yjk"的文件，下次上机时直接单击有"20182118"的上方图标即可打开。

同一工作目录下可以有多个工程，所有工程共用同一参数设置，后面产生的不标示工程名称的计算结果（含中间结果）将把前面的计算结果覆盖掉。

结构建模的主要过程依次为：轴线网格、构件（梁、柱、墙）布置、楼板布置、荷载输入、建立其他标准层以及楼层组装。

依据建筑图，建筑平面有差异的不同层依次为：一层，二、四、五层，三、六层，屋面，楼电梯间局部屋面，总计 5 个完全不同的层。结构整体计算时，一层梁的支撑柱高度准确取值较为麻烦，建筑一层无法建立准确的结构模型，结构模型建立时只建二层以上的结构模型。

软件把结构布置、竖向荷载及构件尺寸均完全相同的层定义为同一标准层；若只是层高不同，也可以归为同一标准层，在楼层组装时反映层高差异即可；若只是材料强度不同，也可以归为同一标准层，在计算前修改即可。通过引入结构标准层，可以实现多层联动，以提高建模和调整模型的工作效率。

图 6-1　盈建科文件保存页面

除一层外，一共有 4 个标准层，依次如下。

（1）第 1 标准层，表示二、四、五层。模型中柱为一、三、四层的柱，模型中梁板为二、四、五层的梁板，输入的楼板荷载为二、四、五层的板荷载，梁上输入的隔墙荷载为施工在二、四、五层的隔墙荷载。

（2）第 2 标准层，表示三、六层。模型中柱为二、五层的柱，模型中梁板为三、六层的梁板，输入的楼板荷载为三、六层的板荷载，梁上输入的隔墙荷载为施工在三、六层的隔墙荷载。

（3）第 3 标准层，表示屋面层。模型中柱为六层的柱，模型中梁板为屋面梁板，输入的板荷载为屋面层板荷载，梁上输入的荷载为女儿墙荷载和凸出屋面的楼电梯间隔墙荷载。

（4）第 4 标准层，表示楼电梯间局部屋面层。模型中梁板为楼电梯间局部屋面的梁板，模型中柱为支撑楼电梯间局部屋面梁板的柱（位于屋面层标高），输入的楼板荷载为楼电梯间局部屋面的板荷载。该屋面以上若有女儿墙，梁上输入的砌体墙荷载为女儿墙荷载。

建立结构模型时，先建第 1 标准层，再添加标准层，将第 1 标准层的轴网、构件布置和荷载等全部或局部复制到第 2 标准层，按照建筑图纸对复制形成的第 2 标准层进行网格、构件和荷载修改，重复上述步骤，完成第 3 标准层和第 4 标准层的建立。标准层全部建好后，进行楼层组装，形成一栋楼的结构模型。

6.2　建立轴线网格

结构整体分析时，将梁简化为水平线，将柱简化为竖直线，竖直线在水平面上的投影为一个点，故须将梁布置在线上，将柱布置在线的交点上。线与线的交点称为节点，两相邻节点的连线称为网格，结构分析时，梁柱相对位置很重要，而在电脑里的绝对定位则无关紧要，通过建立轴线网格对结构构件进行准确定位是结构建模的一个重要手段。

若为砌体结构，则须布置砌体墙。砌体墙在平面上布置在线或线段上，通过楼层组装形成墙面。除砌体结构外，其他的所有结构形式都不需要，也不能布置砌体隔墙，其他结构的砌体将隔墙荷载计算出来后，以线荷载的形式布置在支承隔墙的梁上，不能布置隔墙的原因在于现在的软件不具备计算隔墙与混凝土结构变形协调的功能。

建立轴线网格的方法主要有两种：一种为利用建筑平面图直接导入，另一种为按照建筑图在软件中手工输入。不论采用哪种方法，均需进行局部的编辑修改。

1. 建筑平面图导入轴线网格

在盈建科菜单栏中单击"轴线网格"，再单击"导入DWG"，弹出的对话框如图6-2所示，先单击打开文件，选择含有轴线网格的建筑平面图，再单击打开，建筑平面图自动导入对话框中，如图6-3所示。单击"轴线"，选中图中轴网（任意点选其中一根轴网），再单击"生成模型"，即完成轴网导入。

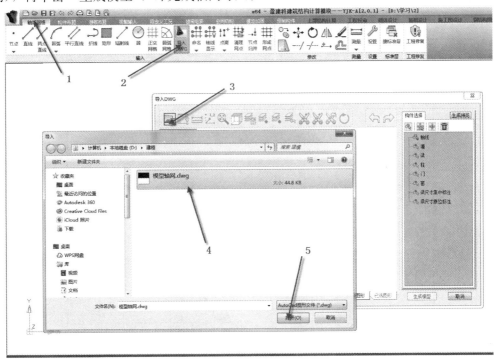

图 6-2　DWG 轴网导入（1）

此外，也可对梁、柱、墙等构件进行导入，但此项导入对建筑图要求比较高，一般不建议直接导入。

轴网导入后，对不需要的节点和网格线进行删除、补充。如图6-4所示，单击删除图标，弹出删除模式，对需大面积删除的节点进行窗口框选删除，对个别节点可进行光标单击删除。

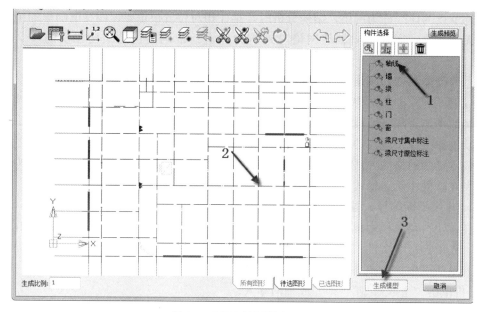

图 6-3　DWG 轴网导入（2）

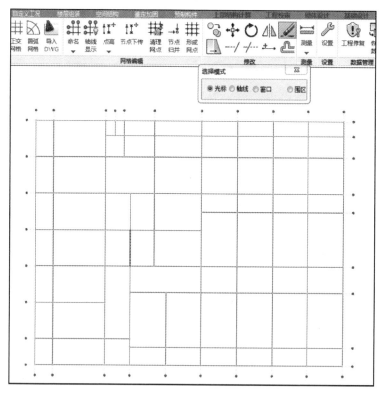

图 6-4　节点删除模式

删除完毕对轴网进行命名，按图 6-4 所示顺序，单击"命名"里的"成批"，弹出轴网命名对话框，输入首根轴线轴号，再单击首根轴线后，对不需要命名的轴线单击移除，选择完成后按鼠标右键，轴号自动按顺序生成（图 6-5）。

尤其需要注意的是，轴线命名必须与建筑图完全一致，包含位置上的一致和不得增加、删去建筑图中的轴线号。

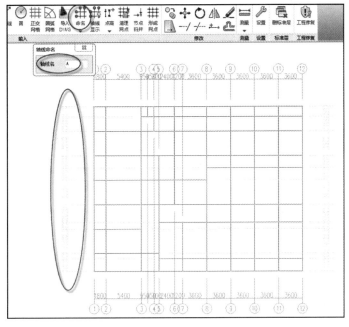

图 6-5　轴网标注

2. 人机交互输入轴网

菜单栏中的"正交轴网"可建立规整轴网，输入"上下开间""左右进深"等数据，生成的正交轴网如图 6-6 所示；对特殊轴网，可用"轴线网格"菜单栏左上角的"节点""直线""平行直线""圆弧"等选项进行个别补充完善；最后必须进行轴线命名。

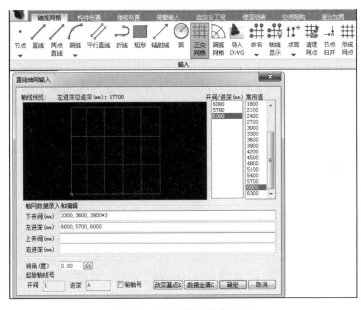

图 6-6　正交轴网操作页面

若为坡屋面，通过单击"点高"改变平面中的点相对高度形成，既可以改变单点高度，也可以一次改变一条线的所有点的高度，使在该线上的所有点成为一个统一坡度，还可以改变一个面上的所有点的高度。

6.3 构件布置

进行结构分析时必须有结构构件的截面尺寸，而截面尺寸的大小又与结构分析得出的内力相关，绝大多数的结构设计师都没有能力在第一次进行构件布置时就把构件截面尺寸定好而不需修改，实际工程中的结构构件截面尺寸都是设计师反复计算调试的结果。由于电脑运算速度很快，按某些教材中的做法进行构件的截面尺寸估算是没有必要的。教材中的方法考虑问题并不全面，也无法将构件尺寸准确地估计出来。

1. 梁布置

有关梁截面尺寸的规范规定较少，规范对梁截面尺寸没有严格规定，《高层建筑混凝土结构技术规程》（JGJ 3—2010）第 6.3.1 条规定：框架结构的主梁截面高度可按计算跨度的 1/10～1/18 确定；梁净跨与截面高度之比不宜小于 4。梁的截面宽度不宜小于梁截面高度的 1/4，且不宜小于 200mm。在该条的条文解释中有以下表述：在选用时，上限 1/10 可适用于荷载较大的情况。当设计人确有可靠依据且工程上有需要时，梁的高跨比也可小于 1/18。

上述规定仅限于高层框架的主梁，不适用于多层框架的主次梁、高层框架的次梁和剪力墙结构的主次梁等，条文里使用了最为宽松的"可"，在条文解释中又把上下限值放松了，基本可以说，规范对梁的截面尺寸限定是极为宽松的。规范规定梁的高宽比不宜大于 4，是出于梁受弯时高宽比较大的梁跨中上部受压翼缘不能保持直线的考虑，若梁的跨中侧向有约束（如密度较大的次梁），则高宽比可以适当提高。

同等条件下，梁宽若增加一倍，内力臂增加微小，增加梁宽对提高梁的受弯承载力几乎没有影响；而梁高若增加一倍，内力臂增加超过一倍，增加梁高对提高梁的受弯承载力影响显著；故从设计的经济性考虑，将梁的高宽比取大一点是较为经济的。有的教材规定梁高宽比不要小于 2，对于跨度较小的梁，用较小的梁高即能满足设计需求，为了满足教材中梁最小高宽比要求将梁宽减小则可能会导致砖隔墙施工不便，满足隔墙施工要求将梁高加大则无必要，故对于跨度较小的梁不需要遵守梁的最小跨高比要求。

在梁上有隔墙时，梁宽不能小于隔墙厚度，梁宽与隔墙厚度一致是最合适的。建筑外墙须施工保温层，不需要用隔墙实现保温隔热，故现在的普通隔墙一般采用 200mm 的厚度，工程中的住宅、办公楼、教学楼和宾馆等建筑的梁宽大多是 200mm 宽。若梁高太大，公共建筑梁宽可以超过墙厚。

梁宽的取值一般变化不大，设计时梁截面的取值主要是确定梁高。梁高应与梁的弯矩值相适应，梁的弯矩不只与梁的跨度有关，还与梁上竖向荷载、梁的支撑情况、相邻跨的受力情况、水平荷载大小及梁所处楼层位置等有关，无法通过一个简单的算式把梁高计算出来，只能通过反复试算才能找到合适的梁高。合适的梁高取值应满足以下要求：

（1）梁高不要太小，以免出现超筋；反之，梁高若太大，梁的配筋会是构造配筋；

过小的梁高就算不出现超筋或过大的梁高导致配筋率很小，都会带来设计不经济，过大的梁高还会导致使用不便。

（2）抗震设计时，为了保证梁的截面延性，对梁的相对受压区高度限值做了更严格的规定，可以通过加大梁高和提高混凝土强度等级减小相对受压区高度，梁高取值应满足该要求。

（3）在竖向荷载较大时，有可能出现斜压破坏。斜压破坏是一种不能通过增加腹筋提高受剪承载力的破坏形式，此时，应增大梁截面尺寸或提高混凝土强度等级。

（4）对于跨度较大的梁，梁的裂缝宽度和挠度一般较大，为了减小裂缝宽度，可以增大配筋，增大配筋对减小挠度几乎无效，增大梁高可以同时减小梁的裂缝宽度和挠度。

软件有次梁布置方式，建模时不宜将实际的次梁按次梁输入模型，一方面板不以次梁作为它的支承边，板的荷载不会传递到次梁上去；另一方面次梁不参与结构整体计算，在次梁与主梁的交点，二者变形不协调。

梁的布置有以下基本原则：

（1）有隔墙的位置一般须布置梁。

（2）梁不应布置在严重影响使用的地方，如客厅、卧室的中间。

（3）对于公共建筑、地下车库等，梁的布置应能使板分割为较合理的跨度。

2. 柱布置

《高层建筑混凝土技术规程》（JGJ 3—2010）第 6.4.1 条规定：矩形截面柱的边长，非抗震设计时不宜小于 250mm，抗震设计时，四级抗震等级不宜小于 300mm，一、二、三级抗震等级时不宜小于 400mm；圆柱直径，非抗震和四级抗震设计时不宜小于 350mm，一、二、三级时不宜小于 450mm。多层可以参照上述规定，特殊情况下，多层框架柱最小截面尺寸可以稍小。

一般情况下柱截面采用方形截面，当一个主轴方向的弯矩远大于另一个方向的弯矩时，柱截面适合于采用矩形截面，柱的长边应沿弯矩较大的方向布置，使柱在该方向获得较大的偏心受压能力。

为了保证柱的截面延性，规范对柱的最大轴压比进行了规定。

合适的柱截面尺寸应该是既满足表 6-1 的规定，同时接近表中轴压比限值的截面尺寸。当柱截面尺寸过大时，会使轴压比计算值很小，这样的柱截面既不经济，又会影响建筑使用。

表 6-1 柱轴压比限值

结构类型	抗震等级			
	一	二	三	四
框架结构	0.65	0.75	0.85	—
板柱-剪力墙、框架-剪力墙、框架-核心筒、筒中筒结构	0.75	0.85	0.90	0.95
部分框支剪力墙结构	0.60	0.70	—	—

对于跨度很大而层数不多的建筑，很容易满足规范的轴压比要求，但柱的计算配筋

量可能很大，这时应适当加大柱的截面尺寸以使配筋合理。

柱的布置有以下基本原则：

（1）在平面上应均匀、分散。

（2）不严重影响建筑使用。

（3）使梁的内力较为均匀，局部不致出现很大截面高度的梁。

3. 墙布置

砌体结构需要布置砌体墙，在此不做深入探讨。其他的所有结构形式都不需要，也不能布置砌体隔墙，因而不存在布置门窗洞口的问题。砌体隔墙以荷载的形式体现，抗震设计时通过周期折减体现隔墙对结构整体刚度的贡献。

一般情况下的结构墙指的是混凝土剪力墙，在抗震规范中，由于不考虑抗风问题，将剪力墙称为抗震墙。剪力墙是墙段长度与厚度的比值在 8 以上的混凝土墙，该比值在 4～8 时称为短肢剪力墙。剪力墙尽量不要设计成"一"字形，"一"字形剪力墙在地震下开裂后，平面外的受压稳定能力较差；一般将剪力墙设计成 T 形或 L 形，T 形或 L 形的剪力墙只要长肢满足墙段长度与厚度的比值要求即可，短肢不需要满足墙段长度与厚度的比值要求，但短肢也不能过小，具体要求须查阅相关规范。

剪力墙的延性要小于柱的延性。为了保证剪力墙的截面延性，规范对剪力墙的轴压比做了比柱更为严格的规定（表 6-2）。

表 6-2　剪力墙墙肢轴压比限值

抗震等级	一级（9 度）	一级（6、7、8 度）	二、三级
轴压比限值	0.4	0.5	0.6

注：墙肢轴压比是指重力荷载代表值作用下墙肢承受的轴压力设计值与墙肢的全截面面积和混凝土轴心抗压强度设计值乘积之比值。

剪力墙的厚度绝大多数情况下与隔墙厚度一致，一般情况下剪力墙的配筋是构造配筋，判断单片剪力墙的设计合理性的标准是轴压比，既满足剪力墙轴压比的规范限值又接近该限值。由于不能修改剪力墙的厚度，只能通过调整剪力墙的墙段长度来达到调整剪力墙截面尺寸的效果。在部分情况下，可能需要设置一些剪力墙以满足结构整体指标要求。

剪力墙的布置有以下基本原则：

（1）在平面上应均匀、分散。

（2）不影响建筑使用。

（3）使结构整体指标满足规范要求。

4. 构件布置操作

单击"构件布置"进行梁、柱、墙定义。单击"梁"（或"柱"或"墙"）弹出的对话框如图 6-7 所示，单击"添加"选项，在弹出的对话框中进行构件截面定义，构件截面确定后再指定构件偏心、转角、标高等参数进行构件定位，单击网格线进行构件布置。

在梁的宽度大于隔墙厚度时，需要将梁边与墙边对齐，一般的对齐原则是：满足立面效果、满足使用要求。隔墙应在建筑图纸规定的位置，结构设计不得移动隔墙位置，不能在建筑立面无线条的地方露出梁线，也不能在影响视觉效果的地方露出梁线。

除非底部楼层的剪力墙进行了加厚处理，剪力墙一般不存在偏心对齐问题。

建筑设计时无法确定满足结构要求的柱截面尺寸，在立面需要时，建筑图可能规定柱的截面尺寸。经过试算确定柱截面尺寸后，需要将部分柱与梁的边对齐，一般的对齐原则也是：满足立面效果、满足使用要求。不能在建筑立面无线条的地方露出柱线，也不能在走廊、客厅等影响使用的地方露出柱边。

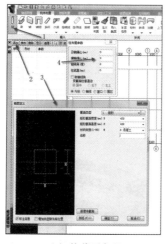

（a）柱截面定义	（b）梁截面定义

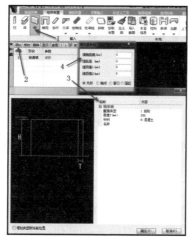

（c）墙截面定义

图 6-7　梁柱截面定义

柱相对于节点可以有偏心和转角，柱宽边方向与平面坐标系 x 轴的夹角称为转角。沿轴偏心、偏轴偏心中的轴指柱截面局部坐标系的 x 轴，即：沿柱宽方向（转角方向）的偏心称为沿轴偏心，右偏为正；沿柱截面高方向的偏心称为偏轴偏心，以向上为正。柱沿轴线布置时，柱的方向自动取轴线的方向。柱底高是相对于本层层底标高，高于为正，低于为负，通过柱底高可以设置第一层的高低柱，还可以解决由于点高设置带来的上下层柱接不上的问题。

梁、墙的偏心指梁、墙中心线偏离定位网格的距离，一般输入数值后鼠标点取轴线两边其中一边确定构件偏向。梁顶标高指梁两端相对于本层顶节点（计入层高影响）的高差，梁顶标高1指要布置梁的网格左（下）侧节点，梁顶标高2指网格右（上）侧节点。

墙底高指墙底相对于本层层底的高度，高于层底时为正值，低于层底则为负值；墙顶高1（墙顶高2）指墙顶两端相对于本层顶部节点（计入层高影响）的高差。

构件的快速布置可通过菜单栏"修改"中的工具进行删除、复制和偏移等实现，如图 6-8 所示。

5. 坡屋顶

通过菜单栏"轴线网格"建立出坡屋面的投影网格线如图 6-9（a）所示。

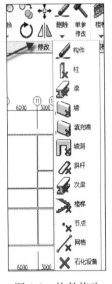

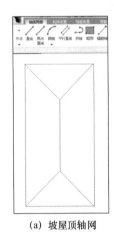
(a) 坡屋顶轴网

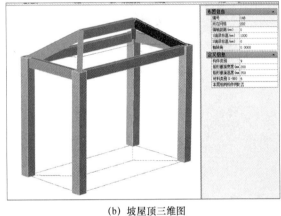
(b) 坡屋顶三维图

图 6-8　构件修改　　　　　　　　　　　　图 6-9　坡屋顶建立

进行屋脊梁布置，布置时在"梁布置参数"中输入"梁顶标高1"和"梁顶标高2"数值，此数值是梁顶标高相对与之相连的柱顶标高的差值，再进行斜梁布置，只需定义梁一端的梁顶标高1或2。

布置屋脊梁时可在三维视图模式下进行，这样会更加清晰识别梁的空间位置。此外，如在平面模式中直接布置梁而未抬高梁，可在三维视图模式下双击需要编辑的梁，右侧弹出梁的属性框，可对梁顶标高进行修改和编辑，如图 6-9（b）所示。

若坡屋面范围较大，则可以通过调整点高将节点抬高，然后按普通布置方法布置梁以形成坡屋面。计算坡屋面的斜梁时，若考虑"梁与弹性板的变形协调"，斜梁的弯矩结果会出现异常，坡屋面的斜梁配筋设计不宜考虑"梁与弹性板的变形协调"。

本工程的坡屋面跨度为3600mm，对于有一定坡度的坡屋面，由于相邻板互为支撑，板的计算跨度仅为1800mm，无必要沿坡屋面脊线设置一般意义的梁，设置100mm×100mm的虚梁即可，虚梁仅用于将一块整板分割为四块板，在结构整体计算时不参与计算。由于斜板有轴压力，轴压力作用在周边梁上时，会使周边梁出现双向受弯，设计时应考虑该影响。

6. 楼板布置

在生成楼板前应在"构件布置"中对"本层信息"进行设置，将板厚栏设置为本层楼板大多数房间要用到的板厚，如 100mm。也应对"本层信息"中的其他参数进行合理设置，在此不做详细阐述。

单击"楼板布置"，按图 6-10 所示顺序进行楼板布置。首先，单击"生成楼板"全部默认生成 100 厚楼板；对于一些跨度较大的板，单击"修改板厚"根据荷载和板跨对板厚进行局部修改；对于厨房、卫生间等有降板要求的板，单击"楼板错层"进行设置；单击"全房间洞"对不设板房间进行开洞处理，如电梯、电井、风井等房间；对空调板、雨篷板可采用悬挑板布置。

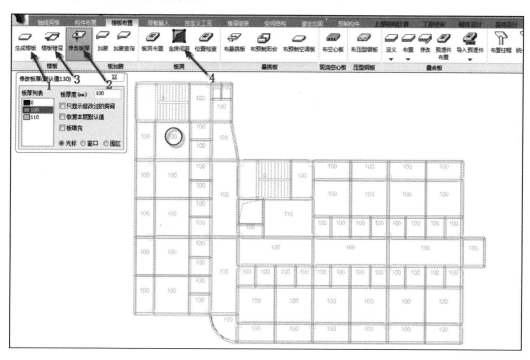

图 6-10 楼板布置

6.4 荷载输入

单击"荷载输入"对楼层荷载进行布置。先单击"楼面恒活"，弹出的对话框如图 6-11 所示。一般应勾选"自动计算现浇板自重"，输入楼板恒载和活载，此时定义楼面恒载不应再包括楼板自重，这里输入的恒载是除楼板自重以外的附加恒载标准值（含后期装修恒载），活载标准值根据房间使用功能查荷载规范。

结构板自重由软件计算，对同样功能且板厚不同的房间，可以输入同样的附加恒载，便于简化荷载输入，减少荷载输入错误的可能性。在图 6-11 中输入荷载相同的绝大多数房间荷载值，少部分有变化的房间荷载在后面单独修改。

现浇板分为单向板和双向板，其目的是分辨现浇板是否需要计算出两个方向的板弯矩。若其中一个方向（板的长向）的弯矩远小于另一个方向（板的短向）的弯矩，则为单向板；若两个方向的弯矩较为接近，则为双向板。对于四边支承的板，不论是单向板还是双向板，板的荷载均传给四个支承边，不必也不能因为是单向板而将板的导荷方式改为对边传导。软件自动将板的荷载传给支承梁，不需要再在梁上输入板的导算荷载。

对于楼梯的梯段板等特殊情况，需要将荷载传递手工改为对边传导，如图 6-12 所示。若为非矩形房间楼板，软件使用"周边布置"方式。

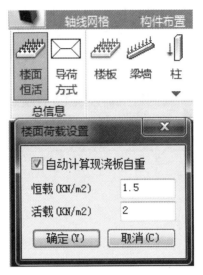

图 6-11　恒载、活载定义

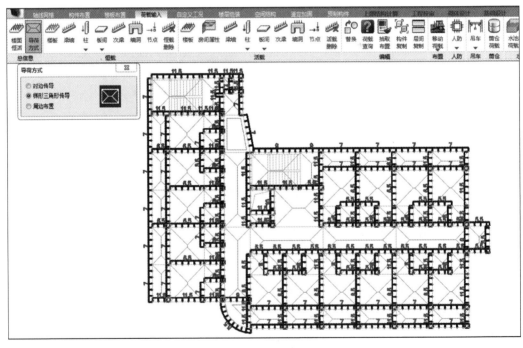

图 6-12　楼板导荷方式

恒载有别于普通房间的部位一般有楼梯间、卫生间、厨房和局部屋面等部位，活载有别于普通房间的部位一般有疏散楼梯、疏散走廊、悬挑阳台、屋面花园和电梯机房等部位。通过单击"恒载""活载"菜单栏中的"楼板"选项，对个别使用功能不一的楼板恒载、活载进行单独调整，如图6-13所示。

模型中所有结构构件的自重通过"材料参数"中设置的容重（术语已废弃，现称为重度，下同）进行计算，可以将容重适当提高，以考虑构件的粉刷荷载，除容重数值可以修改外，不能人工干预。梁墙荷载指除构件自重以外的附加荷载，这里的墙是剪力墙，单击"梁墙"进行梁墙线荷载的布置，如图6-14所示，在梁上有隔墙的地方布置线荷载；此外，对于轻质隔墙等荷载较小的位置，可不单独设结构梁，通过"板间"线荷载布置。

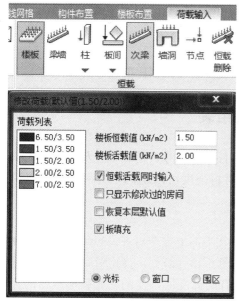

图6-13　楼板恒载、活载修改

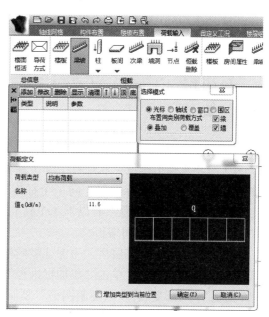

图6-14　梁墙荷载定义

标准房间楼板附加恒载（不包括楼板自重）：

白水泥大理石面层	$0.02\text{m} \times 25\text{kN/m}^3 = 0.50\text{kN/m}^2$
1:3水泥砂浆找平	$0.02\text{m} \times 20\text{kN/m}^3 = 0.40\text{kN/m}^2$
纯水泥浆一道	$0.002\text{m} \times 20\text{kN/m}^3 = 0.04\text{kN/m}^2$
板自重	软件计算
板底20厚粉刷抹平	$0.02\text{m} \times 17\text{kN/m}^3 = 0.34\text{kN/m}^2$

总计	1.28kN/m^2

一般盈建科模型根据房间使用功能输入，宿舍一般附加恒载输入1.5kN/m^2。

下沉式卫生间楼板附加恒载（不包括楼板自重）：

地砖贴面	$0.025\text{m} \times 20\text{kN/m}^3 = 0.50\text{kN/m}^2$
水泥砂浆结合层	$0.025\text{m} \times 20\text{kN/m}^3 = 0.50\text{kN/m}^2$
1:3水泥砂浆找平	$0.025\text{m} \times 20\text{kN/m}^3 = 0.50\text{kN/m}^2$

陶粒混凝土	$0.30\text{m}\times14\text{kN/m}^3=4.20\text{kN/m}^2$
板自重	软件计算
板底 20 厚粉刷抹平	$0.02\text{m}\times17\text{kN/m}^3=0.34\text{kN/m}^2$

| 总计 | 6.04kN/m^2 |

一般卫生间楼板附加恒载取 7.0kN/m^2。

隔墙荷载计算，如本工程标准层一层高 3.3m，本层主梁对应的上一层主梁估算梁高 500mm，隔墙采用 200mm 厚烧结页岩多孔砖（容重 16kN/m^3），则：

$$16\text{kN/m}^3\times0.19\text{m}+1.0\text{kN/m}^2=4.04\text{kN/m}^2$$

$$4.04\text{kN/m}^2\times(3.3\text{m}-0.5\text{m})=11.3\text{kN/m}$$

计算时 200mm 厚墙实际砌块厚度为 190mm，墙面粉刷（双面）抹灰一般取 1.0kN/m^2，计算高度采用平均层高需扣除梁高（一般取较小梁高），因此，此隔墙荷载为 11.3kN/m 的梁上线荷载。

一般有门窗洞口且开洞较大或较多时，梁墙线荷载按面积比值进行折减。

6.5 楼层组装

为了减小建模工作量，软件将结构布置、构件截面尺寸、荷载布置及荷载值完全相同的楼层定义为同一个标准层，同一个标准层材料强度可以不同，材料强度可以通过"楼层属性"修改。本工程共有以下 4 个标准层：

1. 添加标准层、层间编辑

建立完一个结构标准层后，为保证竖向构件在平面上完全对齐，必须在现有标准层基础上建立其他标准层，单击"添加标准层"［图 6-15（a）］，弹出对话框，可以选择"全部复制""局部复制""只复制网格"复制现有的标准层，复制完成后形成新的标准层，只需对新标准层中建筑设计有变化的部位进行局部修改。

（a）添加新标准层　　　　　（b）层间编辑设置

图 6-15　标准层设置

单击"楼层组装"中的"层间编辑",弹出的对话框如图 6-15(b)所示。添加或删除目标标准层,在当前楼层进行编辑时,会弹出对话框询问目标楼层是否相同处理。

软件设计的层间编辑功能,在不同标准层间存在相同部分,例如,构件、楼板及荷载等布置相同,即可使用层间编辑将布置完成的一个标准层上的内容直接复制到其他标准层,使建模更加简便快捷。

2. 楼层组装

楼层组装之前先进行必要的参数设置,如图 6-16 所示。输入地下室层数,"与基础相连构件的最大底标高(m)",此参数用来确定柱、支撑、墙柱等构件底部节点生成边界支座的位置,如果某层柱、支撑或墙柱底节点以下无竖向构件连接,且该节点标高位于"与基础相连构件的最大底标高"或以下,则该节点处生成支座,当基础底标高一样时填写 0,若不一样则填写底标高最大的那个值。

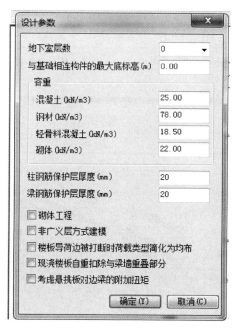

图 6-16　楼层组装必要参数

在所有标准层都形成后,单击"楼层组装",弹出的对话框如图 6-17 所示。勾选"自动计算底标高",选择标准层号,再单击标准层所需"复制层数",修改标准层所需"层高",单击"增加",在右侧组装结果框内生成楼层,同理生成其他标准层楼层。一层层底标高为基础顶面标高,若为桩基础,则为承台顶面标高,一般承台顶面取平,层底标高一致;若为浅基础,一般取基础底面平,会出现一层柱脚不在一个标高的情况,可在楼层组装时取一个绝大多数柱都能照顾到的统一标高,然后通过修改柱底高让柱计算高度与实际相符,若柱底高差别不大,也可以不做修改。一层层高 3.300m,正负零下按-1.600m 估算,组装结果如图 6-17 所示。

楼层组装完毕后,单击界面右上角整楼模型,能显示全楼三维模型,如图 6-18 所示。

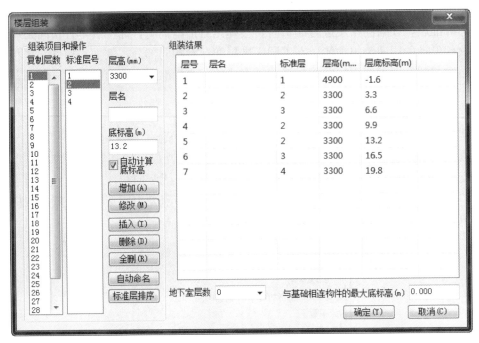

图 6-17 楼层组装

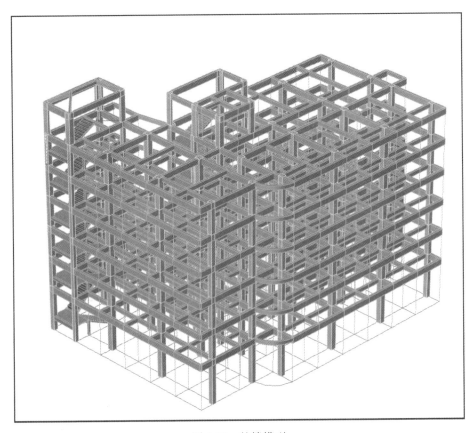

图 6-18 整楼模型

6.6 楼梯间布置

单击"构件布置—楼梯—布置"后，选择布置楼梯的房间，弹出楼梯布置对话框，如图 6-19 所示。

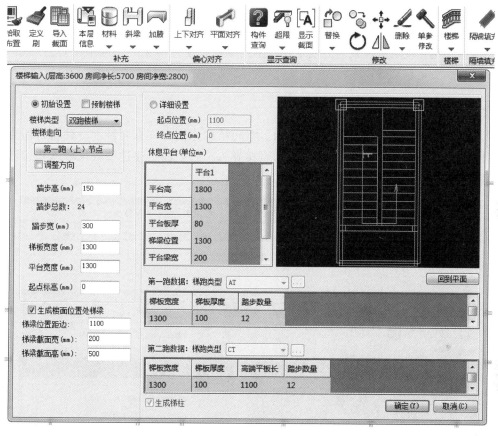

图 6-19 楼梯布置

软件自动勾选"初始设置"，先选择"楼梯类型"，再单击"第一跑（上）节点"，在右图上单击第一跑上楼梯房间四个角点中最近的一个角点来确定楼梯上楼方向，单击后右图会显示楼梯上楼方向示意图。若楼梯朝向不对，可通过勾选"调整方向"进行调整，软件会自动根据楼梯间尺寸、层高生成楼梯布置参数，也可手动修改详细设置中的各项参数。

勾选"生成楼面位置处梯梁"，勾选后可自定义梯梁位置尺寸，如果平台梁两端处已经存在整体建模中输入的柱或墙构件，则平台梁可搭接在柱或墙构件上；如果平台两端没有柱或墙构件，则自动在平台梁下生成梯柱。

如果用户不勾选"生成梯柱"，当平台梁任一端没有找到支撑时，程序将忽略该平台梁的存在，在计算简图中将不出现该平台梁。软件自动设置的梯柱尺寸为 400mm×400mm，它只在结构计算过程中临时存在，用户在计算结果中找不到梯柱本身的计算结果。

模型中的楼梯主要用于整体计算时，通过考虑楼梯刚度使结构整体刚度较为接近实际刚度，使地震反应和位移比的结果更为准确。这里的楼梯主要不是用来进行楼梯设计和将楼梯竖向荷载导算支承梁上，软件也能生成楼梯结构图。

6.7 空间结构建模简介

有些结构没有结构层的概念，不能通过建立标准层，再通过楼层组装建立模型。运用"空间结构"模块可以较为方便地建立空间结构模型，常见的空间结构有空间桁架、网格结构、变电构架等。

6.7.1 空间结构模型建立

空间结构建模菜单栏如图 6-20 所示。空间结构建模方式有两种：一种将常用空间结构设计软件 3D3S 和 MST 完成的模型直接导入；另一种是通过参数化输入快速建立空间桁架、网架网壳、一榀桁架，如图 6-21 所示。

图 6-20 空间结构菜单栏

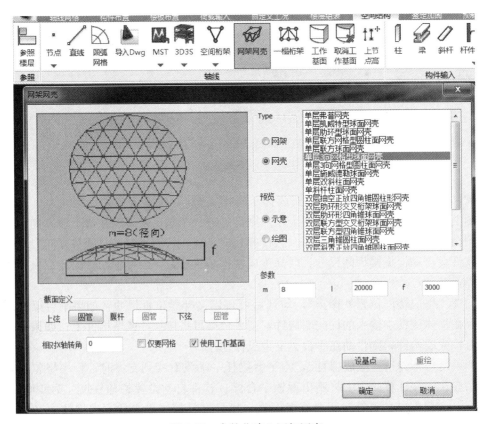

图 6-21 参数化建立网架网壳

需要标准楼层做定位参考的楼层，可单击"参照楼层"，可选择单个或多个楼层导入，作为建模参照，如图 6-22 所示。标准层除了起参照作用外，空间结构的内力还可以通过整体计算传给参照楼层。

图 6-23 为一建模完成的空间结构实例。

图 6-22　参照楼层设置

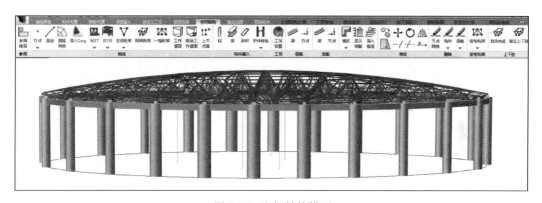

图 6-23　空间结构模型

6.7.2　蒙皮设置及荷载导入

空间结构模型建立完成后，可通过结构蒙皮施加各工况荷载；蒙皮不同于楼板，它没有楼板的刚度，自身也没有质量，主要用于形成一个荷载作用面。

单击"蒙皮"，下拉菜单如图 6-24（a）所示。单击"选择生成"，框选结构构件，单击鼠标右键，弹出蒙皮方向设置对话框，如图 6-24（b）所示。一般选择"-Z"向即向下的方向，将在空间结构上方生成蒙皮。

单击"荷载布置"，在蒙皮上布置恒载、活载和风荷载，对左侧信息框中单击"添加"弹出"荷载工况定义"栏，如图 6-24（c）所示。

单击"风荷参数"，设置基本参数（与前处理风荷载参数一致）。单击"显示荷载"可根据荷载工况的类型逐一检查定义的荷载数值是否正确。图 6-25 为一网架荷载图。

(a) 菜单栏

(b) 蒙皮方向设置

(c) 荷载工况定义

图 6-24　蒙皮菜单

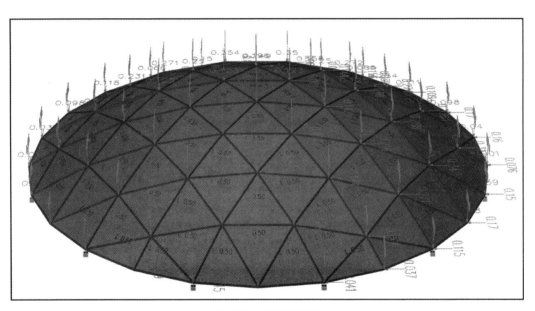

图 6-25　网架荷载图

　　空间结构与参照楼层之间通常为铰接或弹性连接，连接属性可通过前处理菜单"两点约束"设置。建模过程中空间结构与参照楼层间定义短柱并留有一定缝隙，约束定义时选中缝隙两点输入约束，如图 6-26 所示。

　　短柱并不是真实存在的柱，布置短柱的原因是设置两点约束时，参照楼层的柱不能在空间结构层中显现，为了将空间结构与下部结构联系起来，需要设置短柱实现模型的整体运算。

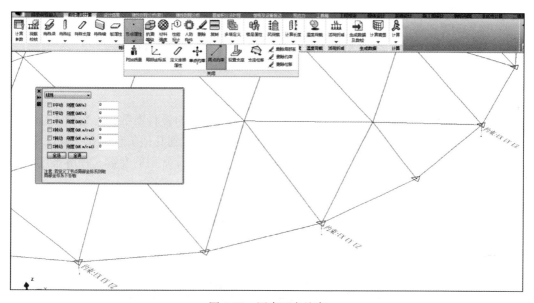

图 6-26　网壳两点约束

第7章

参数设置及结构计算

上部结构计算前，需根据工程实际情况正确设置计算与设计参数，参数修改后，软件会自动存盘，并可以直接将参数文件（spara.par）拷贝到其他工程中作为默认设置。下面选取部分参数进行阐述，选取的原则为：必要的参数、常用的参数、理解难度大的参数。

7.1 结构总体设计参数

结构总信息如图 7-1 所示。

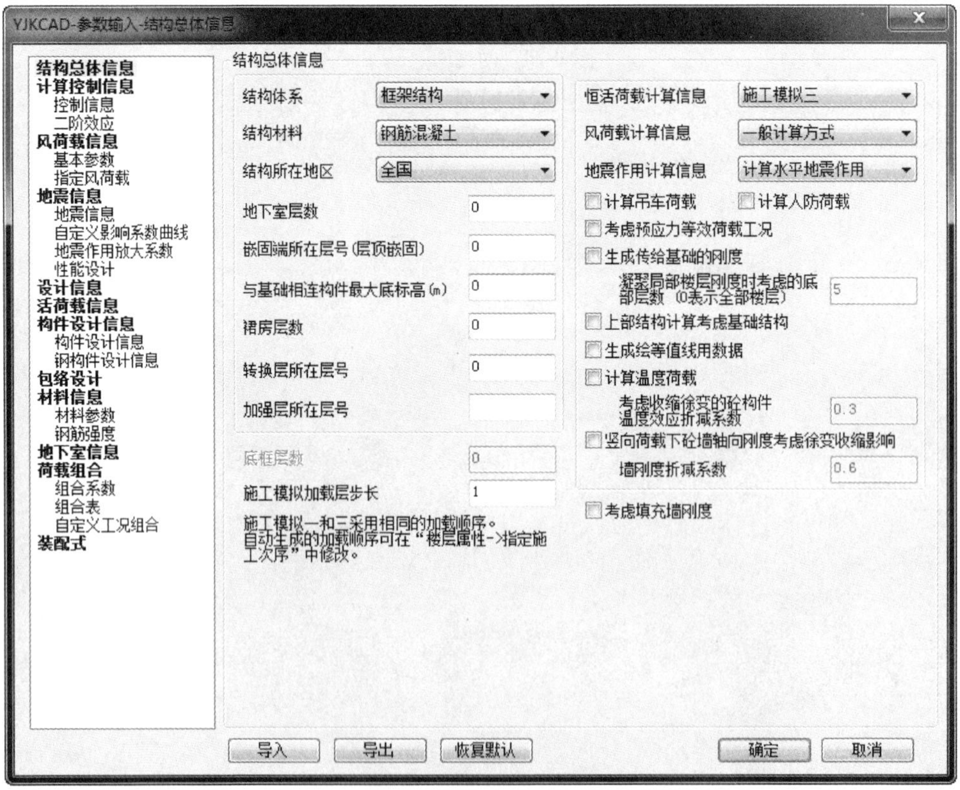

图 7-1 结构总信息

1. 结构体系

软件提供了多种结构体系：框架结构、框剪结构、框筒结构、筒中筒结构、剪力墙结构、部分框支剪力墙结构、板柱-剪力墙结构、异型柱框架结构、异型柱框剪结构、配筋砌块砌体结构、砌体结构、底框结构、钢框架-中心支撑结构、钢框架-偏心支撑结构、单层工业厂房、多层钢结构厂房、变电构架结构、温室结构。其中常用的是框架结构、框剪结构、剪力墙结构、框筒结构等。

选用结构体系的目的是套用合适的规范进行设计。

本项目采用"框架结构"。

2. 结构材料

主要材料种类：钢筋混凝土、钢与混凝土混合结构、钢结构、砌体结构。

本项目选用"钢筋混凝土"。

3. 结构所在地区

一般选全国，按国家规范、规程进行结构设计；特殊地区如上海、广东，可按当地标准进行结构设计。

本项目选择"全国"。

4. 地下室层数

根据工程实际填写。该参数对结构整体分析与设计有重要影响，如地下室侧向约束需要施加在地下室周边节点上；计算风荷载时，起算位置为地下室顶；剪力墙底部加强区起算位置为地下室顶；人防荷载必须加载至地下室楼层等。

对于有地下室的结构，地下室顶板覆土较厚时，模型中若包含的地下室范围过大同时上部楼层刚度偏小，则可能出现结构刚重比验算不通过的假象。

本项目无地下室，因此该参数填 0。

5. 嵌固端所在层号（层顶嵌固）

软件以输入的嵌固层层顶嵌固，如果在基础顶面嵌固，则该参数数值填 0；如果地下室顶板作为上部结构嵌固端，则该参数数值填地下室层号。软件默认嵌固端所在层号为地下室层号，如果修改了地下室层号，应注意确认嵌固端所在层号是否需要修改。

输入嵌固端所在层号后，软件按规范的相关规定进行设计，如按《建筑抗震设计规范》（GB 50011—2010）（2016 年版）（以下简称《抗震规范》）6.1.14 条文中的第 3.2 条对梁、柱钢筋进行调整；按《高层建筑混凝土结构技术规程》（JGJ 3—2010）（以下简称《高层混凝土结构规程》）第 3.5.5.2 条确定刚度比限值；地震组合下的设计内力调整；底部加强区延伸到嵌固端；刚重比计算起始位置等方面。

嵌固层以下的地下室，按《抗震规范》第 6.1.3 条，嵌固端所在层号的抗震等级不降低，嵌固端层以下的各层的抗震等级和抗震构造措施分别自动设置；抗震等级自动设置为四级，抗震构造措施的抗震等级逐层降低一级，但不低于四级。

《抗震规范》6.1.14 条规定地下室顶板作为上部结构的嵌固部位时，应符合下列要求：

（1）地下室顶板应避免开设大洞口；地下室在地上结构相关范围的顶板应采用现浇梁板结构，相关范围以外的地下室顶板宜采用现浇梁板结构；其楼板厚度不宜小于180mm，混凝土强度等级不宜小于 C30，应采用双层双向配筋，且每层每个方向的配筋率不宜小于 0.25%。

（2）结构地上一层的侧向刚度，不宜大于相关范围地下一层侧向刚度的 0.5 倍；地下室周边宜有与其顶板相连的抗震墙。

现规范强调了作为嵌固层的刚度要求，也提出了能作为嵌固端的结构设计措施，对于那些达不到嵌固刚度要求又接近嵌固刚度要求的层采取什么结构措施并无规定，结构设计时对这种情况不应忽视其水平力的再分配问题。

本项目填 0。

6. 与基础相连构件最大底标高（m）

用来确定柱、支撑、墙柱等竖向构件底部节点是否生成支座信息。如果某层柱、支撑、墙柱底节点以下无竖向构件连接，且该节点标高位于"与基础相连构件最大底标高"以下，则该节点处生成支座。

对于有多个楼层接基础的结构，该参数要确保高于与基础直接相连的竖向构件最大底标高。比如，一个坡地建筑，一、二层均有竖向构件直接接基础，则该参数数值要大于二层接基础的竖向构件最大底标高。

本项目底层柱标高一致，因此填 0。

7. 裙房层数

软件在确定剪力墙底部加强区高度时，对于有裙房的结构，考虑裙房对塔楼的约束作用，底部加强区高度须至少在裙房往上延伸一层。

该参数还用于多塔结构自动分塔计算时的构件设计结果取大。拆分单塔时，裙房及以下层部分构件被拆分后为多个单塔共有，这些构件一般位于拆分后各单塔的边缘部位，受力状态与实际相差较大，因此软件在进行整体模型与单塔模型构件设计结果取大时，将不包括裙房及以下楼层的构件，裙房构件按整体模型设计。

裙房层数在填写时注意要包含地下室层数。

本项目无裙房，填 0。

8. 转换层所在层号

《高层混凝土结构规程》10.2 节指出带转换层结构主要有两种：带托墙转换层的剪力墙结构（部分框支剪力墙结构）和带托柱转换层的筒体结构。规范对这两种结构做出了规定，有共性的规定，也有各自不同的规定。

共性的规定主要有：《高层混凝土结构规程》10.2.2 条，剪力墙底部加强区高度不小于转换层＋2 层；《高层混凝土结构规程》10.2.4 条，转换构件在水平地震作用下的标准内力放大；《高层混凝土结构规程》10.2.3 条，计算转换层上下层刚度比等。

对于部分框支剪力墙结构，规范做出了特殊规定，如《高层混凝土结构规程》10.2.6 条，对部分框支剪力墙结构，当转换层的位置设置在 3 层及 3 层以上时，其框支柱、剪力墙底部加强部位的抗震等级宜按该规程表 3.9.3 和表 3.9.4 的规定提高一级采用，已为特一级时可不提高；《高层混凝土结构规程》10.2.16-7 条，框支框架承担的地震倾覆力矩应小于结构总地震倾覆力矩的 50％；《高层混凝土结构规程》10.2.17 条，部分框支剪力墙结构框支柱的水平地震剪力标准值的调整；《高层混凝土结构规程》10.2.18 条，部分框支剪力墙结构中落地剪力墙底部加强部位的弯矩设计值调整。

如果设置了转换层层号，软件将执行共性的规定；如果设计人员将结构体系设置为"部分框支剪力墙结构"，则软件还将执行部分框支剪力墙结构的相关规定。需要注意的是，转换构件（如转换梁、转换柱）软件没有自动识别，需要设计人员手工指定。

转换层号在填写时注意要包含地下室层数。

本项目无转换层，填 0。

9. 施工模拟加载层步长

该参数指按照施工模拟计算时，每次加载的楼层数量，软件隐含的加载步长是 1，即每次加载 1 个自然层。对于层数较多的高层建筑，为了提高计算效率，也可以将加载步长改为大于 1 的数；对转换层、梁托柱层等一些特殊的楼层，软件会自动合并其相邻的几个楼层作为一个施工加载次序，不受本参数的约束。

对有些钢结构，一般竖向构件 2～3 层分为一段，在这一段范围内是先形成结构刚度再整体承受竖向荷载，加载步长取 1 则会与实际受力情况不一致。

本项目默认填 1。

10. 恒活荷载计算信息

该参数主要控制恒活荷载计算，包括四个选项：

不计算恒活荷载：不计算恒活荷载；对于规模很大的工程，若水平荷载起控制作用，通过该设置在结构试算时可以加快软件运算效率，出施工图时不允许进行该项设置。

一次性加载：一次施加全部恒载，结构整体刚度一次形成；类似《结构力学》教材的做法，将竖向荷载施加在已经完成并形成刚度的整体结构模型上，这种做法与工程实际不符。

施工模拟一：结构整体刚度一次形成，恒载分层施加，这种计算模型主要应用于各种类型的下传荷载的结构。

施工模拟三：指恒载计算时模仿楼层施工的次序，从下到上逐层地把每层的刚度和竖向荷载叠加到总刚度矩阵求解内力，能准确计算恒载对结构的作用效应；采用分层刚度分层加载模型时，第 n 层加载时，按只有 $1～n$ 层模型生成结构刚度并计算，与施工模拟 1 相比更接近于施工过程。需要注意的是，模拟施工加载只应包含结构构件的自重，不应包含隔墙、楼板、构件粉刷等附加恒载，也不应包含活载。隔墙、楼板、构件粉刷等附加恒载应按一次加载计算内力，活载也应按一次加载计算内力。

一般情况下，软件默认的施工次序是从下到上逐层加载的顺序，但是在某些情况下逐层加载会造成内力异常，比如梁托柱楼层、悬挂、拉索、斜撑和越层柱的情况。这时应该将对应两层或多层合在一起为一个施工次序，这与实际施工时只有在上部楼层施工完成后托柱梁才拆除临时支撑的做法是一致的。

本项目选择"施工模拟三"。

11. 风荷载计算信息

该参数有四个选项，"不计算风荷载""一般计算方式""精细计算方式"和"按构件挡风面积计算"。

不计算风荷载：不计算风荷载；在风荷载不起控制作用时，模型调试时为了加快软件运算效率，可以选择不计算风荷载，正式计算时不允许选择该选项。

一般计算方式：软件先求出某层 X、Y 方向水平风荷载外力 F_X、F_Y，然后根据该层总节点数计算每个节点承担的风荷载值，再根据该楼层刚性楼板信息计算该刚性板块承担的总风荷载值并作用在板块质心；如果是弹性节点，则直接施加在该节点上，最后进行风荷载计算；刚性楼板的风荷载中心位于楼层质心，与实际情况不一致。

精细计算方式：软件先求出某层 X、Y 方向水平风荷载外力 F_X、F_Y，然后搜索出 X、Y 方向该层外轮廓，将 F_X、F_Y 分别施加到相应方向外轮廓节点上，并在侧向节点上同时作用侧向风产生的节点力，然后进行风荷载计算。由于精细计算方式的风荷载只作用在外轮廓节点上，因此在计算某一方向风荷载时，软件将区分正向风与逆向风。对于房屋顶层，设计人员须确定风荷载施加方向（X 向或 Y 向）并指定屋面的风荷载体型系数，软件自动计算风荷载并换算成梁上分布荷载。

软件在输出风荷载工况时，对于 X 向风，将输出 $+W_X$、$-W_X$ 两种工况，对于 Y 向风，将输出 $+W_Y$、$-W_Y$ 两种工况。

按构件挡风面积计算：软件对迎风方向上的每根构件按照它的截面尺寸计算风荷载，生成每根构件上的均布风荷载，不区分构件的前后遮挡关系。这种计算方式考虑到有些工业厂房框架需要框架构件的挡风面积计算风荷载，而不是按照一般的框架外围的迎风面计算风载，避免了重复计算风荷载造成的影响。

本项目选择"一般计算方式"。

12. 地震作用计算信息

不计算地震作用：软件不进行地震作用计算；对于非抗震设防区，选择不计算地震作用；对于抗震设防区，有些情况地震组合可能会不起控制作用，规范规定此时可不计算地震作用，建议只要是抗震设防区，均选择计算地震作用，由软件按计算结果判别地震组合是否起控制作用；设防烈度较低时，可以通过该选项使模型调试效率提高。

计算水平地震作用：软件只计算水平地震作用，分 X、Y 方向；如果设置了"水平力与整体坐标夹角"Ang，则 X 正向指与整体坐标系逆时针转动 Ang 后的方向；如果设置了"斜交抗侧力构件方向角度"，则除了沿整体坐标系的 X、Y 方向计算地震作用外，还沿斜交抗侧力构件方向计算地震作用。

计算水平和规范简化方法竖向地震作用：软件同时计算水平和竖向地震作用，并且在荷载组合时分别考虑只有水平地震参与的组合、只有竖向地震参与的组合、水平地震为主的组合、竖向地震为主的组合。对于竖向刚度较大的多层或高层建筑，在需要进行竖向地震反应计算时选择该选项。对于跨度很大的单层或多层建筑，竖向地震反应不能采用规范简化方法计算。

计算水平和反应谱方法竖向地震作用（整体求解）：这种算法需要计算的振型个数较多，有时不得不采用 RITZ 向量法计算。

计算水平和反应谱方法竖向地震作用（独立求解）：这种算法是把水平地震作用的计算与竖向地震作用计算分别进行，也就是说对竖向地震单独求解，以求得比较大的竖向地震作用的质量参与系数。

计算水平和反应谱方法竖向地震作用（局部模型独立求解）：这种算法是在竖向地震和水平地震分别独立求解的基础上进行的，由设计人员指定需要考虑竖向地震的局部模型范围，如大跨度或悬挑部分，YJK 在考虑整体结构刚度的基础上，仅考虑局部模型范围的质量进行竖向地震作用计算。因此，对应的局部模型可以成为竖向地震参与质量系数的考量，从而能够评估这些局部构件的竖向地震效应是否达标。根据规范按底限值控制的放大系数可以正常处理，从而保证了竖向地震的正常计算结果。

本项目选择"计算水平地震作用"。

13. 生成绘等值线用数据

勾选该参数之后,后处理中的"等值线"才有数据,用来画墙、弹性楼板、转换梁以及框架梁转连梁的应力等值线。

14. 生成传给基础的刚度

该参数用来控制上部结构计算时是否生成传给基础的凝聚刚度。勾选该项,则基础计算时可考虑上部结构刚度的影响,该选项用于近似考虑上部结构、基础和地基的变形协调。

15. 凝聚局部楼层刚度时考虑的底部层数(0 表示全部楼层)

在考虑上部结构对基础的刚度贡献时,软件可以考虑上部结构的全部楼层或者只考虑底部的部分楼层。如果填 0 则考虑全部楼层;如果基础计算时需要仅考虑上部几个楼层的刚度,而不是全部楼层的刚度,可在这里输入一个非 0 的楼层数,软件将仅输出底部的几个楼层的刚度。

7.2　计算控制参数

计算控制参数如图 7-2 所示。

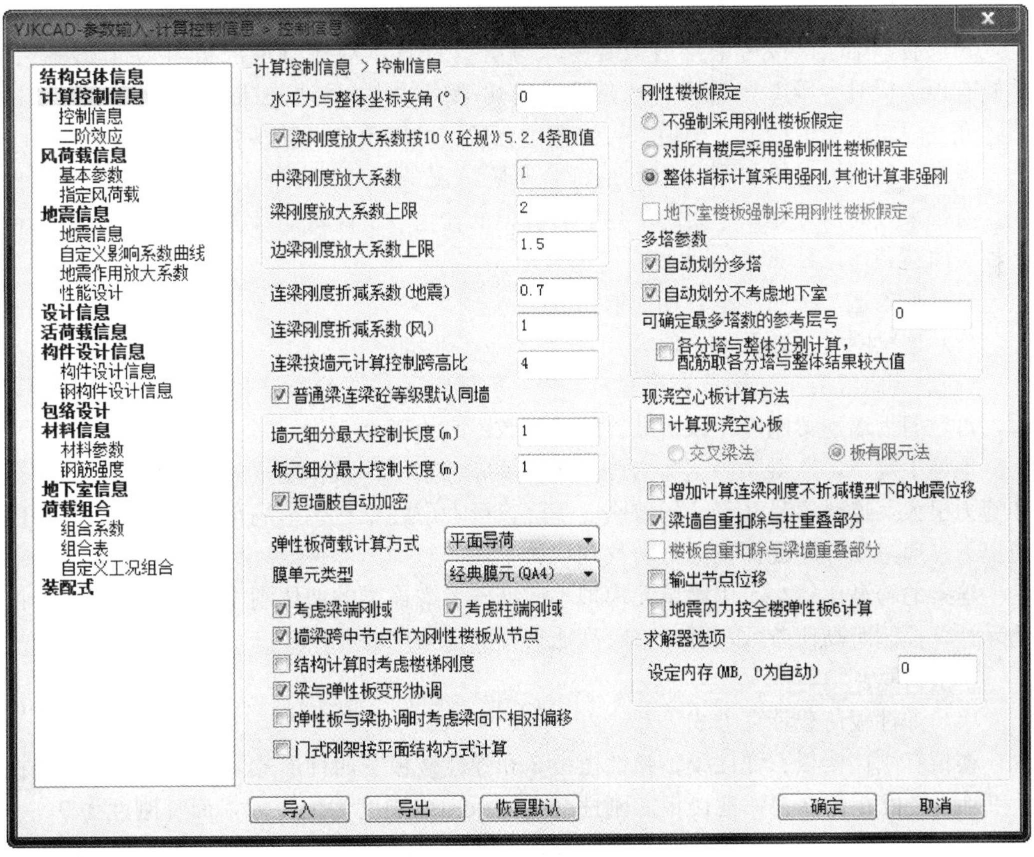

图 7-2　计算控制参数

1. 控制信息

（1）水平力与整体坐标夹角（°）

该参数为地震作用、风荷载计算时的 X 正向与结构整体坐标系下 X 轴的夹角，逆时针方向为正，单位为度。

改变该参数时，地震作用和风荷载计算时的 X 正向将发生改变，进而影响与坐标系方向有关的统计结果。如风荷载计算时的迎风面宽度、风荷载、地震作用计算时的层外力、层间剪力、层间位移、层刚度等指标。

如果仅仅为了改变风荷载的方向而在此处输入不等于 0 的角度时，宜将结构原 X、Y 主轴方向同时输入到"斜交抗侧力构件附加方向角度"参数中，以考虑结构原有 X、Y 方向地震作用效应。

该参数主要用于建筑主轴与 X 轴有一定夹角的情况。

建筑物建成使用以后，地震在建筑物的哪个角度方向发生，即地震波（剪切波，又称 S 波）以何种角度输入建筑物是不可知的，规范选择在建筑物的最不利角度（一般为建筑物的横向和纵向）输入地震波，以达到抵抗任意角度地震波的抗震效果。

本项目填 0。

（2）梁刚度放大系数按 10《砼规》5.2.4 条取值

《混凝土结构设计规范》（GB 50010—2010）（2015 年版）5.2.4 条规定，对现浇楼盖和装配整体式楼盖，宜考虑楼板作为翼缘对梁刚度和承载力的影响。

勾选后，梁刚度按考虑梁有效翼缘尺寸进行计算，双侧有现浇板时为 T 形截面，单侧有现浇板时为倒 L 形截面，软件会计算出梁实际刚度与按矩形截面计算的刚度比值，允许限定该比值的上下限值。若比值不合理，可以单独调整不合理的局部梁。

考虑有效翼缘对梁的刚度贡献是符合实际情况的，与按矩形截面计算梁刚度相比较，将带来竖向荷载作用下梁跨中弯矩计算值的增大、支座弯矩计算值的减小，还会带来柱竖向荷载弯矩计算值的减小。

本项目勾选，按照规范自动选取系数。

（3）连梁刚度折减系数（地震）

《高层建筑混凝土结构技术规程》5.2.1 条规定，高层建筑结构地震作用效应计算时，可对剪力墙连梁刚度予以折减，折减系数不宜小于 0.5。

地震工况下，连梁须协调剪力墙两相邻墙肢的水平荷载作用下的变形，计算的弯矩和剪力很大，连梁容易开裂，导致刚度下降，可考虑连梁在不影响承受竖向荷载能力的前提下，通过降低刚度而把内力转移到墙体上。

连梁的跨高比较小，用梁单元模拟不能准确考虑连梁的剪切刚度，通过设置连梁按墙元计算控制跨高比参数，可以将跨高比很小的连梁用墙元模拟。

本项目默认填写 0.7。

（4）弹性板荷载计算方式

楼板有刚性楼板、弹性膜、弹性楼板 3 和弹性楼板 6 四种形式，弹性膜、弹性楼板 3 和弹性楼板 6 合称为弹性楼板。刚性楼板的板面内刚度为无穷大，面外刚度为 0，一般的有梁不开大洞薄板采用刚性楼板计算；弹性膜面内刚度按真实刚度计算，面外刚度为 0，刚性楼板开大洞时采用弹性膜计算；弹性楼板 3 面内刚度为无穷大，面外刚度按真实刚度计算，平面尺寸较大的厚板适合于采用弹性楼板 3 计算，如无梁楼盖；弹性楼板 6 的面内、面外刚度均按真实刚度计算，当板厚度与板平面尺寸较为接近时，适合于采用弹性楼板 6 计算，如厚板转换层。

弹性板荷载计算方式有两种——平面导荷和有限元计算。

① 平面导荷：传统方式，作用在各房间楼板上恒活面荷载被导算到了房间周边的梁或者墙上，在上部结构考虑弹性板的计算中，弹性板上已经没有作用竖向荷载，起作用的仅是弹性板的面内刚度和面外刚度。

② 有限元计算：在上部结构计算时，恒活面荷载直接作用在弹性楼板上，不被导算到周边的梁墙上。有限元方式适用于无梁楼盖、厚板转换层等结构，可在上部结构计算结果中同时得出板的配筋，在等值线菜单下查看弹性板的各种内力和配筋结果。注意为了查看等值线结果，在计算参数的结构总体信息中还应勾选"生成绘等值线用数据"。

有限元方式仅适用于定义为弹性板 3 或者弹性板 6 的楼板，不适合弹性膜或者刚性板的计算。

本项目选择"平面导荷"。

（5）考虑梁端刚域、考虑柱端刚域

结构分析时，将梁、柱简化为一根没有粗细的线，在跨度、层高与构件截面尺寸相比较很大时是与实际情况较为接近的；反之则会出现与实际偏差较大的情况。软件可以将梁、柱重叠部分的局部作为刚域计算，梁、柱计算长度及端截面位置均取到刚域边；否则计算长度及端截面均取到梁柱交点。

考虑刚域后，计算跨度减小会使梁、柱内力计算值减小，端截面往跨中移动也会使梁柱支座配筋计算截面的内力值减小，总体来说，会使梁支座及跨中配筋同时减小，还会使柱端内力及配筋减小。

本项目勾选。

（6）墙梁跨中节点作为刚性楼板从节点

对于墙梁，当与之相连的楼板按刚性楼板计算时，网格划分后与楼板相连节点将作为刚性楼板的从节点。由于受到刚性楼板约束，水平荷载作用下的梁端剪力一般较不受刚性楼板约束时大。

本项目勾选。

（7）弹性板与梁协调时考虑向下相对偏移

传统做法在计算梁与楼板协调时，计算模型是以梁的中和轴与板的中和轴平齐的方式计算的，实际上梁的中和轴与板的中和轴存在竖向的偏差，YJK 中设置了"弹性板与梁协调时考虑梁向下相对偏移"来模拟实际偏心的效果，勾选此参数后，将在板和梁之间设置一个竖向的偏心刚域。该偏心刚域长度就是梁的中和轴与板的中和轴的实际距离。

这种计算模型比按照中和轴平齐的模型得出的梁的负弯矩更小，正弯矩加大并承受一定的轴力，这些因素在梁的配筋计算中都会被考虑。

本项目不勾选。

（8）刚性楼板假定

楼板属性主要影响水平力的分配结果，以及由此带来的整体指标计算结果和构件配筋设计结果。软件提供三个选项：

① 不强制采用刚性楼板假定：结构分析时按"特殊构件定义"的楼板属性计算。

② 对所有楼层采用强制刚性楼板假定：软件按层、塔分块，每块采用强制刚性楼板假定。

③ 整体指标计算采用强刚，其他计算非强刚：根据规范要求，某些整体指标的统计可以在刚性楼板假定前提下进行。如果设计人员选择该项，则软件只在计算相应结构指标时采用强制刚性楼板假定的计算结果，在计算其他指标及构件设计时采用非强制刚性楼板假定的结果。这样，设计人员只计算一次即可完成整体指标统计与构件设计。

本项目选择"整体指标计算采用强刚，其他计算非强刚"。

（9）地下室楼板强制采用刚性楼板假定

软件以弹簧模拟地下室侧土约束并施加在地下室楼板上。对于有刚性板的地下室结构，勾选该项，将按整块刚性板处理；否则将弹簧施加在各块刚性板上。

本项目不勾选。

（10）增加计算连梁刚度不折减模型下的地震位移

《抗震规范》5.5.1条文说明规定，第一阶段设计，变形验算以弹性层间位移角表示。不同结构类型给出弹性层间位移角限值范围，主要依据国内外大量的试验研究和有限元分析的结果，以钢筋混凝土构件（框架柱、抗震墙等）开裂时的层间位移角作为多遇地震下结构弹性层间位移角限值。

勾选该项，则软件同时输出连梁刚度不折减模型下的地震位移统计结果，供设计人员参考。

本项目不勾选。

（11）梁墙自重扣除与柱重叠部分

勾选此参数将减少结构自重，并相应减少地震剪力和位移等。除了使梁的自重计算更符合实际外，在基础的抗浮验算中避免自重计算值过大造成不安全的计算结果。

本项目不勾选。

（12）楼板自重扣除与梁墙重叠部分

当无梁楼盖中的梁按暗梁输入时或对于现浇空心板布置在暗梁上时，或者其他比较厚的楼板情况时，应在计算时选择楼板自重扣除与梁的重叠部分，以避免计算的荷载过大造成浪费，并减小柱墙的轴压比。

本项目不勾选。

（13）地震内力按全楼弹性板 6 计算

对恒、活、风等荷载工况计算时，设计人员习惯于将楼板按照刚性板、弹性膜的模型计算。这种模型不考虑楼板配筋形成的抗弯承载能力，由梁承担全部弯矩，此时的楼板成为一种受弯承载力的安全储备。但是从强柱弱梁的抗震设计要求考虑，这种处理常导致梁配筋过大的不利效果。

勾选此参数，则软件仅对地震作用的构件内力按照全楼弹性板 6 计算，这样地震计算时让楼板和梁共同抵抗地震作用，可以大幅度降低地震作用下梁的支座弯矩，从而可明显降低梁的支座部分的用钢量。

由于对其他荷载工况仍按照以前习惯的设置，保持恒、活、风等其他荷载工况的计算结果不变，这样做既没有降低结构的安全储备，又实现了强柱弱梁、减少梁的钢筋用量等效果。因此，这也是一项有效的设计优化的措施。

本项目不勾选。

2. 二阶效应（计算控制信息）

计算控制信息如图 7-3 所示。

图 7-3 计算控制信息——二阶效应

（1）考虑 P-Δ 效应

YJK 采用调整刚度的方法考虑 P-Δ 效应，用户勾选"考虑 P-Δ 效应"后，要指定调整刚度用的荷载（一般是重力荷载代表值），程序先计算用户指定荷载下的构件内力，然后根据轴力调整构件刚度，最后使用调整后的刚度进行后续弹性分析。软件使用刚度折减后计算的位移和折减前刚度反算构件内力，这个内力包含了整体的 P-Δ 效应。

本项目不勾选。

（2）考虑整体缺陷

钢结构构件在制作、安装过程中会存在材料不均匀、残余应力、安装偏差等初始缺陷。考虑 P-Δ 效应的二阶弹性分析应考虑结构整体的初始缺陷。初始缺陷的位移模式可取第 1 阶屈曲分析的变形方式，最大缺陷代表值可取 H/250（H 为建筑总高度），也可以由用户通过施加假想水平力自行计算得出。软件通过改变节点的初始位置来考虑结构整体的初始缺陷。用户勾选"按屈曲分析模态考虑整体缺陷"后，软件同时进行屈曲分析，且考虑"计算长度系数置为1"的选项。

本项目不勾选。

7.3 风荷载设计参数

风荷载信息如图 7-4 所示。

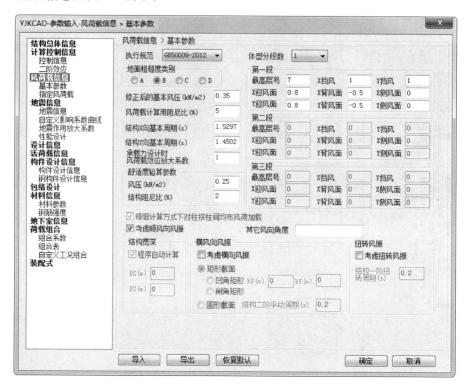

图 7-4 风荷载信息——基本参数

1. 执行规范

软件提供两个选择 GB 50009—2012 和 GB 50009—2001。

本项目选择 GB 50009—2012。

2. 地面粗糙度类别

地面粗糙度按规范分为 A、B、C、D 四类，风荷载会依次增大，按照建筑物所在地的实际情况选取。

A 类：近海海面，海岛、海岸、湖岸及沙漠地区。

B 类：指田野、乡村、丛林、丘陵及中小城镇和大城市郊区。

C 类：指有密集建筑群的城市市区。

D 类：指有密集建筑群且房屋较高的城市市区。

本项目选择"B"。

3. 修正后的基本风压（kN/m²）

若是沿海、强风地区及规范特殊规定等情况，可能在基本风压基础上，须采用对基本风压进行修正后的风压。

对于一般工程，可按照《荷载规范》的规定来选择。

《高层混凝土结构规程》1.2.2 条规定，对风荷载比较敏感的高层建筑，承载力设计时应按基本风压的 1.1 倍采用。可通过选项卡的"承载力设计时风荷载效用放大系数"来考虑,不能在修正后的基本风压上乘以放大系数。

本项目填写 0.35。

4. 结构 X 向基本周期(s)、Y 向基本周期(s)

该参数主要用于风荷载计算时的脉动增大系数计算。由于 X 向、Y 向风荷载对应的结构基本周期值可能不同,因此这里输入的基本周期分 X、Y 方向。软件按《建筑结构荷载规范》(GB 50009—2012)简化公式计算基本周期并作为默认值。

软件此参数先行不修改,初步计算后,将结构 X、Y 向基本周期(查结构周期计算结果)填入重新计算,以得到更准确的风荷载计算结果。

5. 风荷载计算用阻尼比(%)

该参数主要用于风荷载计算时的脉动增大系数计算。

根据《高层混凝土结构规程》4.3.8 条 1 款规定,除有专门规定外,钢筋混凝土高层建筑结构的阻尼比应取 0.05,此时阻尼调整系数 η_2 应取 1.0。

本项目填写 5。

6. 舒适度验算参数

《高层混凝土结构规程》3.7.6 条规定,房屋高度不小于 150m 的高层混凝土建筑结构应满足风振舒适度要求。现行国家标准《建筑结构荷载规范》(GB 50009)规定的 10 年一遇的风荷载标准值作用下,结构顶点的顺风向和横风向振动最大加速度计算值不应超过该规范中表 3.7.6 的限值。

本项目舒适度验算的风压(kN/m²)填 0.25,结构阻尼比(%)填 2。

7. 考虑顺风向风振

《建筑结构荷载规范》(GB 50009—2012)8.4.1 条规定,对于高度大于 30m 且高宽比大于 1.5 的房屋,以及结构基本自振周期 T_1 大于 0.25s 的高耸结构,应考虑顺风向风振影响。当符合《建筑结构荷载规范》(GB 50009—2012)8.4.3 条规定时,可采用风振系数法计算顺风向荷载。

本项目勾选。

7.4　地震设计参数

地震信息如图 7-5 所示。

1. 设计地震分组

根据《抗震规范》附录 A 及地方相关标准的规定选择。设计地震分组与建设场地离预估地震的震中远近有关。

本项目选择"二"。

2. 设防烈度

依据《抗震规范》及地方相关标准的规定指定设防烈度。

本项目选择 7(0.1g)。

3. 场地类别

依据工程实际情况选择,根据岩土工程详细勘察报告的结论输入,由场地土层厚度

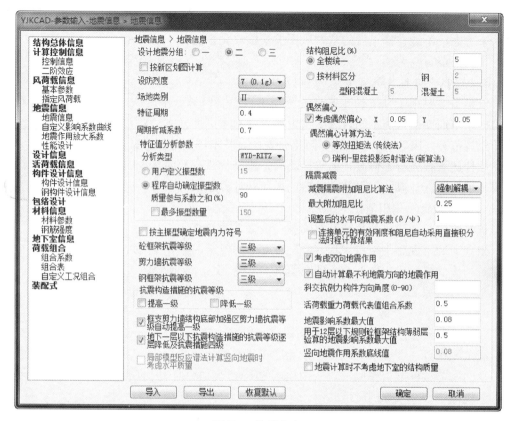

图 7-5　地震信息

及土层剪切波速测试结果综合得出结论。

本项目根据勘察报告选择"Ⅱ"。

4. 特征周期

特征周期根据工程场地类别和设计地震分组得到，与工程场地类别和设计地震分组联动，一般不需填写。

本项目为 0.4s。

5. 周期折减系数

结构建模时只建了结构构件的模型，结构整体计算分析时，只能直接考虑主要结构构件（梁、柱、剪力墙和筒体等）的刚度，没有考虑非承重构件的刚度，因而计算的自振周期较实际的偏长，计算的地震作用偏小。因此，在计算地震作用时，须对自振周期进行折减。

《高层混凝土结构规程》4.3.17 条规定，当非承重墙体为砌体墙时，高层建筑结构的计算自振周期折减系数可按下列规定取值：框架结构可取 0.6～0.7；框架-剪力墙结构可取 0.7～0.8；框架-核心筒结构可取 0.8～0.9；剪力墙结构可取 0.8～1.0。刚度折减系数的取值反映了隔墙对结构刚度的影响程度，影响程度越大，折减系数越小。

本项目填 0.7。

6. 特征值分析参数

软件提供三种特征值计算方法：LANCZOS、WYD-RITZ 法和 RITZ 向量法。常用的为 WYD-RITZ 法。

软件提供两种确定振型数方法：用户定义振型数，由用户直接输入计算振型数；程序自动确定振型数，由软件自动计算需要的振型数。

一般勾选"程序自动确定振型数"，勾选此项后，要求同时填入参数"质量参与系数之和（％）"，软件按规范默认取值 90％。

"最多振型数量"，即对软件计算的振型个数最多的限制。达到"最多振型数量"限值时，程序不再增加振型数。

本项目选择"WYD-RITZ 法"。

7. 砼框架抗震等级、剪力墙抗震等级、钢框架抗震等级

多层查《抗震规范》表 6.1.2 确定抗震等级，高层查《高层混凝土结构规程》第 3.9.3 条确定抗震等级。多层不能查《高层混凝土结构规程》确定抗震等级。

本项目混凝土框架抗震等级取三级。

8. 抗震构造措施的抗震等级

该参数用来设置抗震构造措施的提高（或降低）。《建筑工程抗震设防分类标准》（GB 50223—2008）3.0.3 条规定乙类建筑应按高于本地区抗震设防烈度一度的要求加强其抗震措施；但抗震设防烈度为 9 度时，应按比 9 度更高的要求采取抗震措施。

《抗震规范》3.3.2 条规定，建筑场地为 I 类时，对甲、乙类的建筑应允许仍按本地区抗震设防烈度的要求采取抗震构造措施；对丙类的建筑应允许按本地区抗震设防烈度降低一度的要求采取抗震构造措施，但抗震设防烈度为 6 度时仍应按本地区抗震设防烈度的要求采取抗震构造措施。

《抗震规范》3.3.3 条规定，建筑场地为 III、IV 类时，对设计基本地震加速度为 $0.15g$ 和 $0.30g$ 的地区，除该规范另有规定外，宜分别按抗震设防烈度 8 度（$0.20g$）和 9 度（$0.40g$）时各抗震设防类别建筑的要求采取抗震构造措施。

本项目不勾选。

9. 考虑偶然偏心

地震作用的分布与质量分布相关，地震时建筑物的质量由恒载和活载形成，二者均存在计算分布与实际分布不一致的情况，尤以活载最为严重，为了考虑计算的质量分布与实际质量分布不一致带来的地震作用中心不准确的影响，《高层混凝土结构规程》4.3.3 条规定，计算单向地震作用时应考虑偶然偏心的影响。

勾选参数，软件在计算地震作用时，分别对 X、Y 方向增加正偏、负偏两种工况，偏心值依据"偶然偏心值（相对）"参数的设置，并且在整体指标统计与构件设计时给出相应的计算结果。

对于偶然偏心工况的计算结果，软件不进行双向地震作用计算。

本项目勾选，X 设为 0.05，Y 设为 0.05。

10. 考虑双向地震作用

建筑物建成后，水平地震作用的输入方向角是不确定的，现在的设计做法是选择建筑物的两个最不利方向输入水平地震作用进行抗震设计。在烈度不改变的前提下，若实际地震波改变输入方向，建筑物将具有更强的抗震能力。

用平均反应谱计算地震反应、不能计算复杂地面运动产生的地震反应等均会使地震

反应计算值与实际值不一致，对于不规则结构的不利影响尤其严重，为了加大不规则结构的抗震安全储备，《抗震规范》5.1.1 条规定，质量与刚度分布明显不对称、不均匀的结构，应计算双向水平地震作用下的扭转影响。计算双向地震作用相当于加大了地面运动加速度，同时改变了地震作用方向角。

设在 X 和 Y 单向地震作用下的效应分别为 S_x 和 S_y，那么在考虑双向地震扭转效应后，新的内力按如下公式组合得到：

$$S'_x=\sqrt{S_x^2+(0.85S_y)^2} \qquad S'_y=\sqrt{S_y^2+(0.85S_x)^2}$$

软件允许同时考虑偶然偏心和双向地震作用，此时仅对无偏心地震作用效应进行双向地震作用计算，而对有偏心地震作用效应不考虑双向地震作用。

本项目不勾选。

11. 斜交抗侧力构件方向角度（0～90°）

对于斜交抗侧力构件，X 或 Y 向的地震作用所产生的内力可能较小，《抗震规范》5.1.1 条规定，有斜交抗侧力构件的结构，当相交角大于 15°时，应分别计算各抗侧力构件方向的水平地震作用。

本项目不考虑。

12. 自动计算最不利地震方向的地震作用

结构抗震的最不利方向不能通过目测看出来，软件能找到结构抗震的最不利方向。

软件提供了计算多方向地震作用的功能，每个地震角度对应顺角度方向和垂直角度方向两个地震工况。软件计算每个角度下的构件内力，并在构件设计时考虑内力组合。

一般情况下应勾选，本项目勾选。

13. 活荷载重力荷载代表值组合系数

建模时输入的活载是活载标准值，活载标准值是使用期间累积时间超越概率为 5% 的代表值，在地震实际发生时，活载达不到标准值。地震反应计算时采用较为接近实际竖向荷载的重力荷载代表值，该参数指计算重力荷载代表值时的活荷载组合值系数，一般默认为 0.5。

本项目默认填 0.5。

14. 地震影响系数最大值

地震影响系数最大值由"设防烈度"参数控制，软件会根据该参数的变化自动更新地震影响系数最大值。

如果要进行中震弹性或不屈服设计，软件自动将"地震影响系数最大值"修改为设防烈度地震影响系数最大值。

本项目建筑抗震设防烈度为 7 度，设计基本加速度值为 0.10g，设计地震分组为第二组，多遇地震，根据《抗震规范》表 5.1.4-1 查水平地震影响系数最大值为 0.08。

我国采用三水准地震设防，即"小震不坏，中震可修，大震不倒"。为了实现三水准地震设防目标，采用两阶段设计，一阶段的小震设计，二阶段的大震设计。小震设计时结构为弹性状态，进行内力分析和变形控制，将内力乘以荷载分项系数并考虑到材料分项系数的余量，可以实现小震不坏的目标。

若抗震设防烈度（中震）为 7 度（0.10g），小震比中震低约 1.55 度，则小震地面运动加速度为$\dfrac{0.10g}{2^{1.55}}=0.0342g$，结构动力放大系数最大值为 2.25，则地震影响系数最大值为 $0.0342\times2.25=0.0768\approx0.08$。

本项目填 0.08。

7.5　设计调整参数

设计信息如图 7-6 所示。

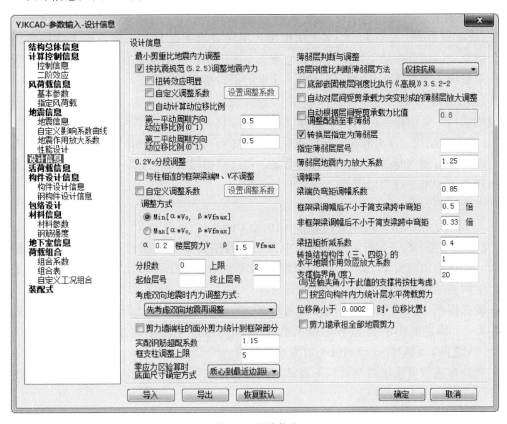

图 7-6　设计信息

1. 最小剪重比地震内力调整

对于结构整体刚度较差的结构，结构自振周期较长，计算的地震反应较小，但是会在地震作用时产生较大的水平位移，该水平位移与重力荷载叠加会产生较大的重力二阶效应，为了控制该不利作用，规范通过控制最小剪重比来保证结构整体刚度不要太差。

剪重比是对应于水平地震作用标准值的楼层剪力与重力荷载代表值的比值。《抗震规范》5.2.5 条和《高层混凝土结构规程》4.3.12 条明确规定了抗震验算时楼层剪重比不应小于规范给出的剪力系数 λ。

需要注意以下几点：

（1）当底部总剪力相差较多（低于规范最小值的 80%）时，结构的选型或总体布置需重新调整，不能仅采用乘以增大系数的方法处理。

（2）由于底部楼层地震振幅较小，往往底部楼层剪重比不易满足要求，仅将底部楼层剪力提高后并不能显著提高整栋楼的抗水平力能力；故只要底部总剪力不满足要求，则结构各楼层的剪力均需要调整，不能仅调整不满足的楼层。

满足最小地震剪力是结构后续抗震计算的前提，只有调整到符合或接近最小剪力要求才能进行相应的地震倾覆力矩、构件内力、位移等的计算分析。

采用时程分析法时，其计算的总剪力也需符合最小地震剪力的要求。

一般应该勾选"按抗震规范（5.2.5）调整地震内力"。

本项目勾选"按抗震规范（5.2.5）调整地震内力"。

2. 扭转效应明显

《抗震规范》5.1.2 条的条文说明指出：扭转效应明显与否一般可由考虑耦联的振型分解反应谱法分析结果判断，例如，前三个振型中，二个水平方向的振型参与系数为同一个量级，即存在明显的扭转效应。这里的扭转指扭转耦联。

《高层混凝土结构规程》4.3.12 条的条文说明指出：表 4.3.12 中所说的扭转效应明显的结构，是指楼层最大水平位移（或层间位移）大于楼层平均水平位移（或层间位移）1.2 倍的结构。这里的扭转指地震反应合力中心与刚度中心相距较大带来的楼层扭转。

软件不自动判断是否为扭转效应明显，勾选"扭转效应明显"参数后，最小剪力系数按规范表中第一行数据取值。

本项目不勾选。

3. 第一、第二平动周期方向动位移比例（0~1）

《抗震规范》5.2.5 条的条文说明中指出：若结构基本周期位于反应谱的速度控制段时，则增加值应大于 $\Delta\lambda_0 G_{Ei}$，顶部增加值可取动位移作用和加速度作用二者的平均值，中间各层的增加值可近似按线性分布。

软件根据 X、Y 方向的平动系数判断 X、Y 方向的第一平动周期，然后查《抗震规范》5.2.5 确定最小剪力系数，该系数值在 wzq.out 文件中输出。如果周期值位于 3.5~5s 之间，则软件自动对最小剪力系数插值。

软件在进行剪重比调整时，不自动判断对应方向周期位于哪个控制段，而是提供相应插值参数，由工程师控制。

软件提供该参数，当 X 或 Y 方向结构基本周期位于速度控制段时，软件按该系数计算调整系数，填 0 按加速度控制段的方法取值，填 1 按位移控制段的方法取值，填 0~1 之间的数，则插值求调整系数。

当 X 或 Y 方向结构基本周期不位于速度控制段时，该参数不起作用。

本项目都填写 0.5。

4. $0.2V_0$ 分段调整

对于框剪结构，由于柱的延性要好于剪力墙的延性，地震时剪力墙会先于柱开裂，剪力墙开裂后刚度会下降，由剪力墙承受的部分剪力将转移到柱上，柱的抗剪、抗弯能力若不足，会使柱破坏，失去抗压承载能力而带来建筑物的连续破坏。

为了不出现该种不利状况，框剪结构须进行 $0.2V_0$ 调整。

（1）$0.2V_0$ 分段设置

如果对参数 "$0.2V_0$ 调整分段数" 填写为 0，则软件不做调整计算。只有对参数

"$0.2V_0$ 调整分段数"填写为大于 1 的分段个数，且把每段的起始和终止层号填写正确，软件才做调整计算。

$0.2V_0$ 调整起止层号：设置某分段的起止楼层号，用逗号或空格分隔。

工程师宜根据工程的竖向布置情况确定分段，比如地下室、裙房等宜作为分段的分界线。

软件在进行 $0.2V_0$ 调整时，基底剪力 V_0 直接取分段最底层的楼层剪力。

$0.2V_0$ 调整上限：指的是 $0.2V_0$ 调整时放大系数的上限，默认为 2，用户可根据工程实际情况设置；如设置为负数则无上限限制；上限设置不可过大，如果调整系数过大，需要注意本工程框架部分会否起到二道防线作用。

本项目填写 2。

（2）$0.2V_0$ 调整系数设置

$0.2V_0$ 调整系数是指参数 α、β。根据《抗震规范》6.2.13 条、《高层混凝土结构规程》8.1.4 条规定，软件默认调整系数 α 为 0.2（楼层剪力 V）、β 为 1.5（V_{fmax}）。

如果结构类型为"钢框架-中心支撑结构"或"钢框架偏心支撑结构"，根据《抗震规范》8.2.3-3 条，工程师需要手工将参数 α 改为 0.25（楼层剪力 V）、β 为 1.8（V_{fmax}）。

（3）自定义调整系数

上述调整不够精准，容易出现将柱调得过于强大而实际用不上的情况。

为了避免上述问题，软件还提供自定义调整系数功能，工程师自行设置了调整系数后，软件将不自动计算调整系数；系数可以由相关软件分析得到。

（4）与柱相连的框架梁端 M、V 不调整

从力学关系看，框架柱弯矩增大后应同时增大框架梁的梁端弯矩，由此也会带来框架梁剪力的增大。

广东省标准《高层建筑混凝土结构技术规程》8.1.4-3 条规定，各层框架所承担的地震总剪力按该条第 1 款调整后，应按调整前、后总剪力的比值调整每根框架柱的剪力及端部弯矩，框架柱的轴力及与之相连的框架梁端弯矩、剪力可不调整。

傅学怡的《实用高层建筑结构设计》第 3 章中指出：小震作用下的钢筋混凝土框架-剪力墙结构，柱剪力调整十分必要，不必调整相连框架梁梁端弯矩、剪力，以利于框架梁先屈服发挥延性，以利于相对强化框架柱。

5. 实配钢筋超配系数

对于 9 度设防烈度的各类框架和一级抗震等级的框架结构，框架梁和连梁端部剪力、框架柱端部弯矩、剪力调整应按实配钢筋和材料强度标准值来计算，但在计算时因得不到实际配筋面积，目前通过调整计算设计内力的方法进行设计。

该参数就是考虑材料、配筋因素的一个放大系数。另外，在计算混凝土柱、支撑、墙受剪承载力时，也要使用该参数估算实配钢筋面积。

本项目填 1.15。

6. 薄弱层判断与调整

（1）按层刚度比判断薄弱层方法

当结构局部楼层刚度突变时，在水平地震作用下结构的变形曲线会变得不平顺，尤其是底部楼层刚度突然变小时，会使局部楼层的有害位移显著加大，在上部楼层的重力作用

下，会产生较大的重力二阶效应，此时应对这些局部楼层加强以提升整栋楼的抗震能力。

《抗震规范》表 3.4.3-2 中对侧向刚度不规则的判断条件为：该层的侧向刚度小于相邻上一层的 70%，或小于其上相邻三个楼层侧向刚度平均值的 80%。

《高层混凝土结构规程》3.5.2 条对侧向刚度比的规定区分框架和非框架结构，其中对框架结构的规定与《抗震规范》的规定一致，而框剪结构的规定有区分。

为了适应规范的不同规定，软件提供了 6 个选项——高规和抗规从严、仅按抗规、仅按高规、不自动判断、按上海抗规剪切刚度比以及按上海抗规剪弯刚度比，供设计人员选择。

本项目为多层建筑，选择"仅按抗规"。

（2）自动对层间受剪承载力突变形成的薄弱层放大调整

建筑物下部楼层受剪承载力突然变小时，将严重降低整栋楼的抗震能力，通过提高局部楼层的受剪承载力可以提升整栋楼的抗震能力。

《抗震规范》3.4.3 条和《高层混凝土结构规程》3.5.8 条均对由层间受剪承载力突变形成的薄弱层做出了地震作用放大的规定。由于计算受剪承载力需要配筋结果，因此须先进行一次全楼配筋设计，然后根据楼层受剪承载力判断后的薄弱层再次进行全楼配筋，这样会对计算效率有影响。因此软件提供该参数，勾选该项，软件自动根据受剪承载力判断出来的薄弱层再次进行全楼配筋设计，如果没有判断出薄弱层，则不会再次进行配筋设计。

本项目不勾选。

（3）自动根据层间受剪承载力比值调整钢筋至非薄弱

勾选此参数后，软件对层间受剪承载力比值小于 0.8（框内填的数值）的楼层，将自动增加柱墙构件的计算钢筋直到层间受剪承载力比值大于 0.8，使该层不再是薄弱层。

如果用户同时还勾选了参数"自动对层间受剪承载力突变形成的薄弱层放大调整"，则软件优先进行增加柱、墙钢筋的调整，如果可以调整到非薄弱层的水平，则不会再把该层判定为受剪承载力薄弱层，也就不会再进行楼层内力放大 1.25 的调整。

本项目不勾选。

（4）指定薄弱层层号

软件根据上下层刚度比判断薄弱层，并自动调整地震作用，但对于竖向不规则、楼层抗剪承载力之比不满足要求的楼层不能自动判断为薄弱层，需要设计人员手工指定，可用逗号或空格分隔楼层号。

本项目不考虑。

（5）薄弱层地震力放大系数

《抗震规范》3.4.4.2 条规定，平面规则而竖向不规则的建筑，应采用空间结构计算模型，刚度小的楼层的地震剪力应乘以不小于 1.15 的增大系数。

《高层混凝土结构规程》3.5.8 条规定，侧向刚度变化、承载力变化、竖向抗侧力构件连续性不符合该规程第 3.5.2、3.5.3、3.5.4 条要求的楼层，其对应于地震作用标准值的剪力应乘以 1.25 的增大系数。

该参数用于薄弱层的地震力放大，默认值为 1.25。

本项目默认填 1.25。

7. 调幅梁

(1) 梁端负弯矩调幅系数

梁的开裂弯矩大小与配筋关系不大，同一跨的等截面梁在竖向荷载作用下将在最大弯矩处首先开裂，开裂后的弯矩增长与竖向荷载增长不再为线性关系，开裂处的弯矩增长较慢，未开裂处的弯矩增长较快，对按线弹性方法计算出的弯矩的大值（一般在支座）减小、小值（一般在跨中）增大更接近实际受力情况。对于多跨框架梁，取得支座最大负弯矩的活荷载布置方式肯定不是取得跨中最大正弯矩的活荷载布置方式，只要支座负弯矩调小的幅度不是太大，可以达到将支座负筋减小而不需增大跨中配筋的效果，支座负筋减小后更易实现强柱弱梁以提升框架结构的体系延性。

在竖向荷载作用下，可考虑框架梁端塑性变形内力重分布对梁端负弯矩乘以调幅系数进行调幅，调幅后梁端负弯矩减小，与取得梁端负弯矩最大值所相应的跨中正弯矩加大。现浇框架梁端负弯矩调幅系数可为 0.8～0.9；装配整体式框架梁端负弯矩调幅系数为 0.7～0.8；活荷载较大时，调幅系数取小值，反之取大值。

软件自动搜索框架梁并给出默认值，非框架梁、挑梁不调幅，非框架梁的调幅须人工指定；软件可对恒载、活载、活载不利布置、人防荷载的计算结果进行调幅；调幅梁的调幅系数可在特殊构件补充定义中手工修改。

对于线弹性分析结果局部出现跨中弯矩比支座弯矩更大的情况，将支座弯矩调小后，可能会出现支座裂缝过大的现象。

一般现浇框架梁可选调幅系数为 0.85。

本项目默认填 0.85。

(2) 框架梁调幅后不小于简支梁跨中弯矩（倍）

框架梁在水平荷载作用下，会使支座负弯矩增大，而对跨中弯矩几乎没有影响。地震反复作用会使框架梁支座混凝土出现一定程度的开裂，按线弹性方法计算的竖向荷载产生的跨中弯矩将小于实际的跨中弯矩，故《高层混凝土结构规程》5.2.3-4 条规定，框架梁跨中截面正弯矩设计值不应小于竖向荷载作用下按简支梁计算的跨中弯矩设计值的 50%。

软件默认为 0.5。

本项目默认填 0.5。

(3) 非框架梁调幅后不小于简支梁跨中弯矩（倍）

非框架梁在地震工况下的支座混凝土损伤程度要小于框架梁，故《钢筋混凝土连续梁和框架考虑内力重分布设计规程》（CECS 51：93）第 3.0.3-3 条规定，非框架梁弯矩调幅后，各控制截面的弯矩值不宜小于简支梁弯矩值的 1/3。

软件默认 0.33。

本项目默认填 0.33。

8. 梁扭矩折减系数

楼面梁受扭计算时应考虑现浇楼板的约束作用。当计算中未考虑现浇楼盖对梁扭转的约束作用时，可对梁的计算扭矩予以折减，梁扭矩折减系数应根据梁周围楼盖的约束情况确定。梁在受扭时容易开裂，也会使协调扭矩减小。

软件自动搜索梁左右楼板信息，并给出默认值。设计人员可在特殊构件补充定义中手工修改。现浇楼板（刚性假定）取值 0.4～1.0，一般取 0.4；若能计算梁和板的变形协调，则扭矩计算结果较为真实，现浇楼板（弹性楼板）取 1.0。

本项目默认填 0.4。

7.6 活荷载设计参数

活荷载信息如图 7-7 所示。

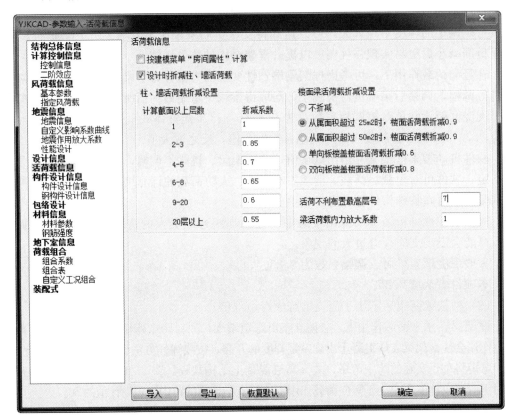

图 7-7 活荷载信息

1. 设计时折减柱、墙活荷载

建模时输入的活荷载为标准值，单一房间满布活荷载标准值的可能性要大于多个房间满布活荷载标准值的可能性，一层楼满布活荷载标准值的可能性也要大于多层楼满布活荷载标准值的可能性，可以通过活荷载折减来达到同样的超越概率。

该参数主要用来控制设计中是否对柱、墙活荷载进行折减。

本项目勾选。

2. 折减系数

该参数用来设置相应楼层的折减系数，默认参数值与《荷载规范》规定相一致，一般勾选"设计时折减柱、墙活荷载"，则软件自动默认折减参数。

本项目默认填写。

3. 楼面梁活荷载折减设置

软件允许梁活荷载折减与柱、墙活荷载折减同时设置，并在计算与设计时避免重复折减。房间的面积大小不同，房间活荷载满载的可能性也不同，随着房间面积越大满载可能性越小，因此可根据梁所承担的房间从属面积的大小对楼面梁活荷载进行折减。

本项目勾选"从属面积超过 25m 时，楼面活荷载折减 0.9"。

4. 活荷不利布置最高层号

通过活荷载的不利布置，可以找到在活荷载标准值不改变的前提下，构件各截面的最大内力和最小内力，以满足结构的安全要求。软件采用单个板格分别施加活荷载的办法，如某层楼被梁分割为 n 个板格，则对该层楼计算 n 次，在求取某一断面活荷载作用的最大负弯矩时，将所有负值相加，在求取该断面活荷载作用的最大正弯矩时将所有正值相加，再与恒载弯矩值相加，即可得到该断面的弯矩包络值。

该参数主要控制梁考虑活荷载不利布置时的最高楼层号，小于等于该楼层号的各层均考虑梁的活荷载不利布置，高于该楼层号的楼层不考虑梁的活荷载不利布置。该参数只控制梁的活荷载不利布置。

本项目填写 7，等于模型楼层数。

5. 梁活荷载内力放大系数

《高层混凝土结构规程》5.1.8 条规定，高层建筑结构内力计算中，当楼面活荷载大于 $4kN/m^2$ 时，应考虑楼面活荷载不利布置引起的结构内力的增大；当整体计算中未考虑楼面活荷载不利布置时，应适当增大楼面梁的计算弯矩。该放大系数通常可取为 1.1～1.3，活载大时选用较大数值。

输入梁活荷载内力放大系数是不考虑活荷载不利布置的一种近似算法，准确性不高，一般不宜采用。如果设计人员选择了活荷载不利布置作用计算，则本系数填 1 即可。

软件只对一次性加载的活载计算结果考虑该放大系数。如果设计人员在计算时同时考虑了活荷载不利布置和活荷载内力放大系数，则软件只放大一次性加载的活载计算结果。

本项目填写 1。

7.7　构件设计参数

7.7.1　构件设计信息

构件设计信息如图 7-8 所示。

1. 柱配筋计算方法

结构模型为空间模型，一次性把整栋楼的所有杆件的内力计算出来。计算出的柱内力有轴力和两个主轴方向的弯矩和剪力，在进行柱的正截面承载力设计时，须同时考虑轴力和两个主轴方向的弯矩；单偏压是考虑轴力和一个方向的弯矩决定一个方向的配筋，再考虑轴力和另一个方向的弯矩决定另一个方向的配筋，双偏压是同时考虑轴力和两个方向的弯矩。

混凝土柱的配筋设计提供了两种方法：单偏压和双偏压。

单偏压指按照《混凝土规范》6.2 节的相关规定计算，分两次进行单偏压承载力设计，每次单偏压承载力设计确定一个方向的竖向配筋；由于在两次计算的受压区存在重叠部分，重叠部分的混凝土强度被重复利用了，另外单偏压的配筋结果都是远离中和轴

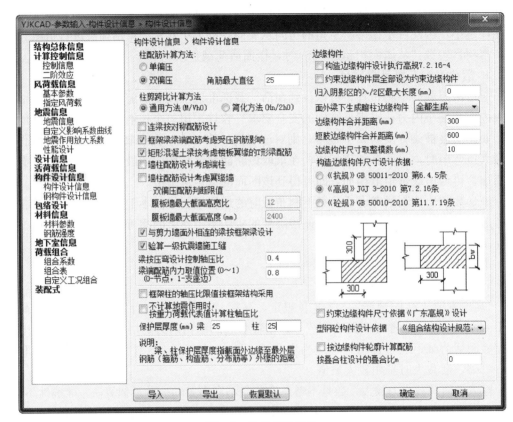

图 7-8　构件设计信息

的，实际上有些配筋在中和轴附近而使这部分钢筋强度利用不充分。一般来说，大偏压的配筋按单偏压计算会小于按双偏压的配筋计算结果，而使柱偏于不安全。

双偏压指按照《混凝土规范》附录 E 的相关规定计算。对于角柱、异型柱，软件自动采用双偏压方式配筋。软件默认为单偏压设置。把纵筋放在角上会使钢筋的内力臂增大，角上使用大直径钢筋可以获得更大的偏心受压承载力；由于双偏压只有两个方程式，而未知量有受压区高度、配筋、角筋，故双偏压须设置角筋直径。

本项目勾选双偏压。

2. 连梁按对称配筋设计

连梁连接两个相邻墙肢，有较小的跨高比，因而连梁刚度很大，在水平荷载作用下，其弯矩图为 X 形，若竖向荷载较小，则弯矩包络图接近 X 形，这时连梁的上下纵筋配筋量很接近。

勾选该参数，连梁正截面设计按《混凝土规范》11.7.7 条对称配筋公式计算配筋；否则按普通框架梁设计。

本项目为框架结构，无连梁，不勾选。

3. 框架梁梁端配筋考虑受压钢筋影响

梁在承载力极限状态的转角与相对受压区高度相关，随着相对受压区高度的减小，梁在承载力极限状态的转角越大，梁的截面延性越好。为了保证梁的耗能能力，《抗震规范》6.3.3.1 条规定，梁端计入受压钢筋的混凝土受压区高度和有效高度之比，一级不应大于 0.25，二、三级不应大于 0.35。

地震工况下，梁的端部混凝土容易开裂，受压区若不配置一定数量的钢筋，会影响梁的耗能能力；《抗震规范》6.3.3.2 条规定，梁端截面的底面和顶面纵向钢筋配筋量的比值，除按计算确定外，一级不应小于 0.5，二、三级不应小于 0.3。

勾选该参数，框架梁端配筋时受压钢筋与受拉钢筋的比例会满足规范要求，且使得受压区高度也满足规范要求；不勾选该项，则软件在配筋时先按单筋截面设计，不满足再按双筋截面设计，不考虑上述规定。

受压区配置的钢筋在正截面承载力设计时，会使受压区高度减小，从而使内力臂计算值增大；考虑受压区钢筋的有利作用可以使梁设计更经济。受压区钢筋只有在箍筋直径及间距满足要求时才能充分起作用，当箍筋直径及间距不能满足要求时，受压钢筋会受压鼓曲而不能充分起作用，软件在设计框架梁梁端受拉配筋时，只考虑部分受压钢筋起作用。

本项目勾选。

4. 矩形混凝土梁按考虑楼板翼缘的 T 形梁配筋

传统软件梁构件按矩形梁建模，可在内力计算时考虑梁的刚度放大系数，但在梁的截面配筋设计时仍按照矩形梁配筋。在实际工程中，混凝土楼板可能和梁整体一次现浇，此时混凝土板为梁的翼缘。

YJK 设置了参数"矩形混凝土梁按考虑楼板翼缘的 T 形梁配筋"，勾选此参数时，若楼板位于受压区（一般在梁跨中），则梁按 T 形或倒 L 形截面配筋，相较于矩形截面，受压区高度会减小，内力臂会增大，可减少正弯矩时梁下部钢筋配筋面积。软件自动考虑的翼缘宽度是梁每侧 3 倍翼缘厚度。

本项目勾选。

5. 墙柱配筋设计考虑端柱

对于带边框柱剪力墙，边缘构件配筋是各部分构件单独计算，然后叠加配筋结果。一部分为与边框柱相连的剪力墙暗柱计算配筋量，另一部分为边框柱的计算配筋量，两者相加后再与规范构造要求比较取大值。这样的配筋方式常使配筋量偏大，钢筋排布困难。

勾选该项，则软件对带边框柱剪力墙按照柱和剪力墙组合在一起的方式配筋，即自动将边框柱作为剪力墙的翼缘，按照工字形截面或 T 形截面配筋，这样的计算方式符合实际受力情况。

本项目为框架结构，不需勾选。

6. 墙柱配筋设计考虑翼缘墙

《混凝土规范》第 9.4.3 条规定，在承载力计算中，剪力墙的翼缘计算宽度可取剪力墙的间距、门窗洞间翼墙的宽度、剪力墙厚度加两侧各 6 倍翼墙厚度、剪力墙墙肢总高度的 1/10 四者中的最小值。

《抗震规范》第 6.13-3 条规定，抗震墙结构、部分框支抗震墙结构、框架-抗震墙结构、框架-核心筒结构、筒中筒结构、板柱-抗震墙结构计算内力和变形时，其抗震墙应计入端部翼墙的共同工作。

不勾选此项，软件在剪力墙墙柱配筋计算时，对每一个墙肢单独按照矩形截面计算，不考虑翼缘作用。

勾选此项，软件会考虑其两端节点相连的部分墙段作为翼缘，对剪力墙的每一个墙肢计算配筋，按照组合墙方式计算配筋。软件考虑的每一端翼缘将不大于墙肢本身长度的一半，当组合墙翼缘是墙肢的全截面时，软件对整个组合墙按照双偏压配筋计算，一次得出整个组合墙配筋；当组合墙翼缘是墙肢的部分截面时，软件对该分离的组合墙按照不对称配筋计算，得出的是本墙肢配筋结果。

组合墙的计算内力是将各段内力向组合截面形心换算得到的组合内力。如果端节点布置了边框柱，则组合内力将包含该柱内力。

本项目为框架结构，可不勾选。

7. 与剪力墙面外相连的梁按框架梁设计

该参数用来控制梁与剪力墙面外相连时，其是否按框架梁设计，勾选该参数，则抗震等级同框架梁，否则按非框架梁设计。

本项目为框架结构，可不勾选。

8. 梁按压弯设计控制轴压比

梁内力计算结果若包含轴力，对于轴拉力，将梁按偏心受拉构件设计总会使配筋增大，忽略梁的拉力总会使梁偏于不安全。若为压力，在压力较小时，随着压力的增大，梁的受弯承载力会变大，忽略梁的小压力会使梁的设计偏于安全；当压力增大到较大的时候，梁会变成小偏心受压构件，再增大压力到一定幅度，忽略压力会使梁偏于不安全。

缺省设置为 0.4，若填一个很小的值，在轴压比较小时会使梁设计更为经济，从安全性角度考虑，该值最大不能大于考虑轴压力与否受弯承载力均相同所对应的轴压比值。

本项目填 0.4。

9. 梁端配筋内力取值位置（0～1）

梁在结构计算中按照梁的全长考虑，即梁两端支座中心到中心的长度。梁的弯矩图或弯矩包络图从两端到跨中一般变化梯度较大，特别是支座处的弯矩变化梯度最大。梁柱交点处的梁负弯矩位于柱中心，对应的截面宽度为柱宽，对应的截面高度为柱的竖向高度（最大为建筑物总高度）。由于截面尺寸巨大，不需要进行交点处的梁正截面承载力设计。若取为梁柱交界面处，虽然位置合理，由于将梁和柱简化为线，会导致实际内力值大于计算内力值，可通过将计算截面往柱中心稍移动，以消除该影响。

该参数用来控制梁端配筋时内力取值位置，0 即为柱的中心，1 即为柱边。如果考虑了刚域，则 0 表示取到刚域边，也可以填写插值，如果填 0.8 就相当于采用 0.8 柱宽处的内力来配筋。

本项目填 0.8。

10. 构造边缘构件设计执行高规 7.2.16-4

《高层混凝土结构规程》7.2.16-4 条对抗震设计时，对于连体结构、错层结构及 B 级高度高层建筑结构中剪力墙（筒体），对构造边缘构件的最小配筋做出了规定。该选项用来控制剪力墙构造边缘构件是否按照《高层混凝土结构规程》7.2.16-4 条执行。执行该选项将使构造边缘构件配筋量得到提高。

本项目为框架结构，可不勾选。

11. 约束边缘构件层全部设为约束边缘构件

勾选该参数，所有在底部加强区的边缘构件均按约束边缘构件的构造处理，不进行底截面轴压比的判断，结果略为保守，但方便设计和施工。在约束边缘构件层的某些构件轴压比很小时，这些构件的延性要强于其他边缘构件，可按构造边缘构件设计。

一般该参数默认不勾选。

本项目为框架结构，可不勾选。

12. 面外梁下生成暗柱边缘构件

勾选该参数，软件在剪力墙面外有梁支承的位置设置暗柱。暗柱的尺寸及配筋构造按《高层混凝土结构规程》7.1.6 条规定执行。软件并未考虑面外梁是否与墙刚接，只要勾选该参数，所有墙面外梁下均生成暗柱；当面外梁均与墙铰接时，可不勾选该参数，此时梁下墙的配筋做法需要设计人员另行说明。

对于剪力墙，内力分析时只计算面内内力，当剪力墙面外与梁相交时，无法计算梁在剪力墙上形成的面外弯矩，通过设置该参数可以在梁与剪力墙相交处，将剪力墙进行加强。

本项目选择"全部生成"。

13. 边缘构件合并距离（mm）

相邻边缘构件阴影区距离小于该参数，则软件将相邻边缘构件合并为一个边缘构件。

本项目填 300。

14. 短肢墙边缘构件合并距离（mm）

短肢剪力墙，规范对其最小配筋率的要求较高，短肢墙边缘构件配筋很大，常放不下，将距离较近的边缘构件合并可使配筋分布更加合理。YJK 设此参数，软件隐含设置值 600mm。

本项目默认填 600。

7.7.2 钢构件设计信息

钢结构设计信息如图 7-9 所示。

1. 执行《高钢规》JGJ 99—2015

10 层及 10 层以上或房屋高度大于 28m 的住宅建筑以及房屋高度大于 24m 的其他高层民用建筑钢结构设计应勾选此项。

2. 钢构件截面净毛面积比

该参数指的是钢构件截面净面积与毛面积的比值，净面积指构件去掉螺栓孔之后的截面面积，毛面积指构件总截面面积，主要用于钢梁、钢柱、钢支撑等钢构件的强度验算。腹板和翼缘的该比值应有区别，现软件未做区分。

该参数缺省值为 0.85。

3. 钢柱计算长度系数按有侧移计算

根据《钢结构设计标准》（GB 50017—2017）附录 E，框架柱计算长度系数取值分为有侧移和无侧移两种，通常钢结构选择有侧移。

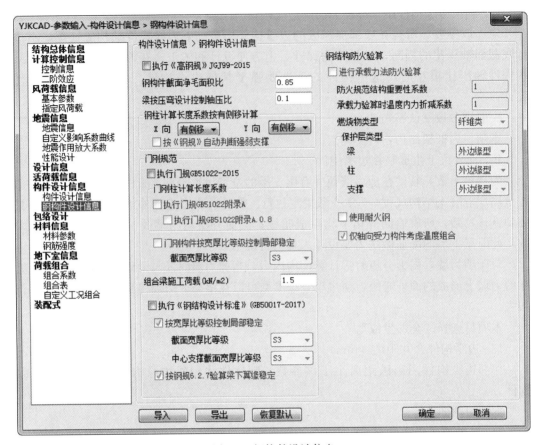

图 7-9　钢构件设计信息

4．执行门规 GB 51022—2015 或执行《钢结构设计标准》GB 50017—2017

对于这两项参数的勾选，可根据建筑本身结构性质选择。若为门式刚架，则勾选参数"执行门规 GB 51022—2015"；若为普通的工业与民用建筑和一般构筑物，则勾选"执行《钢结构设计标准》GB 50017—2017"。

5．钢结构防火验算

《建筑钢结构防火技术规范》（GB 51249—2017）第 3.2.3 条规定，钢结构的防火设计应根据结构的重要性、结构类型和荷载特征等选用基于整体结构耐火验算或基于构件耐火验算的防火设计方法，并应符合下列规定：

（1）跨度不小于 60m 的大跨度钢结构，宜采用基于整体结构耐火验算的防火设计方法。

（2）预应力钢结构和跨度不小于 120m 的大跨度建筑中的钢结构，应采用基于整体结构耐火验算的防火设计方法。

《建筑钢结构防火技术规范》（GB 51249—2017）第 3.2.6 条规定，钢结构构件的耐火验算和防火设计，可采用耐火极限法、承载力法或临界温度法，且应符合下列规定：

（1）耐火极限法。在设计荷载作用下，火灾下钢结构构件的实际耐火极限不应小于其设计耐火极限，并应按下式进行验算。其中，构件的实际耐火极限可按现行国家标准《建筑构件耐火试验方法 第 1 部分：通用要求》（GB/T 9978.1）、《建筑构件耐火试验方

法 第 5 部分：承重水平分隔构件的特殊要求》（GB/T 9978.5）、《建筑构件耐火试验方法 第 6 部分：梁的特殊要求》（GB/T 9978.6）、《建筑构件耐火试验方法 第 7 部分：柱的特殊要求》（GB/T 9978.7），通过试验测定，或按 GB 51299—2017 有关规定计算确定。

$$t_m \geqslant t_d$$

（2）承载力法。在设计耐火极限时间内，火灾下钢结构构件的承载力设计值不应小于其最不利的荷载（作用）组合效应设计值，并应按下式进行验算。

$$R_d \geqslant S_m$$

（3）临界温度法。在设计耐火极限时间内，火灾下钢结构构件的最高温度不应高于其临界温度，并应按下式进行验算。

$$T_d \geqslant T_m$$

式中　t_m——火灾下钢结构构件的实际耐火极限；

t_d——钢结构构件的设计耐火极限，应按《建筑钢结构防火技术规范》第 3.1.1 条规定确定；

S_m——荷载（作用）效应组合的设计值，应按《建筑钢结构防火技术规范》第 3.2.2 条的规定确定；

R_d——结构构件抗力的设计值，应根据《建筑钢结构防火技术规范》第 7 章、第 8 章的规定确定；

T_m——在设计耐火极限时间内构件的最高温度，应根据《建筑钢结构防火技术规范》第 6 章的规定确定；

T_d——构件的临界温度，应根据《建筑钢结构防火技术规范》第 7 章、第 8 章的规定确定。

软件提供了按承载力法进行防火验算的选项。

6. 钢结构失稳

在钢结构的可能破坏形式中，属于失稳破坏的形式包括：结构和构件的整体失稳、结构和构件的局部失稳。钢结构和构件的整体稳定，因结构形式的不同、截面形式的不同和受力状态的不同，可以有各种形式。轴心受压构件是工程结构中的基本构件之一，其形式分为实腹式轴心受压构件和格式轴心受压构件。

在工程结构中，整体稳定通常控制着轴心受压构件的承载力，因为构件丧失整体稳定性常常是突发性的，易造成严重后果，所以应予以特别重视。对于钢构件轴心压杆承载力的极限状态是丧失稳定。轴心压杆整体失稳可能是弯曲屈曲、扭转屈曲，也可能是弯扭屈曲。

钢结构局部失稳和整体失稳的失稳形态不一样。局部失稳，对整体有一定影响，但不至于出现倒塌现象；但整体失稳就可能出现事故，严重时可能整体失稳倒塌。

局部失稳有以下两种情况：

（1）当腹板高厚比过大时，腹板会发生屈曲（局部鼓出）。

（2）当翼缘宽厚比过大时，也会发生屈曲。

整体失稳有以下两种情况：

（1）当梁自由段过长（无侧边支承段），荷载作用在梁的上翼缘，梁容易发生整体失稳；上翼缘偏向一侧（扭转），这是梁的失稳。

（2）当悬臂柱在柱顶承受竖向轴心荷载，竖向荷载有一个小的偏心，会产生一个附加弯矩 $M=P\Delta$，当 Δ 较大时，柱会产生整体失稳。

局部失稳指在钢结构中，受压、受弯、受剪或在复杂应力下的板件由于宽厚比过大，板件发生屈曲的现象。由于部分板件屈曲后退出工作，使构件的有效截面减小，会加速构件整体失稳而丧失承载能力。因此，在进行钢结构设计时，应严格控制板件的宽厚比。由于轧制型钢板件的宽厚比不大，一般不会发生局部失稳。对于组合构件，在不允许改变宽厚比时，可考虑在板件上受力较大处设置加劲肋以改善构件的局部稳定性。

7. 宽厚比等级

截面板件宽厚比指截面板件平直段宽度与厚度之比，受弯或压弯构件腹板平直段的高度与腹板厚度之比。截面板件宽厚比直接决定了钢构件的承载力、受弯及压弯构件的塑性转动变形能力（延性耗能能力），即截面等级就是截面承载力和塑性转动能力的表征。因此，从承载力角度来说，截面等级是板件易发生屈曲程度和截面塑性发展程度的度量；从塑性设计和抗震设计角度而言，是截面塑性转动和延性耗能能力的等级。

《钢结构设计标准》（GB 50017—2017）规定了受弯和压弯构件截面的翼缘和腹板的设计宽厚比等级限值 S1～S5 五级，SX 和对应的宽厚比均由小到大，它与钢材强度等级、结构重要性和构件截面塑性变形密切相关。钢材强度高，钢板内应力越大，对宽厚比控制应越严格；结构越重要，需要的塑性变形大，对宽厚比控制也应越严格；SX 相对均较小。

根据《钢结构设计标准》（GB 50017—2017）表 3.5.1，可查压弯和受弯构件的截面板件宽厚比等级及限值；根据表 3.5.2，可查支撑截面板件宽厚比等级及限值。

7.8 包络设计参数

包络设计对结构设计整个流程来说是不可缺少的。构件在使用过程中通常承受各种荷载作用，自重、附加恒载、活荷载、风荷载以及地震作用等，而每种荷载相互组合对构件产生的最不利点和最不利荷载是不一样的。若只考虑构件其中一种最不利组合而忽视了构件其他位置受力情况进行设计，最终将导致构件其他位置先破坏从而使构件整体破坏。包络设计就是考虑了构件所有荷载组合的情况，通过包络取构件所有部位上的受力最大值对整个构件进行设计，避免了构件在设计人员预想之外的位置先行破坏从而对整个结构产生不利影响的情况。

包络设计参数如图 7-10 所示。

软件给用户提供两种包络设计模式——自动包络设计模式和半自动包络设计模式，半自动包络设计模式又称为手动包络设计模式。

1. 自动包络设计模式

YJK 可对多塔结构和少墙框架结构提供自动包络设计方式。少墙框架包络设计参数有两个："自动取框架和框架-抗震墙模型计算大值"和"按纯框架计算时墙弹模折减系数"。二者配合使用在少量抗震墙的框架结构模型基础上生成框架模型。

2. 半自动包络设计

半自动包络设计模式是对两个不同子目录下工程的配筋计算结果取大值，用户可在

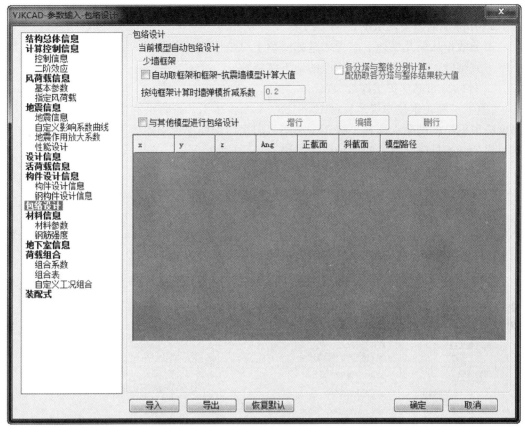

图 7-10 包络设计参数

其中一个子目录下进行包络设计的操作，可以对全楼所有构件按包络进行设计，也可仅对某些层或者某些构件进行包络设计。

7.9 其他设计参数

7.9.1 地下室信息

地下室信息如图 7-11 所示。

1. 土层水平抗力系数的比例系数（m 值）

土层水平抗力系数的比例系数 m，其计算方法是土力学中水平力计算常用的 m 法，m 值的大小随土类及土状态的不同而改变。

对于松散及稍密填土，m 在 4.5～6.0 之间取值。

对于中密填土，m 在 6.0～10.0 之间取值。

对于密实老填土，m 在 10.0～22.0 之间取值。

值得注意的是，负值的特殊意义，即绝对嵌固层数，该值小于等于地下室层数，如果有 1 层地下室，该值填写 −1，则表示一层地下室无水平位移。

用 m 值求出的地下室侧向刚度约束呈三角形分布，在地下室顶层处为 0，并随深度增加而增加。

2. 扣除地面以下几层的回填土约束

本参数指从第几层地下室考虑基础回填土对结构的约束作用，一般可不扣除，当地下室不完整时，可以考虑扣除相应的地下室层数。

3. 外墙分布筋保护层厚度（mm）

《地下工程防水技术规范》（GB 50108—2008）4.1.7 条防水混凝土结构钢筋保护层厚度应根据结构的耐火性和工程环境选用。迎水面钢筋保护层厚度不应小于 50mm，当有可靠的建筑外防水措施时保护层可减小。

4. 回填土侧压力系数

该参数用来计算地下室外墙土压力，一般为静止土压力系数取 0.50。

5. 室外地面附加荷载（kN/m²）

对于室外地面附加荷载，应考虑地面恒载和活载。活载应包括地面上可能的临时荷载。对于室外地面附加荷载分布不均的情况，取最大的附加荷载计算。一般建议取 5kN/m²。

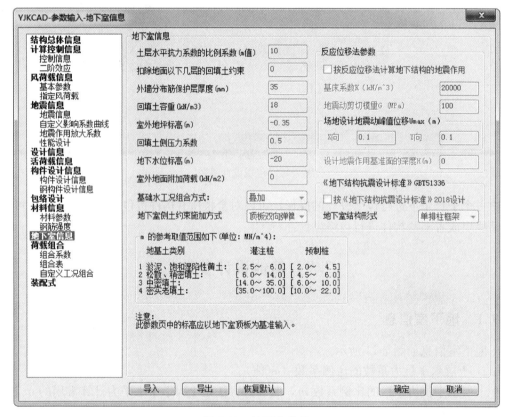

图 7-11　地下室信息

本项目无地下室，该页参数无须填写。

7.9.2　荷载组合

荷载组合系数如图 7-12 所示。

1. 结构重要性系数

在持久设计状况和短暂设计状况下，对安全等级为一级的结构构件不应小于 1.1，对安全等级为二级的结构构件不应小于 1.0，对安全等级为三级的结构构件不应小于 0.9。

本项目填 1。

2. 各荷载分项系数

软件给出各荷载工况的分项系数，如需执行《建筑结构可靠性设计统一标准》（GB 50068—2018）则勾选该参数，荷载分项系数相应调整。

本项目将恒荷载、活荷载分项系数改为《建筑结构可靠性设计统一标准》（GB 50068—2018）要求的 1.3 和 1.5，其他参数默认。

3. 考虑结构设计使用年限的活荷载调整系数

《高层混凝土结构规程》5.6.1 条规定当设计使用年限为 50 年时取 1.0，设计使用年限为 100 年时取 1.1。一般无特殊情况时，默认设计使用年限为 50 年，该参数默认为 1.0。

本参数填 1。

4. 刚重比按 1.3 恒＋1.5 活计算

由于规范中未提及刚重比计算时的要求，所以程序提供一个选项"刚重比按 1.3 恒＋1.5 活计算"，由用户决定是否按照《建筑结构可靠性设计统一标准》（GB 50068—2018）调整，程序默认不勾选，即刚重比仍然按照 1.2 恒＋1.4 活来计算。

本项目不勾选。

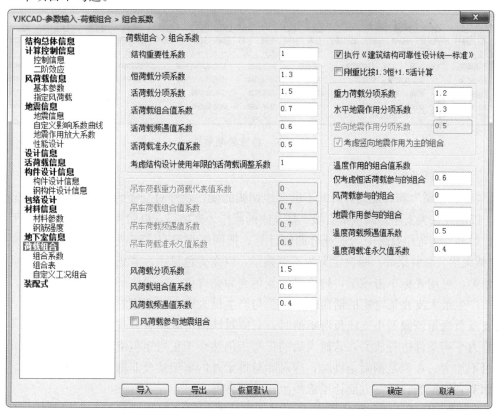

图 7-12　荷载组合系数

7.10　特殊构件定义

软件"前处理及计算"中的"特殊构件定义"是结构计算补充输入的菜单，通过此项菜单能够补充定义特殊柱、特殊梁、特殊墙、弹性楼板单元、节点属性、抗震等级和材料强度信息等，如图 7-13 所示。它们属于计算必需的若干属性，且大多是程序自动生成了隐含设置，对于不合适的设置，设计人员可在这里检查修改。以下介绍一些特殊构件定义的常用功能。

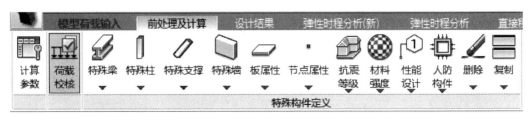

图 7-13　特殊定义构件菜单栏

7.10.1　特殊梁

特殊梁菜单栏如图 7-14 所示。

图 7-14　特殊梁菜单栏

1. 不调幅梁和连梁

"不调幅梁"指在配筋计算时不做弯矩调幅的梁，软件对全楼的所有梁都自动进行判断。以墙或柱为支座，两端都有墙、柱支座的梁作为框架梁，以暗青色显示，在配筋计算时，对其支座弯矩及跨中弯矩进行调幅计算；把两端都没有支座或仅有一端有支座的梁（包括次梁、悬臂梁等）隐含定义为不调幅梁，以亮青色显示。若想要把框架梁定义为不调幅梁，可用光标单击该梁，则该梁的颜色变为亮青色，表明该梁已改为不调幅梁。

产生最大支座负弯矩的活荷载布置总与产生最大跨中正弯矩的活荷载布置不同，在对支座负弯矩调幅调小支座负弯矩值时，只需对该活荷载布置方式对应的跨中正弯矩按照静力平衡条件进行放大，若放大后的正弯矩仍然小于正弯矩包络值，则跨中正弯矩配筋可不加大。在满足调幅条件时，应对除悬挑梁外的框架梁及非框架梁均进行调幅，一方面节省梁配筋，另一方面让梁混凝土施工更方便。

"连梁"是指两端与剪力墙在平面内相连的梁。软件把两端都与剪力墙相连，且至少在一端与剪力墙轴线的夹角不大于 30°、跨高比小于 5 的混凝土梁隐含定义为连梁，以亮黄色显示，当梁由于建模的原因被分成多段时，软件不自动判断为连梁，此时可进行交互指定。"连梁"的定义及修改方法与"不调幅梁"一致。

2. 转换梁

软件定义转换梁提供了两个选项：托墙转换梁和非托墙转换梁。

托墙转换梁指框支转换梁，软件将托墙转换梁自动转化为壳单元计算；非托墙转换梁一般指托柱梁，对其不做这样的转换，因而在此要分别定义。自动托墙转换，是软件自动分析该楼层梁是否为托墙转换梁并自动设置托墙转换梁属性的功能，其结果可以作为定义转换梁的参考，提高定义效率。

软件没有隐含定义转换梁，须自行定义，转换梁的定义及修改方法与"不调幅梁"相同，托墙转换梁以亮白色显示，非托墙转换梁以灰色显示。在设计计算时，程序自动按抗震等级放大转换梁的地震作用内力、自动执行规范对转换梁要求的系列调整。

3. 一端铰接、两端铰接、滑动支座、两端固结

混凝土现浇梁板结构，梁与梁均为刚接，不得随意人为将梁设为铰接，在两段次梁不在一条直线上，同时该两段次梁相距很近时，次梁的支座负弯矩计算值会很大，在两段次梁之间的主梁上会产生很大的协调扭矩，过大的协调扭矩会导致主梁开裂而使次梁的支座弯矩被高估，可以通过将次梁的边节点设为铰接评估对次梁边跨跨中弯矩的影响；也可以将该段主梁的扭转刚度折减计算出更合适的次梁内力。

钢结构的梁有刚接和铰接两种方式，当翼缘采用焊接时为刚接，当翼缘不焊接时为铰接，这两种连接方式与施工时采用的做法需要一致，软件不自动判断，需要人为设置。

本工程为现浇混凝土结构，全部采用刚接。

7.10.2　特殊柱

特殊柱定义提供了如图 7-15 所示的各种构件定义。

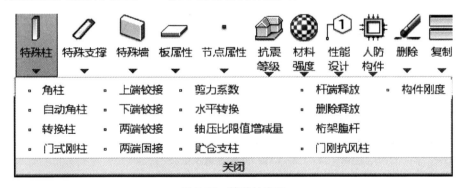

图 7-15　特殊柱定义

角柱在地震工况时水平位移最大的构件，还可能在两个方向都产生很大的水平位移，因而也是地震内力很大的构件，属于双向偏心受力构件且扭转效应对内力影响较大，受力复杂，需要在结构设计时予以加强，因此需将角柱从一般柱子中区分开来，软件提供"特殊柱—角柱"定义。

铰接柱可设置上端铰接柱、下端铰接柱和两端铰接柱，通过点取需定义为铰接柱的柱端，上端铰接时柱节点位置绘出一个较大的红色圆圈，下端铰接则绘出一个较小的红

色圆圈，单击铰接后则不传递梁段弯矩。一般钢柱才可能需要做柱的铰接定义，施工时支承情况应与定义一致。

转换柱，因为建筑功能的要求，下部大空间，上部部分竖向构件不能直接连续贯通落地，而通过水平转换结构与下部竖向构件连接。当布置的转换梁支撑上部的结构为剪力墙的时候，转换梁叫框支梁。根据不同用途的楼层、需要大小不同的开间、采用不同的结构形式来设置转换柱。转换柱定义方法与"角柱"相同，框支柱标识为"KZZ"，颜色为亮白色，同转换梁。

抗风柱柱顶与屋架有三种连接方式：第一种是柱顶与屋架通过弹簧板连接；第二种是柱顶与屋架通过长圆孔连接板连接；第三种是抗风柱与屋架梁刚接，与钢梁、钢柱一起组成门式刚架结构。弹簧板连接或长圆孔连接板连接时屋面荷载全部由刚架承受，抗风柱不承受上部刚架传递的竖向荷载，只承受自身的重量和风荷载，成为名副其实的"抗风柱"；第一和第二种情况可以通过指定其门刚抗风柱属性，此时定义的抗风柱不承受上部刚架传递的竖向荷载，只承受自身的重量和风荷载，并且抗风柱的局部稳定限值按《钢结构规范》5.4.1 条、5.4.2 条控制，长细比限值按《钢结构规范》5.3.8 条、5.3.9 条控制。

如果门刚抗风柱同时定义了门式刚柱，那么抗风柱的局部稳定限值按《门刚规范》3.4.1 条控制，长细比限值按《门刚规范》3.4.2 条控制。

门式钢柱定义方法与"角柱"相同，门式刚柱标识为"MSGZ"，颜色为暗灰色，同门式刚梁。门式刚架柱在验算时，将按照轻钢规程。

7.10.3 特殊支撑

特殊支撑菜单栏如图 7-16 所示。

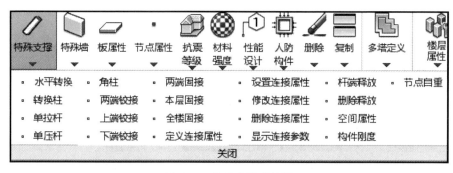

图 7-16　特殊支撑菜单栏

1. 水平转换

《高层混凝土结构规程》10.1.4 条规定，转换结构构件可采用转换梁、桁架、空腹桁架、箱形结构、斜撑等，非抗震设计和 6 度抗震设计时可采用厚板，7、8 度抗震设计时，地下室的转换结构可采用厚板。特一、一、二级转换结构构件的水平地震作用计算内力应分别乘以增大系数 1.9、1.6、1.3。

对于桁架、空腹桁架、斜撑转换等形式，柱、支撑等构件都可能是转换结构的一部分。设计人员可在此指定某构件为水平转换构件，软件将对指定为水平转换构件属性的构件调整其水平地震作用内力。

2. 单拉杆

将受力较小或只受拉力的支撑设置成单拉杆。

拉索用来稳定钢结构构件或稳定、张拉膜成品。

7.10.4　板属性

板属性菜单栏如图7-17所示。

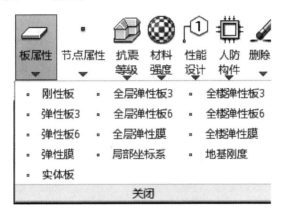

图7-17　板属性菜单栏

1. 刚性板

刚性板假定板平面内刚度无穷大，平面外刚度为0。

主要用于有梁体系不太厚的板。

2. 弹性板6

弹性板6相当于标准的壳单元，真实的计算板平面内外的刚度，主要用于板柱-剪力墙结构，能够真实地模拟楼板的刚度和变形。

弹性板6假定是最符合楼板的实际情况，可应用于任何工程。采用弹性板6时，部分竖向楼面荷载将通过楼板的面外刚度直接传递给竖向构件，从而导致梁弯矩减小，相应的梁配筋也比刚性楼板假定减少。

弹性板6适合于计算厚板转换层。

3. 弹性板3

弹性板3假定平面内刚度无穷大，真实计算平面外刚度。

主要针对厚板转换层结构的转换厚板（如大于150mm或无梁楼盖）提出的，这类结构楼板平面内刚度很大，但其结构传力的关键在于平面外刚度。通过厚板的平面外刚度，将厚板以上结构承受的荷载安全地传递给竖向构件计算。

当板柱结构的楼板平面外刚度足够大时，也可采用弹性楼板3来计算。

4. 弹性膜

真实计算楼板平面内刚度，平面外刚度为0。该假定是采用平面应力膜单元真实计算楼板的平面内刚度，同时忽略楼板的平面外刚度，即假定楼板平面外刚度为0。该假定适用于"空旷的工业厂房和体育场馆结构""楼板局部开大洞结构""楼板平面较长或有较大凹入以及平面弱连接结构"。

通过将平面内刚度较小的板设为弹性模，可以较为准确地计算出水平荷载作用下的楼板水平位移，使水平力的分配结果与实际情况更接近。

7.10.5 节点属性

节点属性菜单栏如图 7-18 所示。

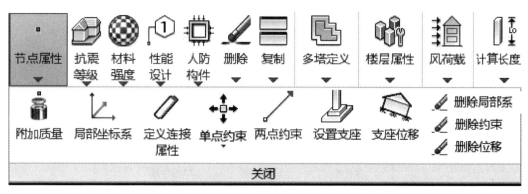

图 7-18　节点属性菜单栏

1. 单点约束

单点约束用于设置支座节点、上下楼层之间连接节点的弹性连接。楼层之间的连接节点一般是柱下、斜撑下与下一楼层连接的节点，楼层间的弹性连接只能通过单点约束来实现。

对于设置为支座的节点，指定其约束释放的自由度，并可在任一自由度上指定弹簧刚度；对于隔震支座，尚可设置其隔震计算所需的线性和非线性参数。除此之外，还可以设置与斜杆消能部件同样的计算参数，也可用于消能减震的计算。

对于中间楼层的节点，若指定了单点约束，则程序自动将该节点与下层对应构件的顶节点之间增加指定的约束，并可在任意自由度上指定弹簧刚度。

通过设置单点约束，可以将网架支座固定在下面的柱上，使通过空间建模形成的网架与柱一同进行结构分析。

2. 两点约束

两点约束所支持的各种连接类型与单点约束一致，可用于弹性支座、滑动支座、消能部件、隔震支座等的模拟计算。

两点约束常用于空间结构与混凝土结构的组装，空间结构与普通层之间常需设置弹性连接。

7.10.6 抗震等级

抗震等级菜单栏如图 7-19 所示。

抗震等级默认值从"前处理及计算-计算参数"的"地震信息"页获得，并根据构件性质进行调整如下。

框架梁在水平地震作用下内力会增大，框架梁取框架抗震等级；非框架梁在水平地震作用下内力基本不受影响，非框架梁默认抗震等级为 5 级，即不抗震。

软件自动搜索主次梁的原则：搜索连续的梁段，判断两端支座，如果有一端存在竖向构件作为支座，即按主梁取抗震等级，这里竖向构件包括柱、墙，竖向支撑，其余为次梁。

悬挑梁仅一端有支座，悬挑梁为静定结构，在水平地震作用下，外悬挑梁内力没有变化，悬挑梁按照不抗震设计。

转换梁无论主梁转换还是次梁转换，均按主梁取抗震等级。

按梁单元建模的剪力墙连梁，软件默认取剪力墙抗震等级。

转换层位置在 3 层及以上时，框支柱的抗震等级按《高层混凝土设计规程》表 3.9.3 和表 3.9.4 的规定提高一级。

剪力墙抗震等级默认值从"前处理及计算-计算参数"中的"剪力墙抗震等级（非底部加强部位）"参数获得。

图 7-19 抗震等级菜单栏

在"参数定义"菜单中如选择"框支剪力墙结构底部加强区剪力墙抗震等级自动提高一级，则程序对处于底部加强区的剪力墙的抗震等级自动提高级，并显示提高后的抗震等级。

7.11 其他特殊定义

7.11.1 多塔定义

多塔定义菜单栏如图 7-20 所示。

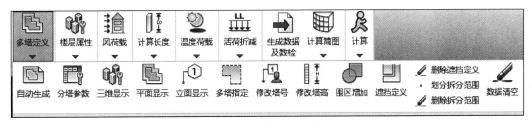

图 7-20 多塔定义菜单栏

当底盘上有多个塔楼时，必须进行多塔定义，否则多个塔楼会整体联动而使计算结果与实际严重不符。进行多塔定义后，底盘以上塔楼的楼板分块刚性，在振型分解时独立振动。

1. 自动生成

该参数将多塔自动划分，若没单击该参数，在生成数据文件时，若设置了自动生成多塔也会自动完成多塔划分。

软件找出每层的外轮廓，当存在多个闭合的外轮廓时，就将其作为多塔划分的依据，并考虑上下层之间的关联。对于伸缩缝分割的多塔程序也可以进行准确划分。

多塔划分完成后进入多塔的三维显示状态，程序将每层各塔的外轮廓沿层高拉伸并组装，各塔用不同的颜色分开。在此状态下，可以对程序划分的状况查看和修改。

2. 分塔参数

该参数用于指定分塔的部分参数，包括结构体系、风荷载体型系数等。其塔号以分塔结果中显示的塔号为准，在多塔平面、多塔三维中均可查看塔号。

7.11.2 楼层属性

楼层属性菜单栏如图 7-21 所示。

图 7-21 楼层属性菜单栏

1. 楼层属性修改

通过指定设置加强层、底部加强区、约束边缘层或过渡层，对结构楼层进行详细的设置。

2. 材料强度

该参数用于指定各层（塔）中各类构件的材料强度，该强度默认值取自"模型荷载输入"中定义的标准层的材料强度，若此处修改，则实际计算模型中以此处设置为准；若特殊构件定义中单独指定了构件材料强度，则最终以特殊构件定义设置为准。

通过该项设置，可以将仅有材料强度不同的楼层按同一个标准层建模，减小建模工作量。

3. 施工次序

不同的施工次序，造成的结构初始刚度不同，对于设置了施工模拟的情况，其加载次序在此处查看和修改。

（1）自动施工次序

当工程选用了施工模拟一或施工模拟三进行模拟施工计算时，"生成数据"过程中自动生成施工次序。为了确保施工模拟中各步骤的模型的合理性，避免出现模型提取的不合理而引起的内力不合理，自动施工次序应按照以下原则进行。

① 对于软件设置转换层或者设置了转换梁、转换柱、水平转换构件的楼层，软件默认与其上两层同时加载。

② 对于楼层中存在梁托柱、梁托斜杆情况的楼层，软件默认与其上一层同时加载。

③ 对于广义层多塔的情况，软件会自动按各塔同时向上施工的原则设定各层的施工次序。

④ 施工加载的步长取参数设置中的相应设置。

（2）指定施工次序和表式施工次序

指定施工次序和表式施工次序的结果是联动的。另外，为了保留交互结果，一旦用"指定施工次序"或"表式施工次序"功能对施工次序进行过更改，则程序在"生成数据"过程中不再自动刷新施工次序；若需恢复自动施工次序的默认值，只需再自行运行一次"自动施工次序"功能即可。

（3）构件施工次序

可指定构件的楼层施工次序，即构件在第几层施工完毕后进行施工，这样可以减小一些次要构件不必要承担的内力，减小截面。例如，斜撑只承担抵抗水平力、减少楼层侧移的作用，则可指定所有斜撑在全楼主体完工后安装。

7.11.3 柱计算长度

柱计算长度菜单栏如图 7-22 所示。

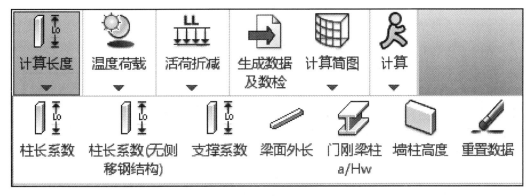

图 7-22 柱计算长度菜单栏

内力分析时，构件的计算长度按实际长度取值。过于细长的受压杆件存在侧移二阶效应和杆件挠曲二阶效应，侧移二阶效应可以通过修正刚度矩阵并采用迭代逼近的办法找到正确的内力结果，挠曲二阶效应与计算长度有关，在结构整体分析结果出来以后，按规范算法对整体分析结果进行放大。

侧移二阶效应增大的是杆端的弯矩值，挠曲二阶效应则会使该最大值往构件中部移动并增大，一般情况下，该最大值靠近杆端，最极端的情况最大值会出现在构件中部。

柱计算长度等于柱实际长度乘以计算长度系数，该系数主要影响挠曲二阶效应计算。

1. 混凝土柱计算长度系数

混凝土柱计算长度系数按《混凝土结构设计规范》表 6.2.20-2 的现浇楼盖部分计算，即底层柱为 1.0，其余各层柱 1.25。不考虑吊车柱和装配式楼盖等情况，如果柱底无其他构件连接，则认为是底层柱；与墙相连的柱段计算长度系数统取 0.75。

2. 钢柱计算长度系数

柱边有墙的柱段计算长度系数统一取 0.75；其他情况钢柱计算长度系数按《钢结构设计标准》附录 E 计算，算出结果大于 6.0 时，按 6.0 处理。

钢柱计算长度系数与梁的刚度相关，通过计算梁柱约束刚度比来确定钢柱计算长度系数，软件遵循以下原则。

（1）另一端不与柱（墙）相连的梁按远端铰处理；钢梁采用用户指定的梁刚度放大系数。

（2）钢梁近端梁铰其刚度折减 0.0，远端梁铰有侧移折减 0.5，无侧移不折减。

（3）柱一端铰接时，相应端的刚度比（梁比柱，下同）取 0.1，柱的嵌固端约束刚度比取 10.0。

（4）单向墙托柱、柱托单向墙，面内按嵌固端，刚度比取 10.0，面外按实际计算；双向墙托柱、柱托双向墙，双向刚度比均取 10.0。

（5）斜柱（撑）刚度不考虑在约束刚度比的计算中。

（6）钢柱长度系数上限 6.0。

特殊情况下，可能出现加大柱截面柱长细比增大的现象。

7.12　结构计算

结构计算菜单如图 7-23 所示。

1. 生成数据＋全部计算

执行该项，软件自动先执行前处理的"生成数据及数检"，再进行结构"全部计算"，全部计算包括了"计算"和"设计"两部分内容。

2. 全部计算（计算＋设计）

执行该项之前，已经执行了"生成数据及数检"，为避免再次计算生成数据造成计算时间过长，可直接执行"全部计算"，进行"计算"和"设计"两部分内容计算。

3. 只计算（无设计）

执行该项，软件只进行"计算"部分的内容，包括结构基本有限元计算、地震作用计算、位移和内力的计算等并输出构件标准内力；而不进行整体指标统计和构件设计等"设计"内容。

在进行较大工程的局部构件调试时，选择该项可以缩短计算时间。

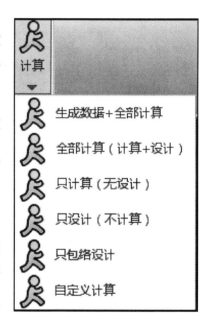

图 7-23　结构计算菜单

4. 只设计（不计算）

执行该项之前，必须已执行完成"计算"部分内容，软件只执行结构整体指标统计与构件设计等"设计"部分内容，主要包括规范要求的各种整体指标统计、设计指标计算、设计内力的各项调整、荷载效应组合和构件截面配筋的设计计算；而不再重新进行有限元结构整体计算。

此类情况主要适用于设计人员只修改了与设计相关的参数，如与设计相关的设计参数、构件属性等，为避免等待长时间"计算"部分内容的执行而采用该项重新进行设计。

5. 自定义计算

执行该项如图 7-24 所示，软件只执行参数选项中勾选的内容来进行计算。若在结构整体参数中没有选择相关的计算，该项即使勾选也不会进行相关的计算。此类情况主要适用于设计人员只关注部分计算结果的情况，这里的参数主要用于排除某些计算内容。

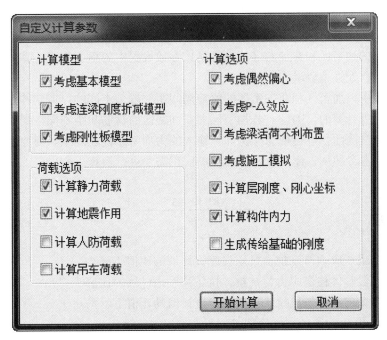

图 7-24　自定义计算参数选择

7.13　计算结果查看

1. 混凝土梁

$$（XJAsx1–Asx2）$$
$$GAsv–Asv0$$
$$Asu1—Asu2—Asu3$$

———————

$$Asd1—Asd2—Asd3$$
$$（VTAst–Ast1）$$

其中：

Asu1、Asu2、Asu3——梁上部左端、跨中、右端最大配筋面积（cm^2）；A 是 Area 的缩写，s 是 steel 的缩写，u 是 up 的缩写，其他类同。

Asd1、Asd2、Asd3——梁下部左端、跨中、右端最大配筋面积（cm^2）。

Asv——梁加密区抗剪箍筋面积和剪扭箍筋面积的较大值（cm^2），箍筋间距均为 Sb。

Asv0——梁非加密区抗剪箍筋面积和剪扭箍筋面积的较大值（cm^2），箍筋间距均为 Sb。

VTAst、Ast1——梁剪扭配筋时的受扭纵筋面积和抗扭箍筋沿周边布置的单肢箍筋面积（cm²），只针对于混凝土梁，若 Ast 和 Ast1 都为 0（无扭矩），则不输出这一行。

XJAsx1、Asx2——梁左、右端单股斜筋面积（cm²），只针对于混凝土连梁，若 Asx1 和 Asx2 都为零，则不输出这一行。

G、VT——箍筋和剪扭配筋标志。

XJ——斜筋配筋标志。

软件输出的加密区和非加密区箍筋都是按参数设置中的箍筋间距计算的，并按沿梁全长箍筋的面积配箍率要求控制。

实际工程中，加密区和非加密区的梁箍筋间距一般是不同的，但软件是按照同一种箍筋间距来进行计算的，因此，若加密区和非加密区的箍筋间距不同，则设计人员需要对软件输出的箍筋面积进行换算。例如，输入的为加密区箍筋间距，则加密区的箍筋计算结果可直接参考使用，而非加密区的箍筋面积需要进行换算。

2. 钢梁

$$\frac{R1-R2-R3}{Steel}$$

其中：

R1——钢梁正应力与抗拉、抗压强度设计值的比值 F_1/f；

R2——钢梁整体稳定应力与抗拉、抗压强度设计值的比值 F_2/f；

R3——钢梁剪应力与抗拉、抗压强度设计值的比值 F_3/f_v。

3. 混凝土柱

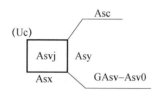

其中：

Asc——单根角筋的面积（cm²）。采用双偏压计算时，角筋面积不应小于此值；采用单偏压计算时，角筋面积可不受此值控制，但要确保单边配筋面积和全截面配筋面积满足要求。

Asx、Asy——该柱 B 边和 H 边的单边配筋面积（cm²），包括两根角筋。

GAsv、Asv0——加密区和非加密区斜截面抗剪箍筋面积（cm²），箍筋间距均为 Sc。其中，Asv 取计算的 Asvx 和 Asvy 的较大值，Asv0 取计算的 Asvx0 和 Asvy0 的较大值。

Asvj——柱节点域抗剪箍筋面积，取计算的 Asvjx 和 Asvjy 的大值（cm²）。

Uc——柱的轴压比。

G——代表箍筋标志。

柱全截面的配筋面积为：As＝2×（Asx＋Asy）－4×Asc，柱的箍筋是按设计人员前处理参数中输入的箍筋间距 Sc 计算的。

对于混凝土边框柱（或称为端柱），若在计算参数中填写了"墙柱配筋设计考虑端柱",即选择按照墙段与边框柱的组合截面配置剪力墙的钢筋时,边框柱配筋合并到边缘构件中,不再单独输出边框柱的配筋,可在边缘构件配筋简图中查看配筋。

4. 钢柱 U

其中:

Uc——钢柱的轴压比。

R_1——钢柱正应力强度与抗拉、抗压强度设计值的比值 F_1/f。

R_2——钢柱 X 向稳定应力与抗拉、抗压强度设计值的比值 F_2/f。

R_3——钢柱 Y 向稳定应力与抗拉、抗压强度设计值的比值 F_3/f。

5. 钢支撑

采用与钢柱相同的显示方式,在支撑端部绘制截面的正投影,然后进行标注。

6. 剪力墙

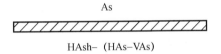

其中:

As——剪力墙一端的边缘构件计算配筋面积(cm^2),如按计算不需要配筋时,则输出 0。当剪力墙截面高厚比小于 4 或一字形墙截面高度≤800mm 时,按柱配筋,这时As 为按柱对称配筋时的单边钢筋面积。

Ash——在水平分布筋间距内的水平分布筋面积(cm^2)。

HAs、VAs——墙面外水平、竖向每延米的双排竖向分布筋计算配筋面积(cm^2),只有受面外荷载的墙才输出。

H——代表分布筋标志。

若设计参数中选择墙柱配筋时考虑翼缘墙或端柱,则:

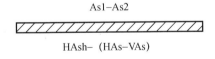

其中:

As1、As2——墙柱左、右端暗柱配筋面积(cm^2)。

7. 墙梁

墙梁配筋输出格式与框架梁相同。

7.14　弹性时程分析简介

地震的峰值加速度、波形特征和持续时间为地震的三要素,振型分解反应谱法只能考虑地震峰值加速度,规范的反应谱也是平均反应谱。

振型分解反应谱法以反应谱为基础，不能考虑实际地震时的地面运动特性。对于不规则结构，规范要求进行小震时程分析，以验证不规则结构在特定地震波作用下的反应。

弹性时程分析计算参数如图 7-25 所示。

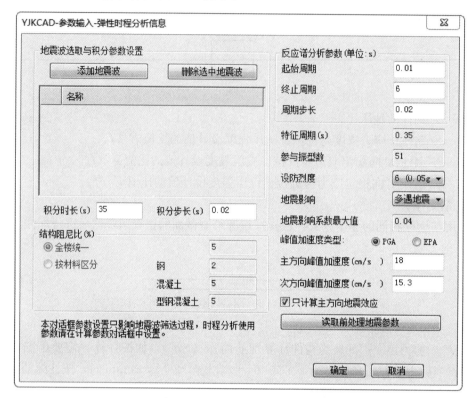

图 7-25　弹性时程分析计算参数

1. 积分时长

地震波数值积分的时间长度，起始积分时刻默认为 0 时刻，不同地震波的持续时间不同。软件默认 35s 积分时长，即可保证所有地震波的最大反应在内的同时节省积分计算时间，如遇持续时间较长的地震波，可适当增加积分时长设置。

2. 积分步长

弹性时程数值积分时的积分步长，默认设为 0.02 秒。

3. 结构阻尼比

由于地震波的计算结果需要同 CQC 法计算结果进行对比，所以该参数与前处理参数中设置一致，并且不可修改；如需修改，需在前处理参数设置中进行。

4. 起始周期

对地震波进行反应谱分析的最小周期值，默认为 0.01s。

5. 终止周期

对地震波进行反应谱分析的终止周期值，默认同《建筑抗震设计规范》中的地震影响系数曲线的横坐标最大值，软件默认为 6s，一般不修改。

6. 周期步长

反应谱分析时，其前后两周期之间的差值。

7. 特征周期与参与振型数

同前处理地震部分对话框的参数设置一致，只起提示作用，可在前处理中统一修改。参与振型数通过软件计算后得到的振型数再填入该参数。

8. 峰值加速度类型

软件提供两种类型，分别为 GPA 和 EPA。

GPA 为最大峰值加速度，是指地震动加速度时程最大值，所处位置一般为高频振动，对于反应谱的影响不显著，因而对于结构物的影响也不显著，因而才会提出有效峰值的概念。

EPA 为有效峰值加速度，在各个国家对其定义的方法有所区别：美国 ATC3-06 规范中，取地震动转换的 5%阻尼比的加速度反应谱在周期 0.1～0.5s 之间的平均值除以 2.5 的放大系数；而中国规范中，一般是取地震动转换的 5%阻尼比的加速度反应谱在周期 0.2s 处的谱值除以 2.25 的放大系数。《建筑抗震设计规范》第 5.1.2 条条文说明中强调，加速度的有效峰值 EPA 按照规范表 5.1.2- 2 中所列的地震动加速度最大值采用。

PGA 一般情况下大于 EPA，但也存在少数情况下 PGA 小于 EPA。目前，动力弹塑性分析一般都是按照 PGA 进行调幅。

9. 主、次方向峰值加速度（cm/s）

该参数指建筑所处地区的设计有效峰值加速度，根据选择的地震作用类型和设防烈度取值。软件会根据《抗震规范》表 5.1.2-2 规定自动对主方向的峰值加速度取值，再根据单向或双向地震的需要自行按照 0.85 倍关系设定次方向峰值加速度数值。

10. 只计算主方向地震效应

勾选该参数，则只计算主方向地震效应，计算时间相比不勾选情况将会大大缩减。

软件对结构地震波效应的计算结果分为 0°与 90°两种情况，其中两种情况下又各自有主次两个方向的效应。在后续对弹性时程结果的运用中，此方向的效应一般不会用到。

第8章
结构模型调整和计算书

8.1　构件调整

进入设计结果页面，通过混凝土构件配筋或钢构件应力比简图，如图 8-1 所示可直观地观察到不满足要求的梁柱墙构件被标红。对标红构件，可通过单击右侧信息栏中的"构件信息"再单击该构件，可弹出该构件的计算文本结果，查看文本结果可得知该构件不满足要求的原因，并根据要求进行修改。

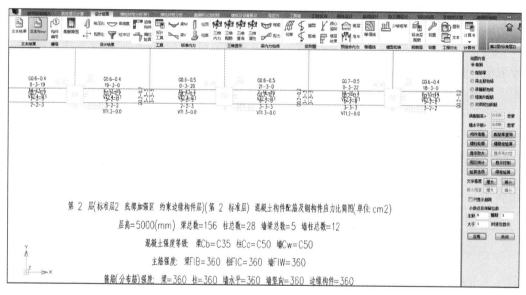

图 8-1　配筋简图

8.1.1　配筋

梁超筋常有受弯超筋、受剪超筋及剪扭超筋。

受弯超筋破坏：构件受拉区配筋量很高，破坏时受拉钢筋不屈服、混凝土被压碎而引起构件破坏，受拉区混凝土裂缝不明显，破坏前无明显预兆，是一种脆性破坏。

剪切破坏有斜拉破坏、剪压破坏和斜压破坏三种破坏形态，斜拉破坏通过满足箍筋的构造措施可以避免，剪压破坏可以通过计算配置箍筋避免，斜压破坏是一种不能通过增配箍筋提高受剪承载力的破坏形态，受剪超筋主要是避免斜压破坏。

当梁同时存在剪力和扭矩时，须考虑混凝土的剪扭相关性，剪扭超筋也是一种不能通过增配箍筋提高受剪承载力的破坏形态。

当梁抗弯超筋时，可通过增大梁高或在受压截面增加受压钢筋来改善梁超筋情况。当出现受剪超筋时，增大梁宽、增大梁高和增大混凝土强度等级都是有效措施，一般不选择增大梁宽，梁宽增大后有可能会带来使用上的不利。

若为剪扭超筋，可以选用解决受剪超筋的办法，也可改变周围梁的布置，使此梁上的扭矩平衡或减小扭矩。最后实在不能解决，即将梁端铰接，减小铰接梁的梁面配筋，使铰接梁传到主梁的扭矩减小，此时可能会带来铰接梁裂缝宽度较大的问题。

8.1.2　轴压比

为了保证地震时框架柱的截面延性，须限制柱的轴压比。

1. 柱轴压比限制

软件根据输入的抗震等级和结构类型，自动按照《抗震规范》表 5.3.6 作为轴压比限值。

结构类型为框架结构时，抗震等级为一、二、三、四级时的轴压比限值分别为 0.65、0.75、0.85、0.90。

结构类型为框架-抗震墙、板柱-抗震墙、框架-核心筒及筒中筒时，框架柱的重要性有所降低，轴压比限值适当放宽，抗震等级为一、二、三、四级时的轴压比限值分别为 0.75、0.85、0.90、0.95。

结构类型为部分框支抗震墙时，框支柱对结构安全影响很大，轴压比控制更严，抗震等级为一、二级时的轴压比限值分别为 0.6、0.7。

《抗震规范》的表 5.3.6 的限值只是对一般条件得出的结构基本限值；在特殊条件下，软件还需在表 5.3.6 的基准上进行增加或者减少。

目前，软件针对如下方面对查表得到的轴压比限值做出调整。

(1) 混凝土强度等级增大时，混凝土的极限压应变减小，为了抵消其对延性的不利影响，当混凝土强度等级为 C65、C70 时，轴压比限值宜按表中数值减小 0.05；混凝土强度等级为 C75、C80 时，轴压比限值按表中数值减小 0.10。

(2) 剪跨比减小时，构件破坏时的变形减小，规范对小剪跨比构件的轴压比进行了更为严格的控制，剪跨比不大于 2 时，限值减 0.05；剪跨比不大于 1.5 时，限值减 0.1。

(3) 四类场地较高建筑，地震反应有所增加，轴压比限值减 0.05。

(4) 加强层及其相邻层，考虑到其重要性，轴压比限值减 0.05；《高层混凝土结构规程》10.3.3-2 条文："加强层及其相邻层的框架柱，箍筋应全柱段加密配置，轴压比限值应按其他楼层框架柱的数值减小 0.05 采用。"

(5) 提供了轴压比限值是否按框架结构类型取值参数；如果当前结构为非框架结构，可以勾选计算参数"构件设计信息"下的"框架柱的轴压比限值按框架柱采用"，则软件自动按照较严的框架结构类型的轴压比限值计算。

2. 剪力墙轴压比限值

剪力墙的截面延性要比框架柱的截面延性差，规范对剪力墙的轴压比控制更严。

《抗震规范》6.4.2 条规定："一、二、三级抗震墙在重力荷载代表值作用下墙肢的轴压比，一级时，9 度不宜大于 0.4，7、8 度时不宜大于 0.5，二、三级时不宜大于 0.6。"墙肢轴压比指墙的轴压力设计值与墙的全截面面积和混凝土轴心抗压设计值乘积之比值。

《高层混凝土结构规程》11.4.14-1 条规定："抗震设计时，一、二级抗震等级的型钢混凝土剪力墙、钢板混凝土剪力墙底部加强部位，其重力荷载代表值作用下墙肢的轴压比不宜超过本规程表 7.2.13 的限值。"

3. 调整方法

如图 8-2 所示，当轴压比不满足要求时，可通过加大墙或柱的截面尺寸、加强墙柱混凝土等级的措施使轴压比满足要求。

过大的柱截面尺寸虽然能使柱轴压比满足规范要求，但会带来设计的不经济，同时影响建筑物的使用效果，最合理的柱截面尺寸应使轴压比既能满足规范要求又接近规范要求。

剪力墙的轴压比不满足要求时，可通过调整剪力墙布置或加大剪力墙截面高度（又称截面长度）解决，最合理的剪力墙截面尺寸应使剪力墙轴压比既能满足规范要求又接近规范要求。若周期比、位移角、位移比或刚重比不满足规范要求时，会出现局部轴压比较小的情况。

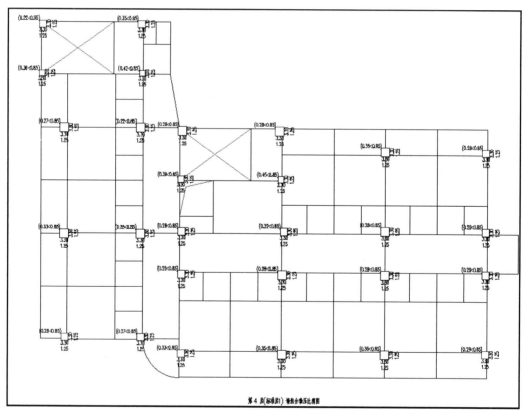

图 8-2　轴压比图

8.1.3　梁挠度和裂缝宽度

混凝土梁的挠度不能查看弹性挠度，弹性挠度所使用的荷载组合和刚度均不符合规范要求。

在梁施工图中可以找到梁挠度和裂缝宽度，当梁的挠度不满足规范要求时，增加梁高是最有效的措施；当裂缝宽度不满足规范要求时，增加梁高、增加配筋均是有效措施。

梁挠度可通过施工时使梁轻微起拱得到满足，若实在不满足再增大梁截面尺寸使其满足要求。

梁支座裂缝宽度宜取梁与柱交界处的柱边，不应取柱中线处的裂缝宽度；由于柱截面尺寸对内力计算的影响，按线性杆件计算的梁内力取柱边时，计算值将小于实际值。

该挠度值是采用梁的弹性刚度和荷载准永久组合计算得到的，没有考虑荷载长期作用的影响。活荷载准永久值系数默认为 0.5，可以在右侧对话框上修改，如图 8-3 所示。

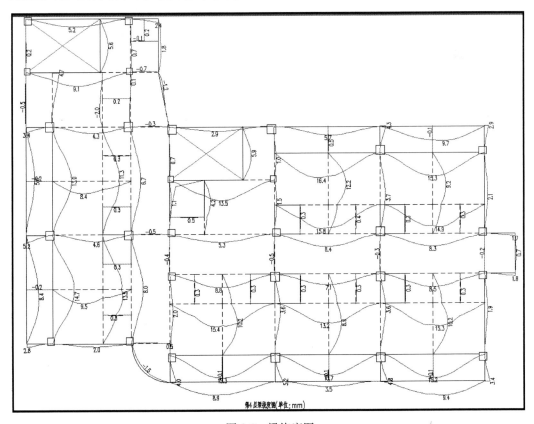

图 8-3　梁挠度图

8.1.4　柱冲切

无梁楼盖结构中布置了柱帽，或建模时按虚梁建模，或梁高与板厚相同，则软件自动验算柱冲切。

冲切验算内容最多有三项：柱根对柱帽的冲切；柱帽对托板的冲切；托板对楼板的冲切。如果没有柱帽或托板，则该项验算结果输出为 0；验算柱帽或托板冲切时，软件将扣除柱帽及托板范围楼板荷载。

软件的计算规则为：先按不配置抗冲切钢筋公式验算；不满足，则按配置抗冲切钢筋公式验算，同时简图中输出抗冲切箍筋面积。

输出的抗冲切箍筋面积为单边一个间距的箍筋总面积，间距同梁。

8.2 整体设计参数符合性调整

8.2.1 周期比

1. 周期比规范规定

《高层混凝土结构规程》第 3.4.5 条规定："结构扭转为主的第一自振周期 T_t 与平动为主的第一自振周期 T_1 之比，A 级高度高层建筑不应大于 0.9，B 级高度高层建筑、混合结构高层建筑及复杂高层建筑不应大于 0.85。"

《高层混凝土结构规程》第 9.2.5 条规定："对内筒偏置的框架-筒体结构，应控制结构在考虑偶然偏心影响的规定地震力作用下，最大楼层水平位移和层间位移不应大于该楼层平均值的 1.4 倍，结构扭转为主的第一自振周期 T_t 与平动为主的第一自振周期 T_1 之比不应大于 0.85，且 T_t 的扭转成分不宜大于 30％。"

《高层混凝土结构规程》第 10.6.3-4 条规定："大底盘多塔楼结构，可按本规程第 5.1.14 条规定的整体和分塔楼计算模型分别验算整体结构和各塔楼结构扭转为主的第一周期与平动为主的第一周期的比值，并应符合本规程第 3.4.5 条的有关要求。"

《高层混凝土结构规程》第 3.4.5 条规定："高层结构沿两个正交方向各有一个平动为主的第一振型周期，本条规定的 T_1 是指刚度较弱方向的平动为主的第一振型周期，对刚度较强方向的平动为主的第一振型周期与扭转为主的第一振型周期 T_t 的比值，本条未规定限值，主要考虑对抗扭刚度的控制不致过于严格。有的工程如两个方向的第一振型周期与 T_t 的比值均能满足限值要求，其抗扭刚度更为理想。"

此外，《高层混凝土结构规程》第 3.4.5 条中指出：扭转耦联振动的主振型，可通过计算振型方向因子来判断。在两个平动和一个扭转方向因子中，当扭转方向因子大于 0.5 时，则该振型可认为是扭转为主的振型。

通过控制周期比用来限制结构的整体抗扭刚度不能太弱，可以减轻不能计算的地面扭转运动对结构带来的不利影响。

2. 计算结果

单击"设计结果—文本结果—周期 振型与地震作用"，弹出对话框如图 8-4 所示，查看周期比结果。

由结果看，本项目第一、第三振型为平动，第二振型为扭转，一般情况下最好使模型前两振型皆为平动，但若第二振型为扭转也不违反规范，只是对结构抗震不利；本项目周期比为 0.98＞0.9，但本建筑只是多层不是高层，不违反规范要求，若是高层不满足周期比要求则需对模型进行调整。

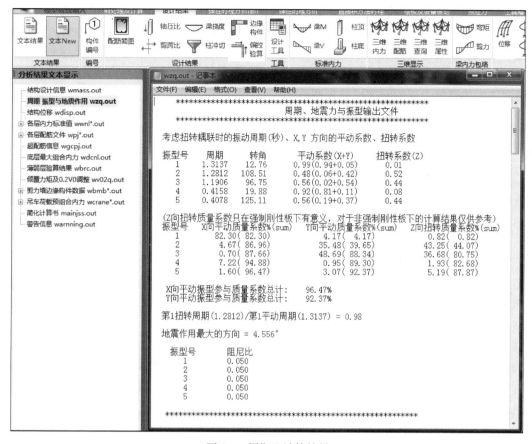

图 8-4　周期比计算结果

3. 调整方式

地震波分为体波和面波，体波又分为横波（剪切波或 S 波）、纵波（压缩波或 P 波），现在能计算的地震波是体波，一般情况下只需要进行横波的计算。对于结构整体抗扭刚度较弱的建筑，表现为扭转周期 T_t 较长，在地面出现扭转运动时，会出现较大的楼层扭转角，带动竖向构件出现较大的不可计算的位移，产生较难计算的内力，为了避免或减轻该现象，高层建筑对周期比进行了限制。

一旦出现周期比不满足要求的情况，一般只能通过调整平面布置来改善这一状况，这种改变一般是整体性的，局部的小调整往往收效甚微。周期比不满足要求，说明结构的扭转刚度相对于侧移刚度较小，总的调整原则是加强周边、削弱中间。

根据结构详细问题具体分析。

（1）扭转周期大小与刚心和形心的偏心距大小无关，只与楼层抗扭刚度有关。

（2）剪力墙全部按照同一主轴两向正交布置时，较易满足；周边墙与核心筒墙成斜交布置时要注意检查是否满足。

（3）当不满足周期限制时，若层位移角控制潜力较大，宜减小结构竖向构件刚度，增大平动周期；若层位移角控制潜力不大，应检查是否存在扭转刚度特别小的层，存在则应加强该层的抗扭刚度。

（4）当不满足扭转周期限制，且层位移角控制潜力不大，各层抗扭刚度无大变时，说明核心筒平面尺度与结构总高度之比偏小，应加大核心筒平面尺寸或加大核心筒外墙厚，增大核心筒的抗扭刚度。

（5）当计算中发现扭转为第一振型，应设法在建筑物周围布置剪力墙，不应采取只通过加大中部剪力墙的刚度措施来调整结构的抗扭刚度。

8.2.2 剪重比

剪重比，规范中称剪力系数，楼层剪力与其上各层重力荷载代表值之和的比值 λ。

由于地震影响系数在长周期段下降较快（对于基本周期大于 3.5s 的结构），由此计算所得的水平地震作用下的结构效应可能太小。而对于长周期结构，地震动态作用中的地面运动速度和位移可能对结构的破坏具有更大影响，但规范所采用的振型分解反应谱法只反映加速度对结构的影响，对长周期结构往往是不全面的。出于结构安全考虑，当计算的楼层剪力过小时，提出了对结构总水平地震剪力及各楼层水平地震剪力最小值的要求，规定了不同烈度下的剪力系数，当不满足时，须改变结构布置或调整结构总剪力和各楼层的水平地震剪力，使之满足规范要求。

对于高层建筑，随着建筑层数的增加，建筑的总质量会增大，结构的整体刚度会下降，二者均会导致结构自振周期的增大，由此带来单位质量地震反应的降低。但是，结构的水平位移会变大，结构的 P-Δ 效应会变大，若不对高层建筑的刚度进行限制，会使结构变得不安全。规范通过控制高层建筑结构的刚重比，可以实现控制结构刚度的目的。

1. 剪重比规范规定

《建筑抗震设计规范》第 5.2.5 条及《高层建筑混凝土结构技术规程》第 4.3.12 条规定：

抗震验算时，结构任一楼层的水平地震剪力应符合下式要求：

$$V_{EKi} \geqslant \lambda \sum_{j=i}^{n} G_j \tag{8-1}$$

式中　V_{EKi}——第 i 层对应于水平地震作用标准值的楼层剪力；

　　　　λ——剪力系数，不小于《抗震规范》表 5.2.5 规定的楼层最小地震剪力系数值，对竖向不规则结构的薄弱层，尚应乘以 1.15 的增大系数；

　　　　G_j——第 j 层的重力荷载代表值；

　　　　n——结构计算总层数。

地震工况下，单位质量的水平剪力随着楼层的位置升高而增加，故剪重比会随着楼层的位置下降而降低，一般只会在下部楼层出现剪重比不满足规范规定的情况。

2. 计算结果查看

单击"设计结果—文本结果—周期 振型与地震作用"，弹出对话框如图 8-5 所示，查看剪重比结果。

如图 8-5 所示，本项目楼层数较少，剪重比均大于抗震规范要求的最小剪重比，满足规范要求。

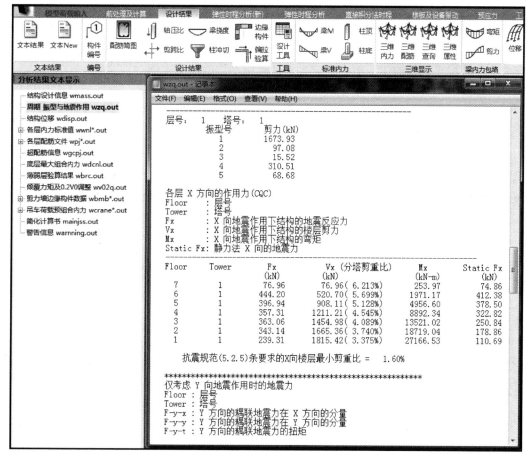

图 8-5 剪重比计算结果

3. 调整方式

（1）程序调整

当剪重比偏小但与规范限值相差不大（如剪重比达到规范限值的 80% 以上）时，可按下列方法进行调整：在"设计信息"中勾选"按抗震规范 5.2.5 调整各楼层地震内力"，软件计算出调整系数，按照该系数将所有楼层进行剪力放大。

（2）结构调整

当剪重比偏小且与规范限值相差较大时，宜调整竖向构件，加强墙、柱等竖向构件的刚度。当底部总剪力相差较多时，结构的选型或总体布置需重新调整，不能仅采用增大地震剪力系数的方法处理。

8.2.3 位移比（层间位移比）

位移比：即楼层竖向构件的最大水平位移与平均水平位移的比值。

层间位移比：即楼层竖向构件的最大层间位移差与平均层间位移差的比值。

1. 规范规定

《高层混凝土结构规程》第 3.4.5 条规定，结构平面布置应减少扭转的影响。在考虑偶然偏心影响的规定水平地震力作用下，楼层竖向构件最大的水平位移和层间位移，A 级高度高层建筑不宜大于该楼层平均值的 1.2 倍，不应大于该楼层平均值的 1.5 倍；B 级高度高层建筑、超过 A 级高度的混合结构及本规程第 10 章所指的复杂高层建筑不宜大于该楼层平均值的 1.2 倍，不应大于该楼层平均值的 1.4 倍。

当楼层的最大层间位移角不大于本规程规定的限值的 40% 时，该楼层竖向构件的最大水平位移和层间位移与该楼层平均值的比值可适当放松，但不应大于 1.6。

2. 计算结果查看

单击"设计结果—文本结果—结构位移"，弹出对话框如图 8-6 查看结构位移比结果。

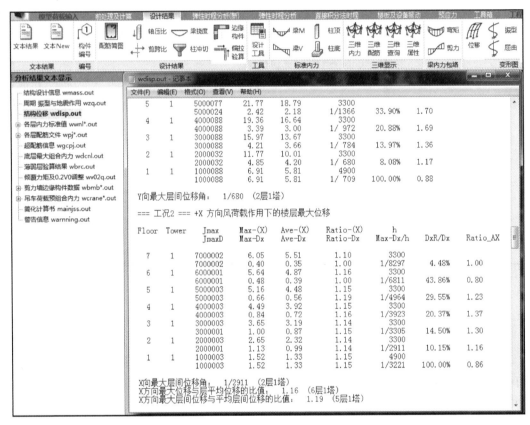

图 8-6 位移比计算结果

本项目其结果位移比小于 1.4，但其不是高层建筑，不考虑《高层混凝土结构规程》要求。

3. 调整方式

楼层地震作用的合力中心与该楼层的质量中心重合，楼层总剪力的中心还受到上部楼层剪力分布的影响。当楼层总剪力的中心偏离该楼层的刚度中心较远时，在地面剪切波的作用下，该楼层除了产生整体水平位移外，还会产生整体的转动，二者叠加，会使角部竖向构件产生很大的水平位移，并使角部构件产生很大的地震内力。小震还可以通过承载力设计满足规范要求，大震带来的危害尤为严重。为了结构的整体安全，必须对该转动幅度进行限制，由于引起角部构件内力增大的是层间位移，尤其应对层间位移比进行控制。

质量中心与建筑设计有关，改变的余地不大，只能通过调整改变结构平面布置，减小结构刚心与质心的偏心距。

（1）由于位移比是在刚性楼板假定下计算的，结构最大水平位移与层间位移往往出现在结构的边角部位。因此，应注意调整结构外围对应位置抗侧力构件的刚度，减小结构刚心与质心的偏心距；同时在设计中，应在构造措施上对楼板的刚度予以保证。

（2）对于位移比不满足规范要求的楼层，可利用程序的节点搜索功能在软件的"分析结果图形和文本显示—各层配筋构件编号简图"中，快速找到位移最大的节点，加强该节点附近对应的墙、柱等构件的刚度。节点号在 YJK 软件的"文本结果-结构位移"文本中查找，也可找出位移最小的节点削弱其刚度，直到位移比满足要求。

8.2.4 弹性层间位移角

1. 规范规定

为了实现小震不坏的目标，除了进行小震承载力设计外，还应对小震弹性层间位移角进行限制。《高层混凝土结构规程》第 3.7.3 条规定，按弹性方法计算的风荷载或多遇地震标准值作用下的楼层层间最大水平位移与层高之比 $\Delta u / h$ 宜符合下列规定：

（1）高度不大于 150m 的高层建筑，其楼层层间最大位移与层高之比 $\Delta u / h$ 不宜大于表 8-1 的限值。

表 8-1 楼层层间最大位移与层高之比的限值

结构体系	$\Delta u / h$ 限值
框架	1/550
框架-剪力墙、框架-核心筒、板柱-剪力墙	1/800
筒中筒、剪力墙	1/1000
除框架结构外的转换层	1/1000

（2）高度不小于 250m 的高层建筑，其楼层层间最大位移与层高之比 $\Delta u / h$ 不宜大于 1/500。

（3）高度在 150～250m 之间的高层建筑，其楼层层间最大位移与层高之比 $\Delta u / h$ 的限值可按本条第 1 款和第 2 款的限值线性插入取用。

楼层层间最大位移 Δu 以楼层竖向构件最大的水平位移差计算，不扣除整体弯曲变形。抗震设计时，本条规定的楼层位移计算可不考虑偶然偏心的影响。水平位移包含水平剪力带来的受力变形和下部楼层位移差导致的变形，不论何种结构形式，二者变形累加的结果总是使层间最大位移出现在结构的中部楼层，而不是剪力最大、刚度最差的楼层。

2. 计算结果查看

单击"设计结果—楼层结果"，在其右侧菜单栏中单击"地震位移角"应用后显示 X、Y 向最大层间位移角曲线如图 8-7 所示，查看最大层间位移角。

本项目 X、Y 向最大层间位移角均小于规范规定的 1/550，满足要求。

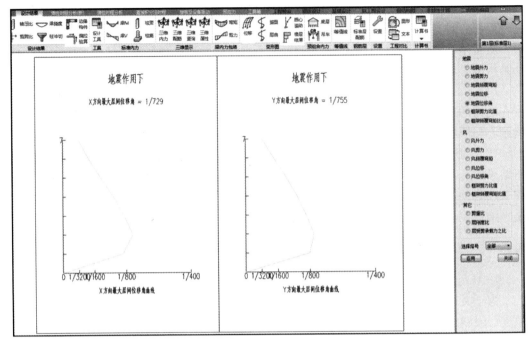

图 8-7　最大层间位移角曲线

从图 8-7 中可以看出，层间位移并没有随着楼层总剪力的增大而增大，最大层间位移并没有出现在楼层总剪力最大的部位。层间位移是下层的转角带来的位移和本层剪力产生的位移叠加的结果，一般情况下，层间位移最大的位置在楼层的中下部位置。结构软件计算出的层间位移用以控制非结构构件的破坏是较为合理的，结构软件计算出的层间位移并不能与构件的损害程度相关联。

3. 调整方式

弹性层间位移角不满足规范要求时，一般通过调整增强竖向构件解决，既加强墙、柱等竖向构件的刚度，也可以通过减轻结构重量解决。

8.2.5　楼层侧向刚度比

1. 规范规定

《高层混凝土结构规程》第 3.5.2 条规定：框架结构楼层与上部相邻楼层的侧向刚度比 γ_1 不宜小于 0.7，与上部相邻三层侧向刚度平均值的比值不宜小于 0.8。对框架-剪力墙结构、板柱-剪力墙结构、剪力墙结构、框架-核心筒结构、筒中筒结构，楼面体系对侧向刚度贡献较小，当层高变化时刚度变化不明显，可按本条式（8-2）定义的楼层侧向刚度比作为判定侧向刚度变化的依据，但控制指标也应做相应的改变，一般情况按不小于 0.9 控制；层高变化较大时，对刚度变化提出更高的要求，按 1.1 控制；底部嵌固楼层层间位移角结果较小，因此对底部嵌固楼层与上一层侧向刚度变化作了更严格的规定，按 1.5 控制。

$$\gamma_2 = \frac{V_i \Delta_{i+1}}{V_{i+1} \Delta_i} \times \frac{h_i}{h_{i+1}}$$

(8-2)

《高层混凝土结构规程》第3.5.3条规定：A级高度高层建筑的楼层抗侧力结构的层间受剪承载力不宜小于其相邻上一层受剪承载力的80%，不应小于其相邻上一层受剪承载力的65%；B级高度高层建筑的楼层抗侧力结构的层间受剪承载力不应小于其相邻上一层受剪承载力的75%。

注：楼层抗侧力结构的层间受剪承载力是指在所考虑的水平地震作用方向上，该层全部柱、剪力墙、斜撑的受剪承载力之和。

《高层混凝土结构规程》第3.5.4条规定：抗震设计时，结构竖向抗侧力构件宜上、下连续贯通。

《高层混凝土结构规程》第3.5.8条规定：侧向刚度变化、承载力变化、竖向抗侧力构件连续性不符合本规程第3.5.2、3.5.3、3.5.4条要求的楼层，其对应于地震作用标准值的剪力应乘以1.25的增大系数。

当结构刚度突变时，在水平荷载作用下，结构变形曲线不平顺，与上部楼层的重力荷载叠加，会产生较大的P-Δ效应。

2. 计算结果查看

单击"设计结果—文本结果—结构设计信息"，弹出对话框如图8-8所示，查看楼层侧向刚度比结果。

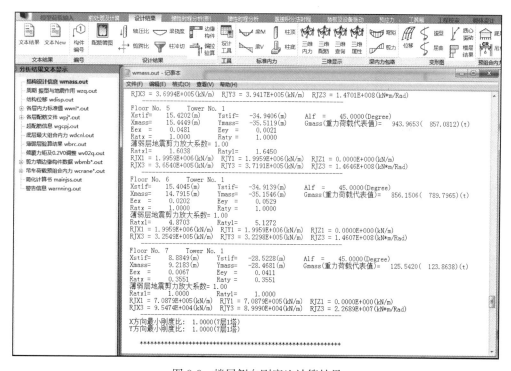

图8-8　楼层侧向刚度比计算结果

本项目X、Y向最小刚度比为1.0大于规范规定的0.7，满足要求。

3. 调整方式

（1）程序调整

假设某楼层刚度比的计算结果不满足要求，则SATWE自动将该楼层定义为薄弱层，并按《高层混凝土结构规程》第 3.5.8 条文将该楼层地震剪力放大 1.25 倍。

（2）结构调整

适当降低本层层高，或适当提高上部相关楼层的层高；适当增强本层墙、柱或梁的刚度，或适当削弱上部相关楼层墙、柱和梁的刚度，减小相邻上层墙、柱的截面尺寸。

8.2.6 刚重比

刚重比，是指结构的侧向刚度和重力荷载设计值之比，是影响重力二阶效应的主要参数。

刚重比与结构的侧移刚度成正比关系；周期比的调整可能导致结构侧移刚度的变化，从而影响到刚重比。因此调整周期比时应注意，当某主轴方向的刚重比小于或接近规范限值时，应采用加强周边竖向构件刚度的方法；当某主轴方向刚重比大于规范限值较多时，可采用削弱中心构件刚度的方法。同样，对刚重比的调整也可能影响周期比，特别是当结构的周期比接近规范限值时，应采用加强结构外围刚度的方法。

1. 规范规定

《高层混凝土结构规程》第 5.4.1 条规定，当高层建筑结构满足下列规定时，弹性计算分析时可不考虑重力二阶效应的不利影响。

（1）剪力墙结构、框架-剪力墙结构、板柱-剪力墙结构、筒体结构：

$$EJ_d \geqslant 2.7 H^2 \sum_{i=1}^{n} G_i \tag{8-3}$$

（2）框架结构：

$$D_i \geqslant 20 \sum_{j=1}^{n} G_j / h_i (i = 1, 2, \cdots, n) \tag{8-4}$$

《高层混凝土结构规程》第 5.4.2 条规定，当高层建筑结构不满足本规程第 5.4.1 条的规定时，结构弹性计算时应考虑重力二阶效应对水平力作用下结构内力和位移的不利影响，但须满足最小限值要求。

2. 计算结果查看

单击"设计结果—文本结果—结构设计信息"，弹出对话框如图 8-9 所示，查看刚重比结果。

本项目不是高层建筑不必考虑该项，若高层建筑的刚重比均大于规范规定的限制，满足要求，则不必考虑重力二阶效应。

3. 调整方法

在地震烈度较低时，层间位移角很容易满足规范要求，导致结构刚度整体偏弱，故低烈度区建筑的刚重比变成了结构设计的控制指标。对于带地下室的高层建筑，若地下室顶板覆土荷载和活荷载较大，可能出现刚重比计算值不满足规范的假象，尤以层数不多的高层建筑出现得较多，此时可将模型地下室范围缩小即可。

（1）程序调整

刚重比不满足规范上限要求，在 YJK 的"设计信息"中勾选"考虑 P-Δ 效应"，程序自动计入重力二阶效应的影响。

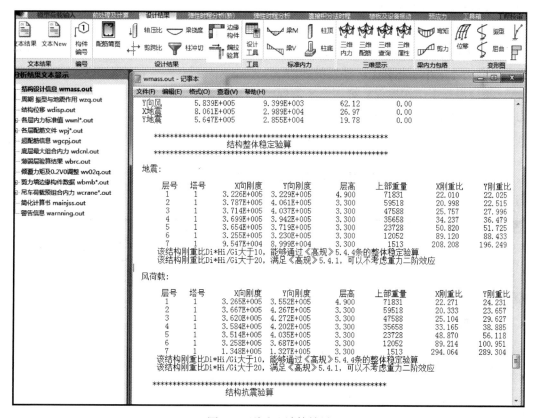

图 8-9　刚重比计算结果

（2）结构调整

刚重比不满足规范下限要求，只能通过调整增强竖向构件，加强墙、柱等竖向构件的刚度。

（3）小于和大于这个值

规范给定的刚重比的上限值对于剪力墙结构、框架-剪力墙结构、板柱-剪力墙结构、筒体结构是 2.7，对于框架结构是 20，当小于这个值时，需要考虑重力二阶效应；当大于这个值时没有必要考虑重力的二阶效应。

8.2.7　受剪承载力比

楼层抗侧力结构的层间受剪承载力，又称层间受剪承载力，是指在所考虑的水平地震作用方向上，该层全部柱、剪力墙、斜撑的受剪承载力之和，是控制结构竖向不规则性和判断薄弱层的重要指标。

1. 规范规定

控制下部的局部楼层层间受剪承载力不致过小，可以提升整栋楼在大震时的抗震能力。

《高层混凝土结构规程》第 3.5.3 条规定，A 级高度高层建筑的楼层抗侧力结构的层间受剪承载力不宜小于其相邻上一层受剪承载力的 80%，不应小于其相邻上一层受剪承载力的 65%；B 级高度高层建筑的楼层抗侧力结构的层间受剪承载力不应小于其相邻上一层受剪承载力的 75%。

《抗震规范》第 3.4.4-2 (3) 规定，平面规则而竖向不规则的建筑，刚度小的楼层的地震剪力应乘以不小于 1.15 的增大系数；楼层承载力突变时，薄弱层抗侧力结构的受剪承载力不应小于相邻上一楼层的 65%。

《高层混凝土结构规程》第 3.5.8 条规定，侧向刚度变化、承载力变化、竖向抗侧力构件连续性不符合本规程第 3.5.2、3.5.3、3.5.4 条要求的楼层，其对应于地震作用标准值的剪力应乘以 1.25 的增大系数。

2. 计算结果查看

单击"设计结果—文本结果—结构设计信息"，弹出对话框如图 8-10 所示，查看受剪承载力比结果。

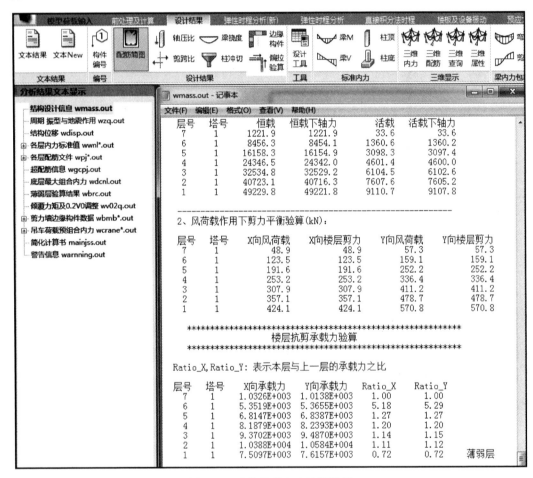

图 8-10 受剪承载力比计算结果

本项目薄弱层受剪承载力比为 0.72 大于规范规定的 0.65，满足规范要求。

3. 调整方法

(1) 程序调整

在 YJK 的"调整信息—指定薄弱层个数"中填入该楼层层号，将该楼层强制定义为薄弱层，YJK 按《高规》第 3.5.8 条规定将该楼层地震剪力放大 1.25 倍。

（2）结构调整

适当提高本层构件强度，如增大配筋、增大截面或提高混凝土强度，以提高本层墙、柱等抗侧力构件的承载力，或适当降低上部相关楼层墙、柱等抗侧力构件的承载力。

8.3 计算书

8.3.1 结构计算书目录

结构计算书目录

一、荷载计算书

1. 屋面荷载

2. 楼面荷载

3. 内、外墙荷载

4. 设备荷载取值及组合系数

二、地基基础计算

1. 地基承载力验算

2. 承台、筏板、基础梁受弯、受剪、冲切和配筋计算

3. 规范要求或必要时进行地基变形计算

三、结构程序计算

1. 计算程序名称、代号、版本及编制单位

2. 结构计算总信息

3. 计算结果（包括位移比、刚重比、刚度比、剪重比、位移角、地震倾覆弯矩百分比）

4. 结构平面简图（截面尺寸）

5. 荷载布置简图

6. 内力包络图

7. 配筋及变形计算信息

8. 底层及控制层墙、柱轴压比信息

9. 墙、柱脚反力图

四、构件计算

1. 楼梯计算

2. 雨篷、挑檐计算

3. 水池、女儿墙、地下室外墙计算

4. 预埋件计算

5. 特殊构件和节点计算

8.3.2 计算书主要内容

一、荷载计算书

1. 屋面荷载（包括楼板自重）

| 20 厚 1：2.5 水泥砂浆 | $20kN/m^3 \times 0.02m = 0.40kN/m^2$ |

0.4 厚聚酯无纺布一层

30 厚 C20 细石混凝土找平	$25kN/m^3 \times 0.03m = 0.75kN/m^2$
60 厚难燃挤塑聚苯保温板	$0.3kN/m^3 \times 0.06m = 0.018kN/m^2$
防水卷材（两道）	$0.15kN/m^2 \times 2 = 0.30kN/m^2$
20 厚 1：3 水泥砂浆找平层	$20kN/m^3 \times 0.02m = 0.40kN/m^2$
20（最薄处）陶粒混凝土 3‰找坡	$14kN/m^3 \times (8.5 \times 3‰ \div 2 + 0.02)m$ $= 2.065kN/m^2$
120 厚现浇钢筋混凝土楼板	$26kN/m^3 \times 0.12m = 3.12kN/m^2$
顶棚	$20kN/m^3 \times 0.02m = 0.40kN/m^2$

合计 $7.453kN/m^2$

2. 楼面荷载

| 8～10 厚防滑地砖铺实拍平 | $22kN/m^3 \times 0.01m = 0.22kN/m^2$ |

（水泥浆擦缝或 1：1 水泥砂浆填缝）

| 20 厚 1：4 干硬水泥砂浆 | $20kN/m^3 \times 0.02m = 0.40kN/m^2$ |

素水泥浆结合层一遍

| 100 厚现浇钢筋混凝土楼板 | $26kN/m^3 \times 0.10m = 2.60kN/m^2$ |
| 顶棚 | $20kN/m^3 \times 0.02m = 0.40kN/m^2$ |

合计 $3.62kN/m^2$

3. 内、外墙荷载

外墙采用页岩多孔砖 $240 \times 180 \times 115$，容重 $16.0kN/m^3$

200 墙（双面粉刷）：$0.19 \times 16.0 + 1.0 = 4.04kN/m^2$

内隔墙采用页岩空心砖 $240 \times 115 \times 90$，容重 $11.0kN/m^3$

200 墙（双面粉刷）：$0.19 \times 11.0 + 0.8 = 2.89kN/m^2$

100 墙（双面粉刷）：$0.10 \times 11.0 + 0.8 = 1.9kN/m^2$

电梯井、管道井墙采用页岩烧结多孔砖（$240 \times 180 \times 115$），容重 $16.0kN/m^3$

200 墙（双面粉刷）：$0.19 \times 16.0 + 0.8 = 3.84kN/m^2$

120 墙（双面粉刷）：$0.12 \times 16.0 + 0.8 = 2.72kN/m^2$

二、结构平面布置简图

工程中所有结构布置不同或构件截面尺寸不同的标准层都应提供结构平面布置简图；附图表示建筑第五层，如图 8-11 所示，其他层略。

三、荷载布置简图

工程中所有楼面荷载、梁上荷载不同的标准层都应提供荷载布置简图；附图表示建筑第五层，如图 8-12 所示，其他层略。

四、地基基础

下面以桩基础为例，提供基础计算书。

1. 桩反力

如图 8-13（a）所示。

2. 桩承载力验算（非地震）

单桩承载力特征值计算过程如下：

预应力混凝土管桩单桩承载力计算：（预应力混凝土管桩规格： Φ400）

桩端持力层中风化砂砾岩桩端端阻力特征值q_{pa} 为 4500kPa。

1. 桩端竖向承载力特征值计算

① Z-400：直径取400mm

桩端阻力特征值： $q_{pa} \cdot A_p = 4500 \times 3.14 \times 0.2 \times 0.2 = 565kN$

桩侧阻力特征值： $3.14 \times 0.4(2.2 \times 75 + 13.9 \times 85)/2 = 845.6kN$

单桩竖向承载力特征值： $565 + 845.6 = 1410.6kN > 1200kN$

桩承载力验算（非地震）如图 8-13（b）所示。

3. 桩承载力验算（地震）

如图 8-13（c）所示。

4. 承台受冲切

如图 8-14（a）所示。

5. 承台受剪切

如图 8-14（b）所示。

6. 承台局部受压

如图 8-14（c）所示。

7. 承台配筋

如图 8-15 所示。

软件在承台受冲切、受剪切不满足规范要求时，会加大承台厚度，加大了的承台厚度，有时并不能满足规范要求，设计时需要对冲切承载力、受剪承载力不足的承台厚度手工增大。当承台冲切承载力、受剪承载力有富余的承台软件不减小承台厚度，设计时需要对冲切承载力、受剪承载力有较大富余的承台厚度减小。

五、内力图

工程中应提供所有配筋层的弯矩包络图，此处提供五层弯矩包络图如图 8-16 所示，其他层略。

六、配筋图

梁柱纵筋单位为 cm^2，该纵筋是计算配筋加 $39mm^2$，再四舍五入取整的结果。由于施工图是按计算配筋生成的，可能会出现施工图配筋比配筋简图的配筋量稍小的现象。

图 8-11　五层构件布置图

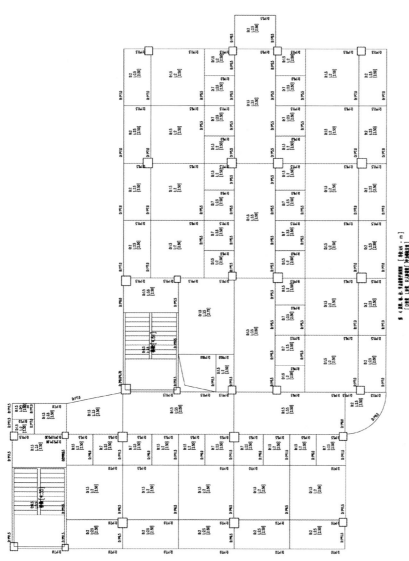

图 8-12　五层荷载平面简图

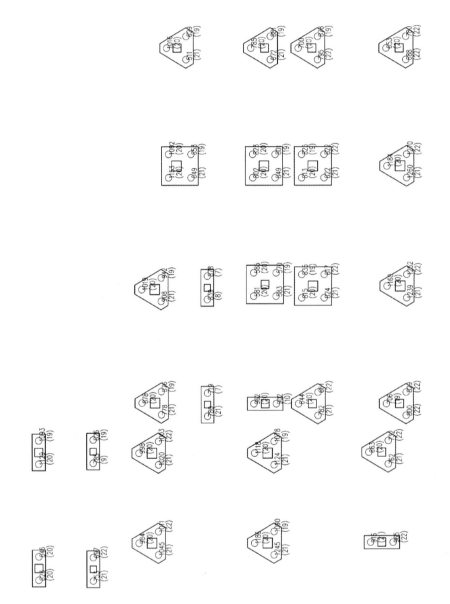

标准组合最大桩反力

（单位:kN，压正拉负，括号内为控制组合号）

(a) 基础桩反力计算结果

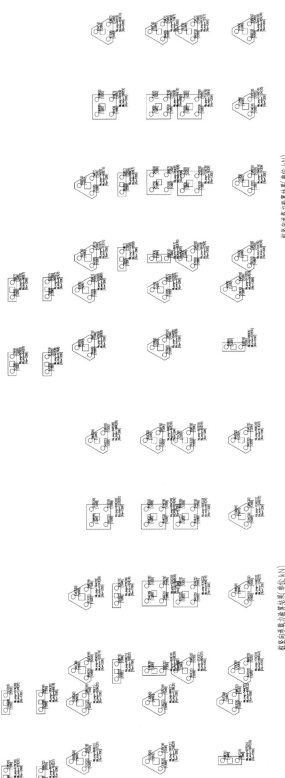

桩反向承载力验算结果(单位 kN)

地震组合：当Nk,avg>1.25Ra 或 Nk,max>1.5Ra显红色

非地震组合：标注平均反力Nk,avg，最大反力Nk,max，竖向承载力特征值Ra（括号中为对应组合号）
[承台柱]标注输出ΣRa/ΣNk的最不利值及对应组合号，ΣRa为桩竖向承载力特征值之和，ΣNk为桩反力标准值之和
[非承台柱]标注最大桩反力Nk,max，竖向承载力特征值Ra（括号中为对应组合号）

以下各立柱输出ΣRa/ΣNk的最不利值及对应组合号，ΣRa为桩竖向承载力特征值之和，ΣNk为桩反力标准值之和
单柱承台，最不利组合 19，ΣRa/ΣNk= 1.72，ΣNk= 56523 kN，ΣRa= 97200 kN
全部桩，最不利组合 19，ΣRa/ΣNk= 1.72，ΣNk= 56523 kN，ΣRa= 97200 kN

(b) 桩承载力验算（非地震）

桩竖向承载力验算结果(单位 kN)

非地震组合：当Nk,avg>Ra 或 Nk,max>1.2Ra显红色

地震组合：标注平均反力Nk,avg，最大反力Nk,max，竖向承载力特征值Ra（括号中为对应组合号）
[承台柱]标注输出ΣRa/ΣNk的最不利值及对应组合号，ΣRa为桩竖向承载力特征值之和，ΣNk为桩反力标准值之和
[非承台柱]标注最大桩反力Nk,max，竖向承载力特征值Ra（括号中为对应组合号）

以下各立柱输出ΣRa/ΣNk的最不利值及对应组合号，ΣRa为桩竖向承载力特征值之和，ΣNk为桩反力标准值之和
单柱承台，最不利组合 9，ΣRa/ΣNk= 1.60，ΣNk= 60921 kN，ΣRa= 97200 kN
全部桩，最不利组合 9，ΣRa/ΣNk= 1.60，ΣNk= 60921 kN，ΣRa= 97200 kN

(c) 桩承载力验算（地震）

图 8-14

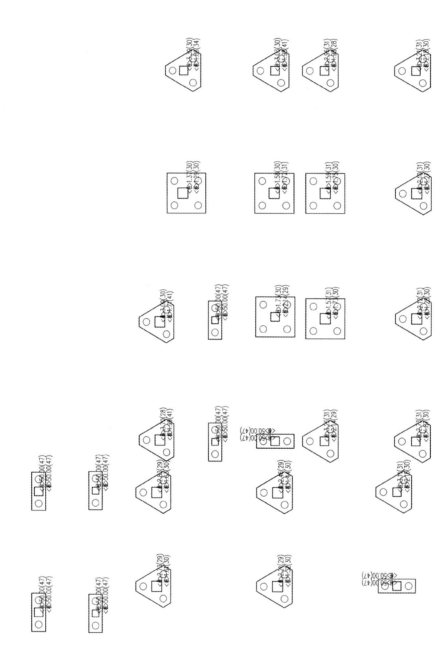

桩承台、独立基础、墙下条基的冲切验算结果

R/S — 抗冲切承载力/冲切力，<1.0时呈红色

（a）基础承台受冲切验算结果

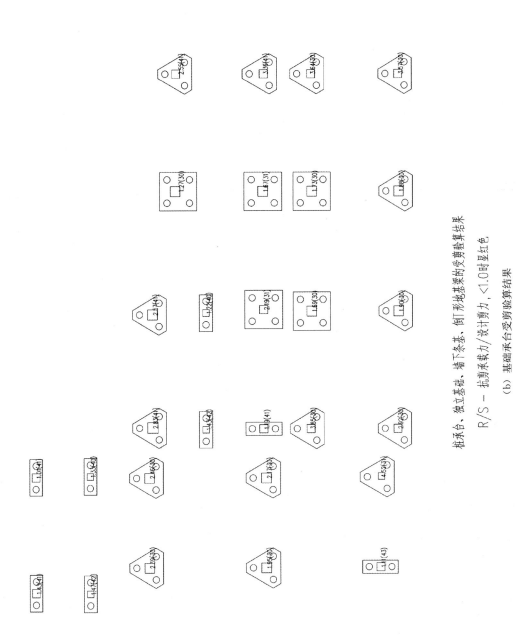

桩承台、独立基础、墙下条基、倒形地基梁的受剪验算结果

R/S－抗剪承载力/设计剪力，<1.0 时显红色

(b) 基础承台受剪验算结果

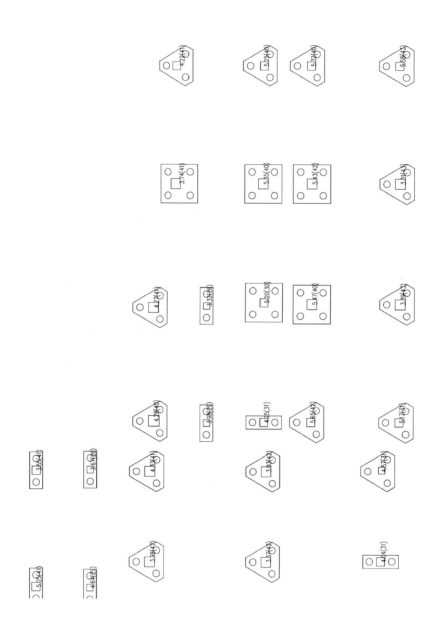

桩承台、独立基础、墙下条基的局部受压验算结果

R/S<1.0时显红色(需修改模型)．R/S>=1.0且R/S<1.6时显黄色(需配间接钢筋)．R/S>=1.6显白色(按素混凝土计算可满足要求)

(c) 基础承台局部受压验算结果

图 8-14

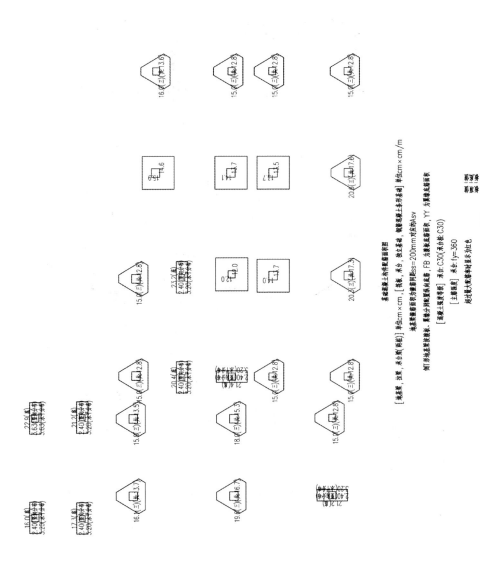

图 8-15 基础承台配筋结果

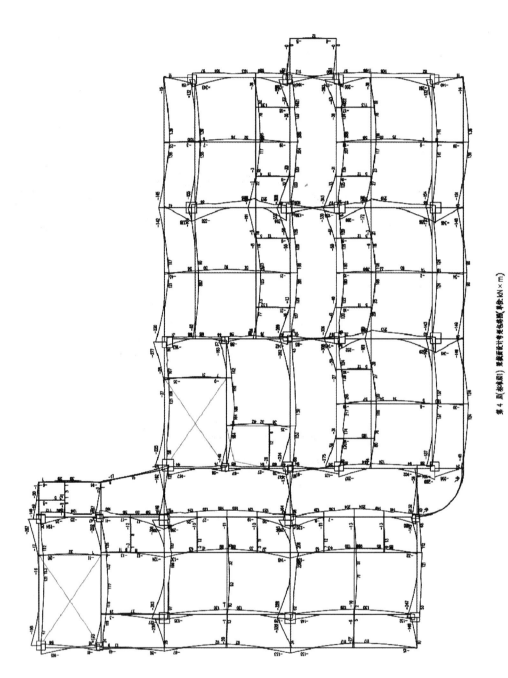

第 4 層(标准層) 柱截面计算长度系数图(单位 kN×m)

图 8-16 五层梁弯矩包络图

1. 柱配筋图

工程中应提供所有配筋层的柱配筋简图；此处提供一层柱配筋图如图 8-17（a）所示，其他层略。

2. 梁

（1）梁配筋图

工程中应提供所有配筋层的梁配筋简图；此处提供五层梁配筋图如图 8-17（b）所示，其他层略。

（2）梁裂缝图

如图 8-18（a）所示。

（3）梁挠度图

如图 8-18（b）所示。

3. 板配筋图

工程中应提供所有配筋层的板配筋简图，板面竖向荷载、结构布置均相同的楼层可以共用同一板配筋，楼层位置与构件截面尺寸不影响板的配筋；此处提供五层板配筋图如图 8-19 所示，其他层略。

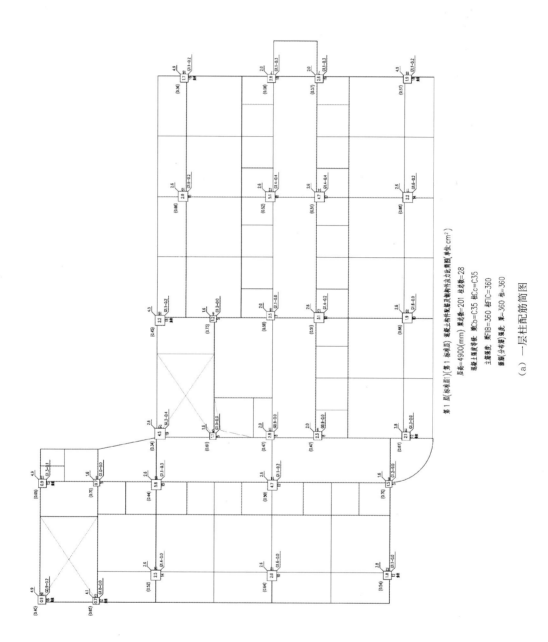

（a）一层柱配筋简图

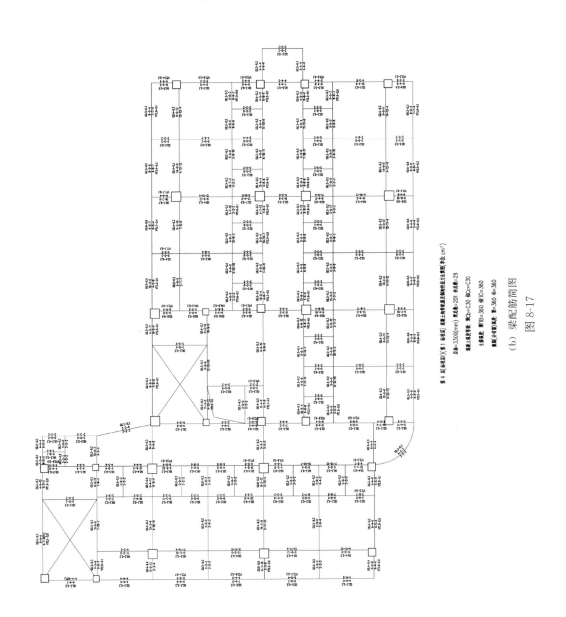

第 4 层（标高层）X（第 1 标准层）混凝土构件及墙件配筋及轴压比图（单位 cm²）

层高=3300(mm) 墙混凝土=201 柱总筋=28

混凝土强度等级 梁Cb=C30 柱C=C30

主筋强度 梁FYD=360 柱C=360

箍筋（全部）强度 梁=360 柱=360

（b）梁配筋简图

图 8-17

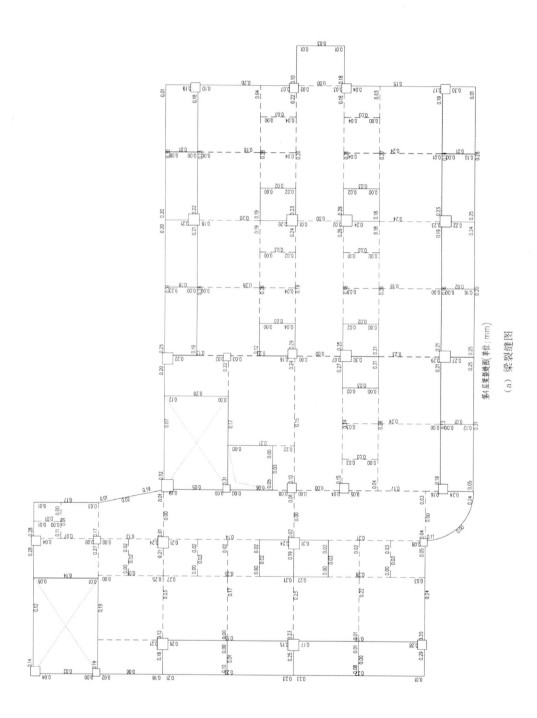

第4层裂缝图(单位:mm)

(a) 梁裂缝图

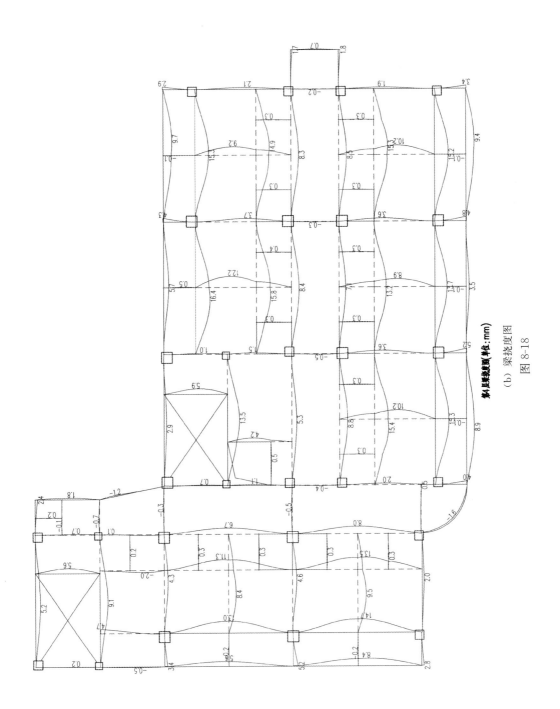

第4层梁挠度图(单位:mm)

(b) 梁挠度图

图 8-18

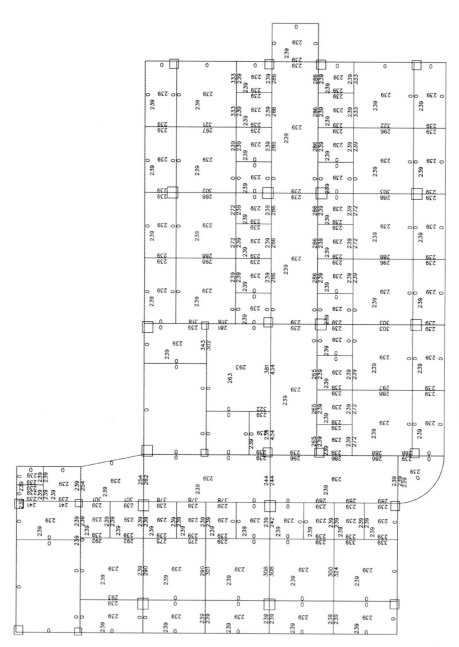

钢筋强度等级:HPB300，混凝土强度等级C30
第4层现浇板计算钢筋面积图（单位：mm²/m）

图 8-19　板配筋简图

第9章

混凝土结构施工图

9.1 楼板施工图

9.1.1 楼板计算参数

1. 楼板配筋参数

楼板配筋参数如图 9-1 所示。

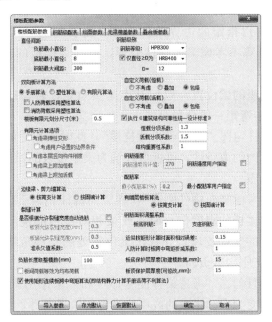

图 9-1 楼板配筋参数

（1）直径间距和钢筋级别

根据规范要求控制板筋最小直径，钢筋等级根据要求常用高强钢筋即一般选用 HRB400 级钢筋。

本项目选择直径未超过 12mm 用 HPB300 钢筋，即一般板的配筋都为一级钢筋。

（2）双向板计算方法

① 楼板计算模型

"手册算法"不考虑板的连续性，按照用户设置的支座形式进行单块板的计算，支座形式为铰支座、固端支座或无支座，计算结果会出现相邻板的支座负弯矩不一致，甚至相邻板的支座负弯矩相差巨大，而且支座负弯矩远大于跨中正弯矩。这种算法与实际情况存在较大的差距。

"有限元算法"能考虑板的连续性，通过将板划分有限单元进行内力计算，相邻板的支座弯矩相同或相近，按照跨中最大正弯矩配置板的底筋，按照支座最大负弯矩配置板的支座负筋。

"塑性算法"认为，只要配置在板上的钢筋，负筋与底筋在一定比例范围内时，在板的承载力极限状态时所有钢筋均能屈服，并能充分发挥作用。这种算法的总配筋要显著小于前两种算法，若用于工程，将存在安全隐患，设计时尽量不要采用。

对比所有结构构件的计算，板的内力计算结果可信度较差，工程中常出现在计算的基础上人为调整板配筋的做法。最理想的算法应该是能考虑板和梁变形协调的算法，若出现这种算法，将终结人为调整板配筋的做法。

a. "手册算法"或"塑性算法"，梁（包括虚梁）对楼板的约束条件以自动生成的或用户指定的边界条件为准，且计算中不考虑梁的弹性变形，梁作为楼板的竖向不动铰支座或固定支座计算。

b. "有限元算法"且不勾选"考虑梁弹性挠度"，梁（不包括虚梁）对楼板的约束条件以自动生成的或用户指定的边界条件为准，是否勾选"考虑用户设置的边界条件"对其无影响，且计算不考虑梁的弹性变形，梁作为楼板的竖向不动铰支座或固定支座。

此时，作为固定支座的梁位置一般均有支座负弯矩，若勾选"考虑竖向构件的刚度"，楼板的支座和跨中弯矩一般会稍有减小。

c. "有限元算法"且勾选"考虑梁弹性挠度"，此时梁板之间的约束是按照真实的有限元算法算出梁对板的约束条件，可近似理解为梁是楼板的弹性支座，而竖向构件为整个梁板模型的固定支座。

此时，若再勾选"考虑竖向构件刚度"，则竖向构件相当于整个梁板模型的弹性支座。应注意，当梁相对楼板的刚度偏小时，或梁相对楼板的挠度偏大时，由于梁的变形，梁不足以作为楼板的竖向支座，导致次梁位置处的支座负弯矩及配筋很小甚至为0，但施工图仍会生成支座构造负筋。

d. "有限元算法"且勾选"考虑梁弹性变形"和"考虑用户设置的边界条件"，此时梁板之间的约束条件变为自动生成的或用户设置的边界条件，但软件仍考虑梁的弹性变形，因此，仍会存在问题，即由于梁挠度过大而使梁没有足够的刚度作为楼板的支座，导致支座处的负弯矩仍然可能很小甚至为0。

e. "有限元算法"且勾选"考虑梁上附加恒载和附加活载"，计算时软件会考虑建模时输入的梁上荷载，否则不考虑此荷载。应注意，考虑梁上荷载必须勾选"考虑梁弹性变形"，两个选项是联动选择的，不能单独选择考虑梁上荷载。

本项目选择"手册算法"。

② 人防、消防车荷载采用塑性算法

勾选该参数，会分别计算两种荷载组合下的内力：1.2恒＋1.4活（或1.35恒＋0.98活）；1.2恒＋1.0人防。其中恒加活组合取用弹性算法下的计算结果，恒加人防

（或消防车）组合取用塑性算法下的计算结果。

勾选该参数，会出现计算简图结果与单元值不对应的情况，是因为有限元法计算时的单元值查看仍为弹性算法下的计算结果；该参数只适应于普通楼板，对无梁楼盖不起作用。

2. 无梁楼盖参数

无梁楼盖参数如图 9-2 所示。

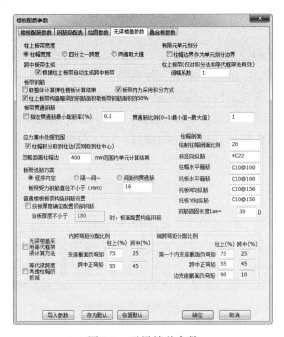

图 9-2　无梁楼盖参数

本项目没有无梁楼盖，该页参数不考虑。

（1）柱上板带宽度和跨中板带生成

软件自动生成柱上板带的宽度有三种取值方法，一是按照板带间宽度的 1/4；二是按照柱帽的宽度取值；三是对前两种方式的结果取大。

软件生成柱上板带的位置。

① 沿着梁高不大于楼板厚度的梁。

② 梁高虽然大于板厚，但是梁两端布置了柱帽的梁。

③ 墙上没有梁，但墙两端有柱，且柱上布置有柱帽。

软件对以墙为支座的楼板，或梁高大于板厚的梁处不生成柱上板带，对于没有柱上板带的楼板仍然按照普通楼板的方式进行计算和配筋。因此，无梁楼盖的柱上板带、跨中板带配筋方式和普通楼板的配筋方式可以同时在一层平面上同时设计和绘图。

跨中板带宽度根据柱上板带宽度的确定而确定，柱上板带宽度越小则跨中板带宽度越大。

（2）板带贯通钢筋

① 指定贯通筋最小配筋率

板带中间部位的顶部，计算弯矩很小或者为 0，但由于无梁楼盖一般较厚，需要考虑一定的构造钢筋，此部分构造钢筋的设置，可以按此参数设置。

② 贯通筋比例（0～1：最小值～最大值）

该参数控制贯通筋的具体大小。填1时，贯通钢筋取各跨最大计算值配置，各跨配筋相同。填0～1时，同一板带，各跨的计算配筋将各不相同；填0时，各跨最小值也能成为一种级配；越接近0，各跨贯通筋的配置可能差距越大。

（3）板带选筋方案

当设置成贯通钢筋各跨不同时，板带实配钢筋的选取有：程序内定、隔一间一、间距同贯通筋。

程序内定：选筋原则是从级配库中选取面积与计算面积最为接近的钢筋，此时各跨的直径和间距都可能不同，但每跨限于一种直径。

隔一间一：在"程序内定"方式的基础上，每跨允许选择两种直径，并隔一间一布置。因此，这种选筋方式可能比"程序内定"方式钢筋用量更少。

间距同贯通筋：贯通钢筋在各跨间距相同，直径可能不同，在每跨中也可选取两种直径。

9.1.2 板施工图

（1）单击"板施工图"进入菜单栏，如图9-3所示。

图9-3 板施工图菜单栏

（2）单击"设置"进行底图参数及文字设置，再单击"计算参数"弹出对话框进行板配筋参数设置。

（3）单击"新图"进行板施工图绘制，单击"计算"将上部结构建模设置及计算参数中的楼板信息导入页面进行楼板设计，弹出右侧信息框见图9-4，可对楼板内力情况、裂缝及挠度等内容进行查看。

（4）单击"自动布置"可在楼板上自动配筋及标注钢筋尺寸和编号详情，单击"自动标注"可对楼板进行编号。

（5）完成楼板施工图绘制，保存至 CAD 图纸，在 CAD 软件中加入图框、图名及图签框，以及对图纸进行完善。

建筑图的所有层都应有板的对应施工图，可以将平面布置、板厚、混凝土强度等级、板内力均相同的板绘在同一张图上，在图名中体现用于哪些楼层；其他条件相同，仅内力有差异而且差异不大时，也可以用同一张图表达。板的内力由竖向荷载决定，与板的水平荷载关系不大，故可以将不同结构标准层的板绘在同一张图上。

图9-4 板计算信息框

9.2 梁施工图

钢筋标准层分配表和楼层组装结果见图 9-5 和图 9-6。

图 9-5 钢筋标准层分配表

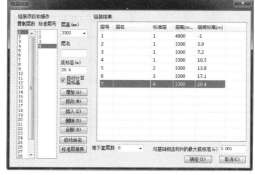

图 9-6 楼层组装结果

工程中的所有建筑层均应有对应的梁施工图，受到水平荷载和楼层位置的影响，同样标准层的任意两层梁不会出现内力完全相同的情况，按照所填写的归并系数，同样的结构标准层可能用同一张图纸表达，也可能用不同的图纸表达，但不同的标准层，软件不会归并为同一钢筋层。

9.2.1 参数设置

1. 归并系数

该参数针对截面尺寸、支座条件、梁跨度等几何条件完全相同的多根连续梁，按实配钢筋进行归并。

首先在几何条件相同的连续梁中选择任意一根梁进行自动配筋，将此梁实配钢筋作为比较基准。再选择下一个几何条件相同的连续梁进行自动配筋，如果此梁实际钢筋与基准实配钢筋基本相同，则将两根梁归并为一组，将不一样的钢筋取大作为新的基准配筋，继续比较其他的梁。

每跨梁比较 4 个位置的钢筋，分别为左右支座、上部通长筋和底筋，每次需要比较的总种类数为跨数×4，每个位置的钢筋都要进行比较，并记录实配钢筋不同的位置数量。最后得到两根梁的差异系数：差异系数＝实配钢筋不同的位置数÷（连续梁跨数×4）。如果此系数小于归并系数，则两根梁可看作配筋基本相同，归并成一组。

2. 梁跨间归并系数

该参数针对同一连续梁的不同跨，比较同一根梁不同跨之间的实配钢筋面积，比较 4 个位置的钢筋分别为左右支座、上部通长筋和底筋。两跨相同位置的钢筋面积差异满足设置的归并系数要求，则将该位置的实配钢筋选为相同的值。

3. 其他系数

在此设置框中可对钢筋最小直径、箍筋间距及加密区间距、裂缝挠度要求等进行修改，如图 9-7 所示。

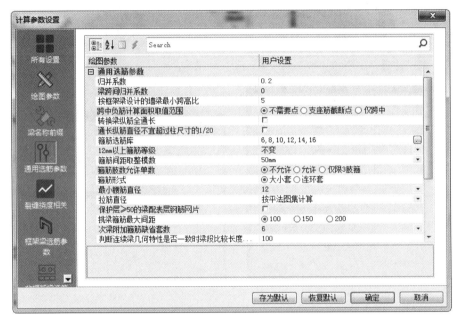

图 9-7 梁绘图参数

9.2.2 梁施工图

梁施工图见图 9-8。

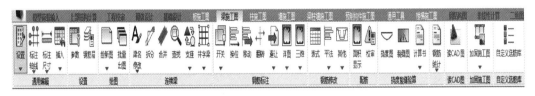

图 9-8 梁施工图菜单栏

（1）单击"绘新图"，其下拉菜单有两个选择："重新归并选筋并绘制新图"，即根据绘图参数设置的归并系数和梁跨间归并系数，重新对梁配筋进行归并再绘图；"由现有配筋结果绘制新图"，即根据前处理计算得到的梁配筋结果直接进行绘图。选择"重新归并选筋并绘制新图"进行梁施工图绘制。

（2）单击"挠度图"可直观查看梁挠度及绘制挠度图；单击"裂缝图"可查看梁不同位置具体裂缝值。

9.3 柱施工图

柱钢筋标准层分配表楼层组装结果和柱绘图参数见图 9-9～图 9-11。

图 9-9 柱钢筋标准层分配表

图 9-10 楼层组装结果

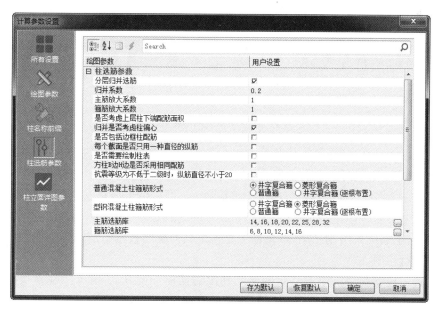

图 9-11 柱绘图参数

工程中的所有建筑层均应有对应的柱施工图，受到水平荷载和楼层位置的影响，同样标准层的任意两层柱不会出现内力完全相同的情况。一般情况下，柱轴力随着楼层的下降会越来越大，水平力产生的弯矩和剪力随着楼层的下降也会越来越大，竖向荷载产生的弯矩最大值会在顶层的边柱出现，当框架梁跨度较大时，柱的最大配筋可能会出现在顶层。

9.3.1 参数设置

1. 归并系数

该参数是对不同连续柱列作归并的一个系数，主要指两根连续柱列之间所有层柱的实配钢筋占全部纵筋的比例，该值的范围为0～1。归并系数取0，则要求编号相同的一组柱所有的实配钢筋数据完全相同；归并系数取1，则只要几何条件相同的柱就会被归并为相同的编号。

2. 主筋和箍筋放大系数

只能输入大于等于1.0的数，如果输入的系数小于1.0，程序自动取为1.0。程序在选择纵筋和箍筋时，会把读到的计算配筋面积乘以放大系数后再进行实配钢筋的选取。

3. 是否包括边框柱配筋

在剪力墙面内受力时，边框柱是剪力墙的一部分；在剪力墙面外受力时，主要起作用的是边框柱。

该参数可以控制在柱施工图中是否包括剪力墙边框柱的配筋，如果不包括，则剪力墙边框柱就不参加归并以及施工图的绘制，这种情况下的边框柱应该在剪力墙施工图程序中进行设计。

详见图9-11。

9.3.2 柱施工图

柱施工图见图9-12。

图 9-12　柱施工图菜单栏

（1）单击"绘新图"，其下拉菜单有两个命令："重新全楼归并选筋"，修改了钢筋层或者修改了参数后应点取该命令，程序重新对全楼所有柱进行串串、选筋和归并。归并菜单执行后，程序将对当前操作层的施工图重新画图，但是由于归并也将影响到其他楼层柱的选筋，程序未对其他楼层的施工图进行重绘，因此需要手动执行重画新图的操作。

"由现有配筋结果绘制新图"，该命令是保留当前配筋数据，清空当前层图纸并重新对当前层进行绘图。

（2）选完柱钢筋后，单击"双偏压"弹出对话框如图9-13所示，检查实配结果是否满足承载力的要求。程序验算后，对不满足双偏压验算承载力要求的柱显红色。用户可以直接修改实配钢筋，再次验算，直到满足为止。

由于双偏压、双偏拉配筋计算本身是一个多解的过程，所以当采用不同的布筋方式得到的不同计算结果，它们都可能满足承载力的要求。

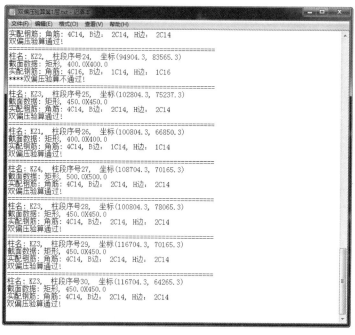

图 9-13 柱双偏压验算文本结果

9.4 剪力墙施工图

剪力墙结构底部加强区及加强区以上 2 层的剪力墙一般需设置约束边缘构件，其他部位设置构造边缘构件，剪力墙的底部加强区墙段配筋率要求也不同于上部楼层，剪力墙的施工图在加强区的表达与上部楼层差异较大。

施工图须将全楼的所有剪力墙表达完整，不允许有遗漏。

9.4.1 参数设置

墙绘图参数见图 9-14。

1. 是否填充边缘构件轮廓

按照国家标准图集 11G101-1 的示例，截面注写模式下不填充边缘构件轮廓，列表注写模式下填充边缘构件轮廓。软件中此参数不区分标注模式，都起作用。

2. 是否绘制非阴影区结果

软件自动进行非阴影区选筋，参见剪力墙施工图技术条件中的约束边缘构件非阴影区箍筋的选筋规则，可通过此参数控制是否绘制非阴影区选筋结果，但是软件总会绘制非阴影区的边界和尺寸标注。

3. 墙柱表中是否旋转斜的边缘构件

有三个选项分别为全部不处理、只处理细高型和全部处理。

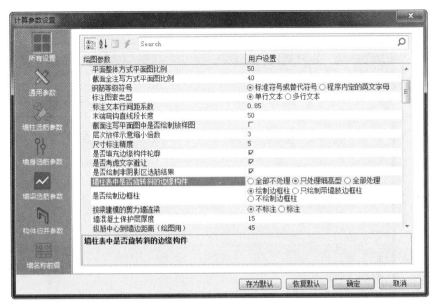

图 9-14　墙绘图参数

软件默认选择只处理细高型，指只对高度大于 1000mm，而且旋转后高度能减少 200mm 以上的边缘构件进行旋转处理，目的是增加墙柱表的协调美观。

全部处理，若需要可对以最长边长的两端高差大于 50mm 为准的所有斜的边缘构件进行旋转，使得最长边长为水平向。

4. 优选钢筋放大系数上限

在使用纵筋或者箍筋优选库自动配筋时，如果试配实际钢筋面积与计算钢筋面积的比值大于 1.0 且小于设定值时，软件认为试配成功，该系列参数主要控制该上限值。

如果所有试配结果都不在此范围内，软件将选择大于计算配筋面积的配筋量最小的试配结果作为自动配筋结果。

5. 边缘构件纵筋优选序列

该参数分约束边缘构件和构造边缘构件分别设置，既是纵筋选用的范围库也是选筋时的顺序序列。

纵筋选筋时首先按照优选间距决定的最佳根数求出直径规格，如果该规格在优选直径序列中且不小于最小构造直径，则选配成功，否则按照序列中给出的墙柱纵筋直径顺序进行选筋；如果当前直径确定的根数在最少根数和最多根数范围内，则选配成功，否则试配序列中下一规格直至选配成功。

6. 箍筋计入墙水平分布筋

《高层混凝土结构规程》第 7.2.15 明确提出约束边缘构件可以考虑墙水平分布筋，并提出了计入的水平分布筋配箍率不应大于总体配箍率的 30%。

软件实现了约束边缘构件和构造边缘构件均可以选择考虑墙水平分布筋，具体参见技术条件。

7. 根据裂缝选筋

勾选"根据裂缝选筋"，存在面外配筋的墙身只配置贯通筋。

具体实现规则。

（1）根据计算配筋面积选筋。

（2）验算裂缝。

（3）裂缝宽度不满足限值要求，根据分布筋优选间距序列，减小分布筋间距，再验算裂缝，直至满足裂缝宽度要求或分布筋间距减至最小。

（4）裂缝宽度仍不满足，保持分布筋间距不变，根据分布筋优选直径序列，增大钢筋直径，再验算裂缝，直至满足或钢筋直径增大到最大限值（墙厚的 1/10）。

9.4.2　剪力墙施工图

（1）单击"绘新图"选择"重新全楼归并选筋"或"由现有配筋结果绘制新图"，选择原理同梁、柱施工图一致，如图 9-15 所示。

图 9-15　墙施工图菜单栏

（2）单击"剖面图"菜单可按墙的立剖面图和墙立面展开图方式表现墙身分布钢筋的详细构造。

剖面图菜单下，点取平面上任一片墙后，软件读取该片墙的尺寸和配筋信息，弹出对话框如图 9-16 所示展示各项参数，用户修改确认后画出该墙身详图。

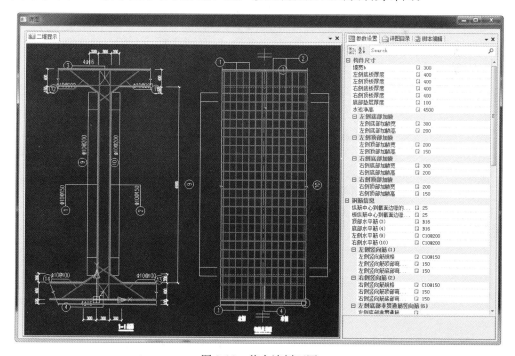

图 9-16　剪力墙剖面图

控制墙身详图有几十项参数，墙的厚度、层高、上下层楼板的厚度取自该层模型，墙身分布钢筋取自根据计算结果的自动选筋或人工修改后的钢筋，其余钢筋信息、板加腋等信息均需用户根据实际情况填写。

（3）单击"裂缝计算"，可计算并查询有面外荷载的墙身裂缝。

墙身裂缝分两个方向计算，分别以水平筋和竖向筋作为受力钢筋。墙身裂缝是按荷载准永久组合并考虑长期作用影响计算的，套用了《混凝土设计规范》的相关公式，可考虑偏压、偏拉、纯弯、纯拉等各种情况。计算裂缝时的内力从墙身配筋控制点即面外配筋计算面积最大的墙单元选取。

9.5 工程量统计

（1）单击"楼层组装工程量统计"弹出对话框如图 9-17 所示，勾选需要统计的构件，单击"统计文本"，经过计算弹出构件混凝土工程量统计文本结果，如图 9-18 所示。

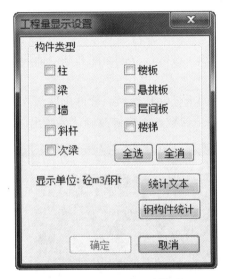

图 9-17 工程量显示设置

（2）若要统计构件的钢筋工程量，单击"施工图设计"进入"板/梁/柱/施工图"界面，通过计算绘图完成，单击"钢筋统计"选择本层钢筋用量或全楼钢筋用量，弹出钢筋工程量文本结果如图 9-19 所示。

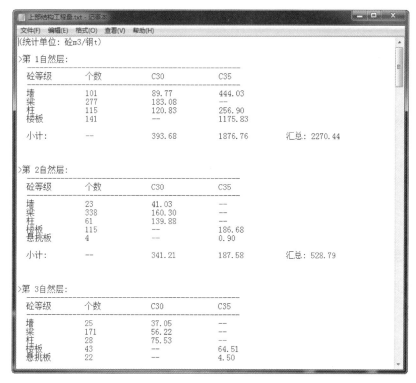

图 9-18 全部构件混凝土工程量统计

图 9-19 楼板全楼钢筋工程量统计

第10章

钢结构施工图

10.1 节点设计参数

10.1.1 连接板厚度

连接板厚度见图 10-1。

图 10-1　连接板厚度

勾选节点设计时采用的连接板厚度，厚度种类不宜太多，以免造成采购困难。

10.1.2 抗震调整系数

抗震调整系数见图 10-2。

地震时间很短，不需要很大的安全储备，在地震工况可以适当降低结构安全度；按《抗震规范》第 5.4.2 条确定承载力抗震调整系数，一般软件默认系数不必修改。

10.1.3 连接设计信息

1. 总设计信息（图 10-3）

（1）钢柱下端为混凝土结构时，按柱脚设计。当钢柱支承在混凝土柱顶、墙或梁上时，勾选该参数，钢柱柱底按柱脚设计。

（2）进行支撑节点设计。勾选该参数，软件自动进行支撑节点设计。

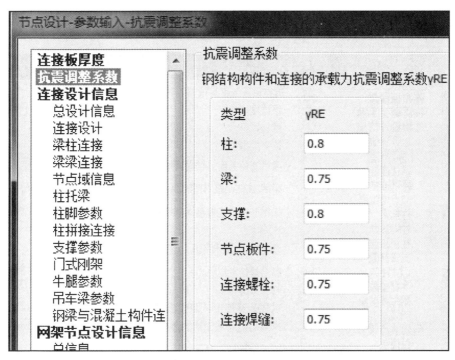

图 10-2 抗震调整系数

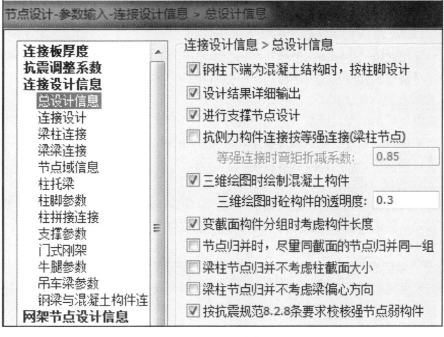

图 10-3 总设计信息

（3）抗侧力构件连接按等强连接。勾选该参数，节点设计弯矩取钢梁的受弯承载力进行节点连接强度验算，而不是用计算出的弯矩进行节点连接强度验算，同时可调整折减系数。

2. 连接设计（图 10-4）

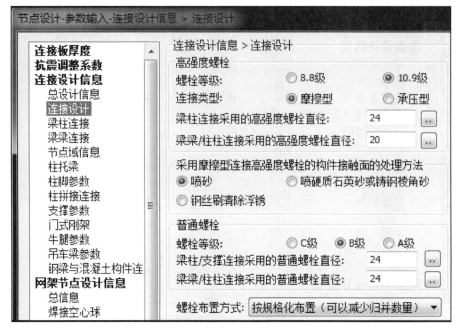

图 10-4　连接设计

（1）高强度螺栓和普通螺栓。根据工程需要选择高强度螺栓或普通螺栓的等级、类型和直径。

（2）采用摩擦型连接高强度螺栓的构件连接面的处理方法。摩擦型高强度螺栓，需勾选构件接触面的处理方式，从而确定摩擦系数。

3. 梁柱连接（图 10-5）

梁柱刚接梁端加强。梁端节点加强的方式有"不加强""加盖板方式""加宽翼缘""加腋"，梁柱节点进行极限承载力验算，优先采用参数确定的方式进行加强，若不满足抗震验算，将依次选择其他方式进行加强。

4. 梁梁连接（图 10-6）

梁拼接时拼接位置距柱中心的最小距离。框架梁的拼接位置一般避开梁端塑性区设置反弯点处，保证拼接连接板与母材等强度。该参数输入的值可按照梁跨长的 1/10 或梁高度的 2 倍二者的较大值来确定。

5. 节点域信息（图 10-7）

（1）节点域验算不满足时，自动补强。H 型钢柱补强，软件采用贴焊补强板；箱形截面柱和圆管截面柱，软件采用板件局部变厚。

（2）单侧补强最大补强板厚。该参数控制 H 型钢柱的补强方式，当计算所需的补强板厚度小于等于控制厚度时，按单侧补强，否则按双侧补强。

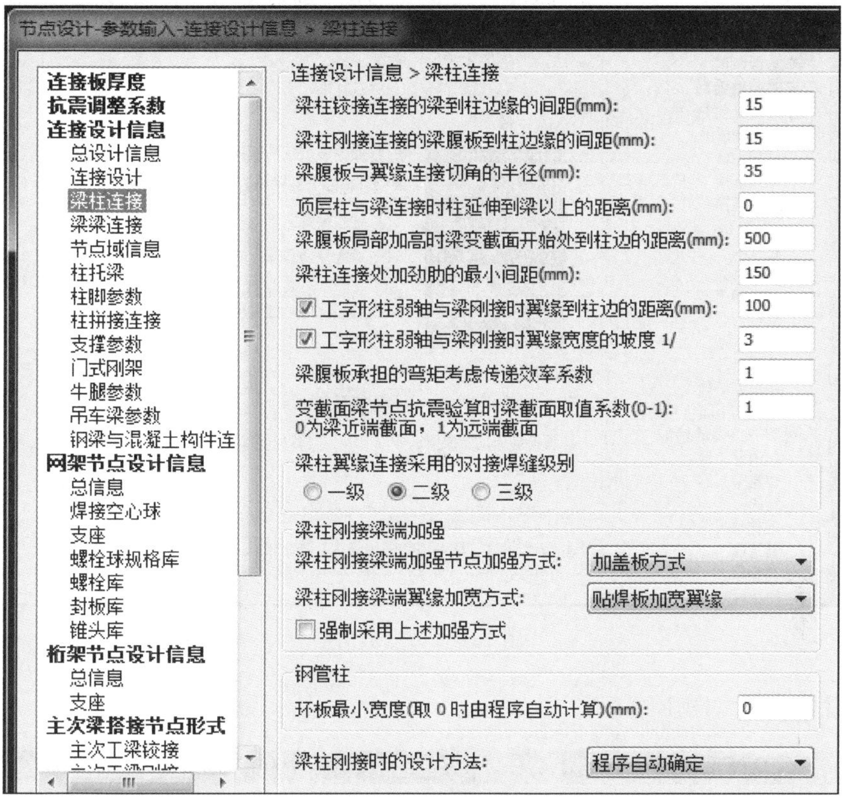

图 10-5　梁柱连接

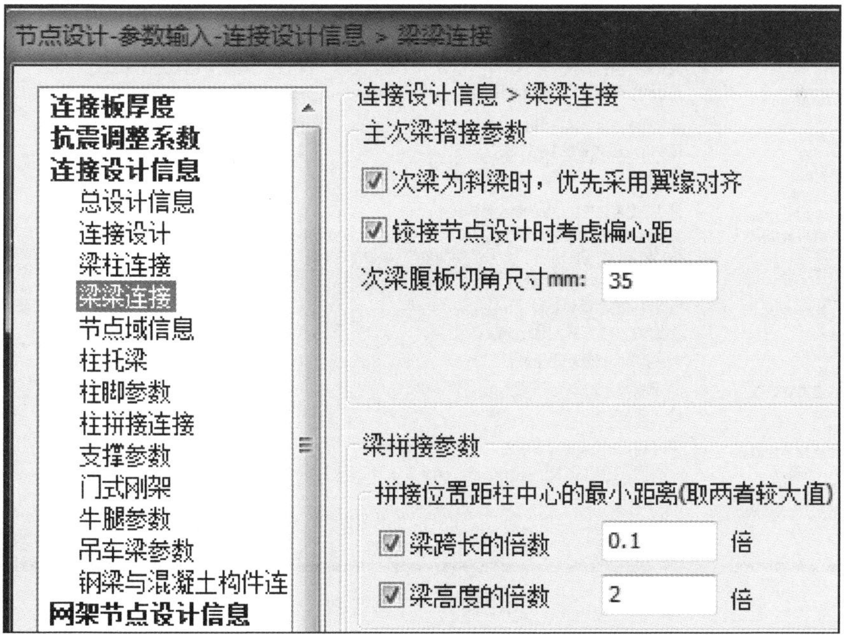

图 10-6　梁梁连接

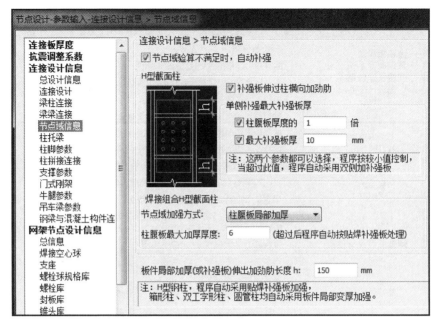

图 10-7　节点域信息

6. 柱脚参数（图 10-8）

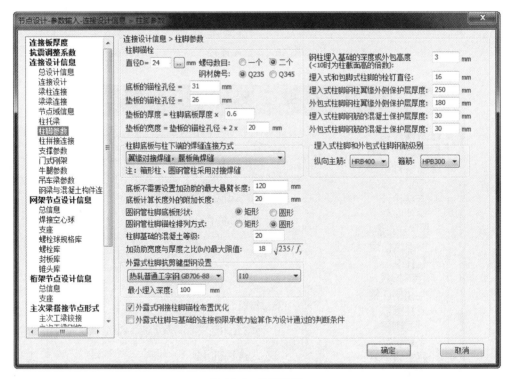

图 10-8　柱脚参数

（1）柱脚锚栓。软件优先采用指定的锚栓进行设计，设计不满足时，自动增大锚栓直径重新设计。

（2）底板不需要设置加劲肋的最大悬臂长度。柱脚反力作用下加劲肋是底板的嵌固边界，指定底板悬臂长度不设置加劲肋的最大尺寸。

（3）柱脚基础的混凝土等级。根据工程需要设置基础混凝土等级。

（4）外露式柱脚抗剪键型钢设置。该参数设置抗剪键的型钢类型，指定最小埋深。

（5）外露式柱脚与基础的连接极限承载力验算作为设计通过的判断条件。抗震设计时，根据《抗震规范》8.2.8 条将柱脚与基础的连接承载力验算作为设计通过的条件。

7. 支撑参数（图 10-9）

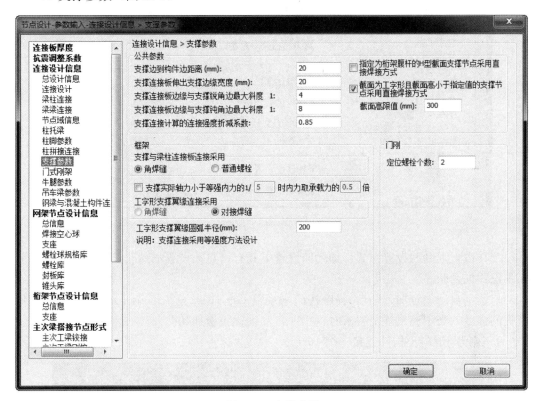

图 10-9　支撑参数

（1）斜度参数。该参数仅对槽钢、角钢、组合槽钢和组合角钢的梁撑节点及柱撑节点有效，不包含梁柱撑节点。

此参数包括两项："钝角边斜度"，支撑与梁夹角（钝角）对应的连接板边缘控制斜度；"锐角边斜度"，支撑与梁夹角（锐角）对应的连接板边缘控制斜度。

（2）支撑轴力小于等强内力多少时，取等强内力 1/2。等强内力是指屈服强度乘以截面面积根据，当支撑轴力很小时取等强内力的 1/2 进行节点设计。

（3）截面为工字形且截面高小于指定值的支撑节点采用直接焊接方式。勾选该参数，软件根据斜撑的截面高度自动选择节点形式。截面高度小于限值的支撑，直接采用焊接连接方式；截面高度大于限值的支撑，采用伸臂短梁翼缘焊接、腹杆螺栓连接方式。

8. 门式刚架（图 10-10）

（1）螺栓中心间距和螺栓到加劲肋的距离。根据《钢结构设计标准》紧固件连接构造要求章节合理输入螺栓边距和中距。

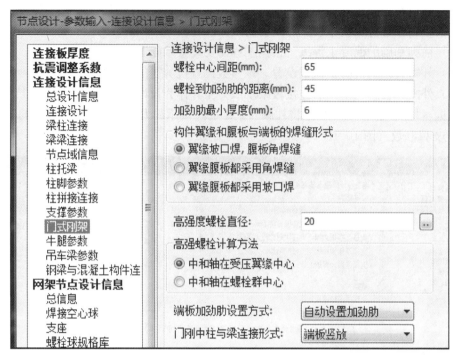

图 10-10　门式刚架

（2）端板加劲肋设置方式。加劲肋设置方式有：自动设置加劲肋、全部设置加劲肋和不设置加劲肋。

勾选"自动设置加劲肋"，程序按门刚规范 GB 51022—2015 第 10.2.7 条验算构件腹板的强度，当不满足规范要求时，程序自动设置腹板加劲肋。

9. 钢梁与混凝土构件连接（图 10-11）

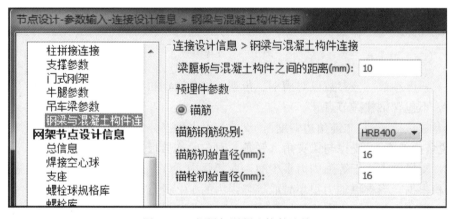

图 10-11　钢梁与混凝土构件连接

该参数用于钢梁与混凝土构件的铰接节点连接，混凝土构件中设置预埋件，将焊在预埋件上的竖向钢板与钢梁腹板用高强螺栓连接。

预埋件锚筋面积按《混凝土结构设计规范》第 9.7.2 条设计。

10.1.4　主次梁搭接节点形式

1. 主次梁铰接（图 10-12）

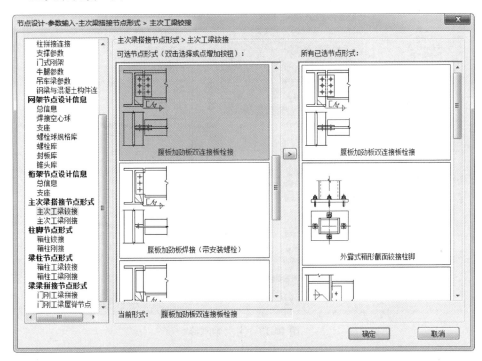

图 10-12　主次梁铰接

主次梁铰接的方式有腹板双角钢栓接、腹板加劲板栓接、腹板外伸加劲板栓接、腹板加劲板双连接板栓接、腹板加劲板焊接（带安装螺栓）、腹板外伸加劲板焊接（带安装螺栓）等多种连接形式供设计师选择。

主次梁铰接应避免过大的偏心造成过大的偏心扭矩。过大的偏心弯矩会造成螺栓数量的增加。

2. 主次梁刚接（图 10-13）

主次梁刚接的连接方式有翼缘对焊腹板加劲板栓接、翼缘对焊腹板加劲板双连接板栓接、翼缘角焊缝腹板加劲板栓接、翼缘角焊缝腹板加劲板双连接板栓接、翼缘栓接腹板加劲板栓接、翼缘栓接腹板加劲板双连接板栓接等。

主次梁刚接翼缘焊接腹板栓接方式较常用。

10.1.5　柱脚节点形式

柱脚刚接见图 10-14。

各类规范对柱脚形式的采用有如下要求。

《钢结构设计标准》第 12.7.1 条规定多高层结构框架柱的柱脚可采用埋入式柱脚、插入式柱脚及外包式柱脚，多层结构框架柱尚可采用外露式柱脚，单层厂房刚接柱脚可采用插入式柱脚、外露式柱脚，铰接柱脚宜采用外露式柱脚。

  《门式刚架轻型房屋钢结构技术规范》第 5.1.4 条规定门式刚架的柱脚宜按铰接支承设计；当用于工业厂房且有 5t 以上桥式吊车时，可将柱脚设计成刚接。

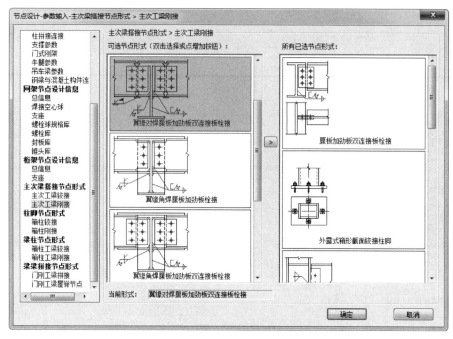

图 10-13 主次梁刚接

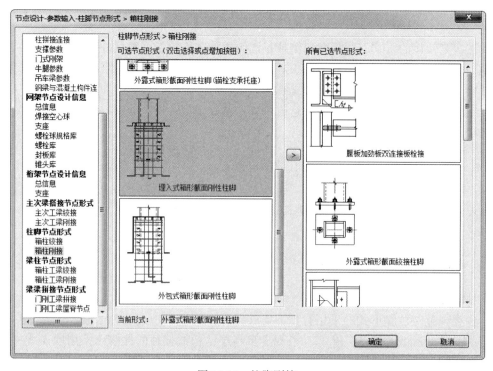

图 10-14 柱脚刚接

《建筑抗震设计规范》第 9.2.16 条规定柱脚应能可靠传递柱身承载力，宜采用埋入式、插入式或外包式柱脚，6、7 度时也可采用外露式柱脚。

《高层民用建筑钢结构技术规程》第 8.6.1 条规定抗震设计时，宜优先采用埋入式；外包式柱脚可在有地下室的高层民用建筑中采用。

（1）箱柱铰接。软件提供外露式箱形截面铰接柱脚。

（2）箱柱刚接。柱脚刚接分为外露式、埋入式及外包式箱形截面刚性柱脚，根据建筑要求选择柱脚形式。

10.1.6　梁柱节点形式

梁与柱刚性连接的构造，形式有 3 种。

（1）梁翼缘、腹板与柱均为全熔透焊接，即全焊接节点。

（2）梁翼缘与柱全熔透焊接，梁腹板与柱螺栓连接，即栓焊混合节点。

（3）梁翼缘、腹板与柱均为螺栓连接，即全栓接节点。

对于有抗震性能要求的梁柱刚性连接，在遭遇罕见强烈地震时，应在构造上保证钢梁破坏先于节点破坏，保证梁柱节点的安全，即"强柱弱梁、强节点弱构件"的设计原则。对于这种情况的梁柱有如下连接方式。

（1）骨形连接，通过削弱钢梁来保护梁柱节点。

（2）楔形盖板连接，在不降低梁的强度和刚度的前提下，通过梁端翼缘加焊楔形盖板，增强梁柱节点。

（3）外连式加劲板连接，对于箱形或圆形截面柱与梁刚性连接，除了以上两种连接方式，也可采用此种方式节点强度明显大于钢梁强度。

梁与柱的铰接连接分为仅梁腹板连接或仅梁翼缘连接。

对于不等高梁柱连接，应按两侧梁的高差分别考虑。当梁高差大于 150mm 时，应在两侧梁翼缘高度分别设置加劲板；当梁高差小于 150mm 时，应将梁高较小的梁端做成变截面，变截面坡度小于 1：3，或者设置倾斜的加劲板。

（1）箱柱工梁铰接。YJK 软件提供了 4 种方式：腹板单连接板栓接、腹板双连接板栓接以及腹板焊（是否带安装螺栓）。

（2）箱柱工梁刚接。YJK 软件提供了 6 种方式："翼缘焊，腹板单板栓""翼缘焊，腹板双板栓""短梁翼缘焊腹板双板栓""短梁翼缘双板栓腹板双板栓"以及"翼缘焊，腹板焊（是否带安装螺栓）"。

10.2　钢结构施工图生成

（1）节点参数设置完毕后，单击"节点设计"下拉菜单有 3 个选项，分别为：

"全楼节点设计"，软件根据设置的节点参数以及模型的内力计算结果，对钢结构全楼节点进行设计，节点设计前，屏幕弹出"节点设计成功后，是否自动绘制全楼节点三维模型"的提示，若单击是，软件将在节点设计完成后自动绘制全楼三维模型。

"部分层节点设计"，可重新设计部分楼层节点，其他楼层不变。

"保留节点重新设计"，对某些节点参数修改后重新设计，软件将保留之前的节点及参数，重新对修改的节点进行设计。

（2）如图 10-15 所示，软件生成的钢结构施工图有图纸目录、设计总说明、锚栓布置图、柱脚平面图、各楼层平面布置图以及标准焊接大样图。

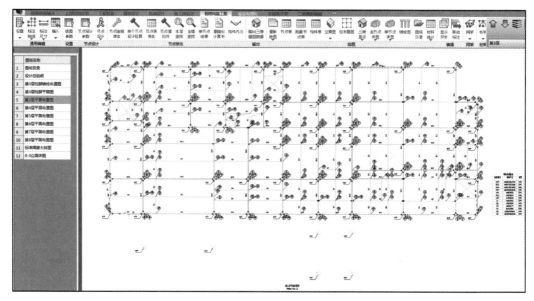

图 10-15　钢结构施工图

（3）若节点红色显示，说明节点设计有不满足项，可单击"单节点结果"，查看节点设计的详细计算书，找到不满足项，对模型进行修改。

（4）绘制施工图还可自行单击"节点表"或"批量节点表"生成节点信息表。单击"节点表"弹出对话框如图 10-16 所示，可选择生成全楼节点或当前层节点表，如图 10-17 所示；单击"批量节点表"，可选择生成全楼节点、当前层节点或指定起止楼层号节点表。

（5）单击"单节点详图"或"全节点详图"，其下拉菜单如图 10-18 所示，可生成节点详图，如图 10-19 所示，可详细绘制节点平面、立面、剖面和三维图。

（6）单击"立面图"，下拉菜单栏中单击"绘单榀框架详图"弹出对话框如图 10-20 所

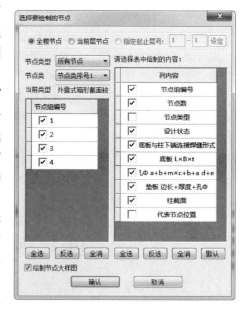

图 10-16　节点表绘制选项

示，确定该榀框架立面起始楼层号及立面图名称，单击确定框选需要绘制单榀框架，框架立面图及该榀框架所有节点详图自动绘制。

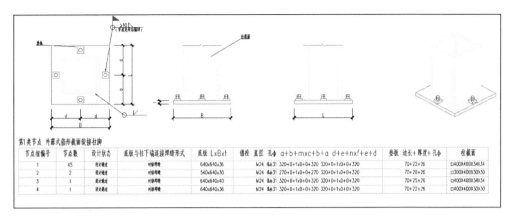

图 10-17　节点表

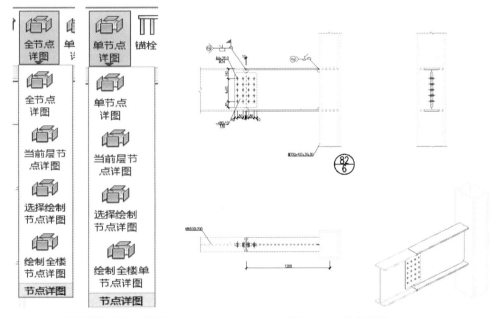

图 10-18　节点详图下拉菜单栏　　　　　　　图 10-19　节点详图

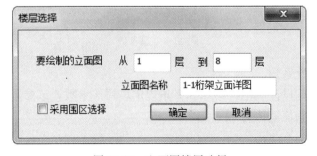

图 10-20　立面图楼层选择

（7）钢结构施工图全部生成完毕后，单击导出 DWG，再通过 CAD 软件对图纸进行调整完善。

第11章

基础设计

11.1 基础参数设置

1. 总参数（图 11-1）

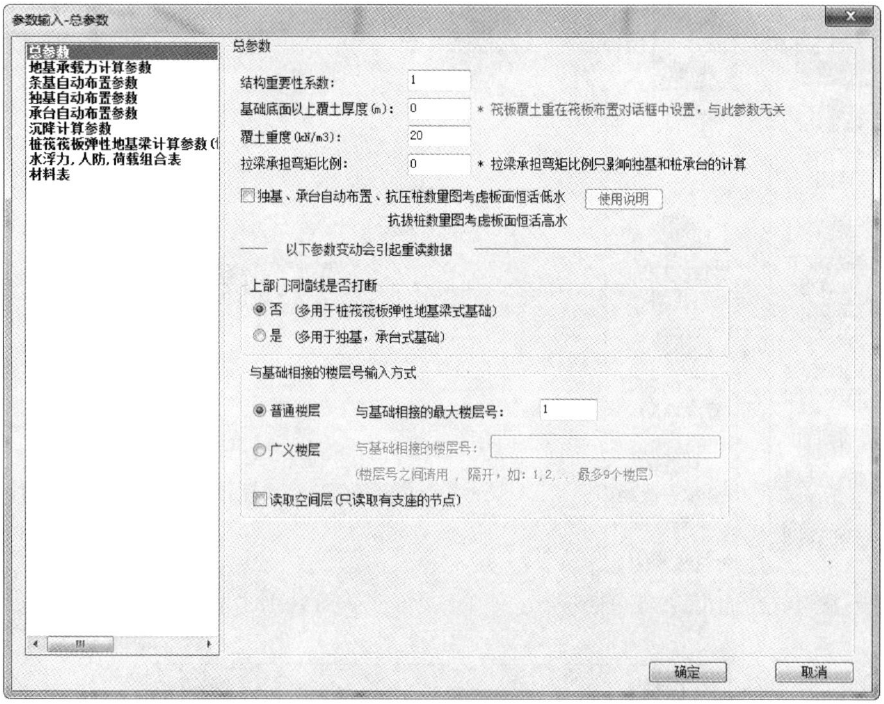

图 11-1 总参数

（1）结构重要性系数

按《混凝土结构设计规范》第 3.3.2 条规定填写该参数，该参数对所有部位的混凝土构件都有效，初始值默认为 1.0。

本项目默认填 1。

（2）覆土厚度以及覆土重度

此参数影响独立基础、承台、条形基础的设计，按室内覆土厚度乘以覆土重度去计算覆土荷载；筏板覆土荷载在布置对话框内直接输入。

覆土厚度为基础底面以上土的厚度（含基础高度），按实际情况填写，默认为 0；

覆土重度一般默认为 20。

本项目默认填 20。

（3）拉梁承担弯矩比例

该参数指拉梁承受独立基础或桩承台柱底弯矩沿梁方向上的弯矩比例。拉梁承担部分弯矩能减小独基底面积，影响独基和桩承台的计算。

该参数初始默认值为 0，即拉梁不承担弯矩。由于难以建立符合实际受力情况的结构模型，拉梁承担弯矩的比例不能通过计算求取，只能人工指定。

本项目默认填 0。

（4）门洞墙线是否打断

该参数控制的是在上部结构数据读取时，门洞位置是否增加断点。对于分离式基础，该参数可以很好地处理墙垛；对于筏板基础，不建议使用，以免造成有限元计算应力集中现象。

本项目选择"否"。

2. 地基承载力计算参数（图 11-2）

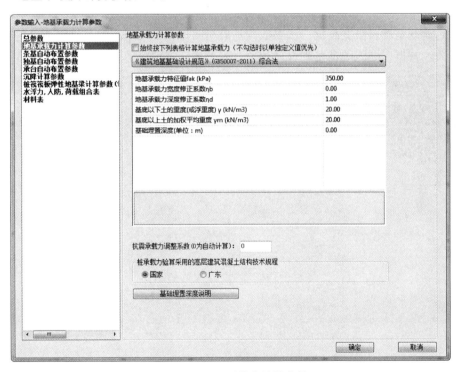

图 11-2　地基承载力计算参数

本项目采用桩基础，该页参数默认填写。

（1）地基承载力计算方法

软件提供了两种确定地基承载力的方法：《建筑地基基础设计规范》综合法和《建筑地基基础设计规范》抗剪强度指标法，抗剪强度指标法仅适用于偏心距与偏心方向基础尺寸在 1/30 以内的情况，一般不采用。此外，还有三种地方规范确定地基承载力的方法：《上海市工程建设规范》静桩试验法、《上海市工程建设规范》抗剪强度指标法和

《北京地区建筑地基基础勘察设计规范》综合法。

（2）地基承载力计算参数

根据地质条件以及工程地质详细勘察报告提供的资料在软件中输入地基承载力特征值、基础宽度和埋深的地基承载力修正系数，基础埋置深度根据地质情况、建筑情况和规范综合确定并填写。

（3）抗震承载力调整系数（0为自动计算）

根据结构构件类型以及受力状态的不同，抗震承载力调整系数也是不同的，软件根据《抗震规范》表 5.4.2 选取，默认值为 0。

3. 条基自动布置参数（图 11-3）

本项目无条基，该页参数不修改。

（1）条形基础类型。条形基础按照材料类型可分为灰土基础、素混凝土基础、钢筋混凝土基础、带卧梁钢筋混凝土基础、毛石和片石基础、砖基础和钢混毛石基础。

（2）毛石条基。基础台阶宽和基础台阶高选项，用来调整毛石基础放角的尺寸。

（3）砖放脚宽。该参数是砖放脚的模数，对于普通黏土砖，无砂浆缝可填 60，有砂浆缝填 65。

（4）无筋基础台阶宽高比。该参数与基础材料以及标准组合时基础底面处的平均压力值有关，根据《建筑地基基础设计规范》表 8.1.1 取值。

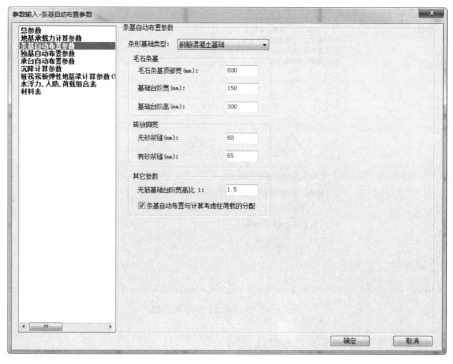

图 11-3　条基自动布置参数

4. 独基自动布置参数（图 11-4）

本项目采用桩基础，该页参数不修改。

（1）独立基础最小高度。该参数是程序确定独立基础尺寸的起算高度，若冲切计算

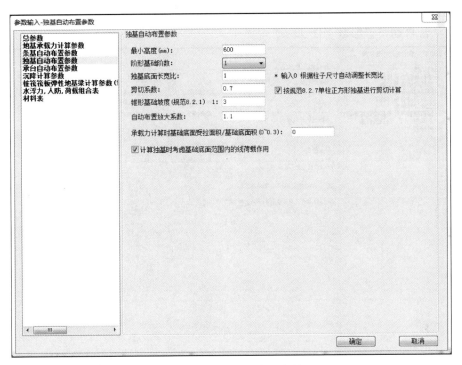

图 11-4 独基自动布置参数

不能满足要求，程序自动按照 100mm 模数逐级增加基础高度，初始默认值为 600mm，初始值偏大，一般取 300mm。

（2）阶形基础阶数。该参数可选择"自动计算"，阶数会随着基础高度自动划分，阶梯形基础的每阶高度宜为 300～500mm。一般一阶小于 500mm，二阶为 500～900mm，三阶大于 900mm，阶数最多为三阶。

（3）独基底面长宽比。

该参数用来调整基础底板长与宽的比值。独基底面长宽比一般为 1～1.2，该参数初始值为 1，如果输入 0，将根据柱截面的尺寸自动调整长和宽的比值，该值仅对单柱基础起作用。

理想的独基长宽比应使基础受力合理，并取得基础设计最经济的效果，现阶段软件尚未实现该目标。

（4）锥形基础坡度。

《建筑地基基础设计规范》第 8.1.1 条规定，锥形基础的边缘高度不宜小于 200mm，且两个方向的坡度不宜大于 1：3。

锥形基础混凝土的施工感观效果不好，在实际工程中较少采用。

（5）承载力计算时基础底面受拉面积/基础底面积（0～0.3）。

程序在计算基础底面积时允许基础底面局部不受压。该参数填 0 时，全底面受压，相当于规范中偏心距 $e \leqslant b/6$ 情况；该参数不为 0 时，说明允许基础底面存在零应力区。

（6）计算独立基础时考虑独立基础底面范围内的线荷载作用。

勾选该参数，则计算独立基础时，取节点荷载和独立基础底面范围内的线荷载矢量和作为计算依据，否则不考虑线荷载。

5. 承台自动布置参数（图 11-5）

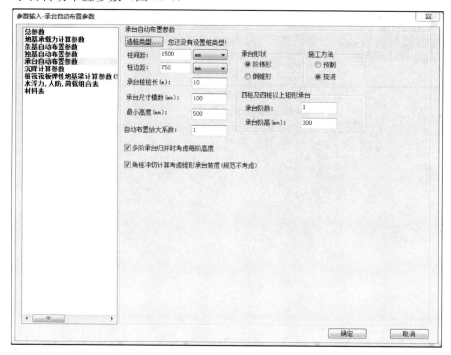

图 11-5　承台自动布置参数

（1）桩间距。《建筑桩基技术规范》第 3.3.3 条表 3.3.3 及 4.2.1 条规定了桩的基本间距，该参数指承台内桩形心到桩形心的最小距离。该参数用来控制桩的布置情况。

一般该参数需要修改，本项目填 1200。

（2）桩边距。承台边桩形心到承台边的最小距离，《建筑桩基技术规范》第 4.2.1 条规定，边桩中心至承台边缘的距离不应小于桩的直径或边长，且桩的外边缘至承台边缘的距离不应小于 150mm。

一般该参数需要修改，本项目填 400。

（3）承台尺寸模数（m）。该参数在计算承台底面积时起作用，根据其填入的数值计算得到承台最终的长、宽为此值的倍数。

本项目默认填 100。

（4）承台桩桩长（m）。该值为每根桩赋初始桩长值，默认值为 10m，最终选用的桩长还需在桩长计算、修改中进行计算及修改。实际工程中，由于地质条件的复杂性，不可能用统一的桩长完成一个项目的施工。

本项目默认填 10，一般不影响计算。

（5）承台形状。承台形状有倒锥形和阶梯形，此参数仅对四桩及以上的承台起作用。

本项目选择阶梯型，一般不选择倒锥形，倒锥形不仅支模困难而且浇筑难度较大，成型后观感较差。

（6）角桩计算考虑锥形承台坡度

规范对于角桩冲切计算 h_0 只考虑了一阶高度，而没有考虑二阶坡度后产生的平均高度，所以增加此选择项。

本项目勾选。

6. 沉降计算参数（图 11-6）

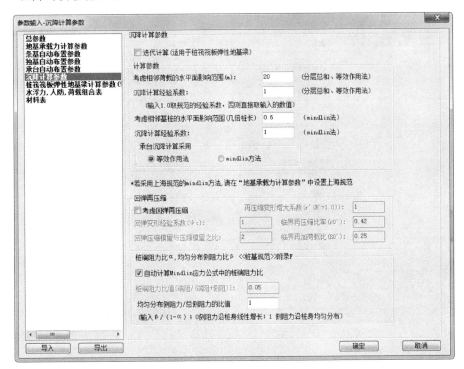

图 11-6 沉降计算参数

（1）迭代计算桩土刚度。不勾选此项时，桩土刚度是经过沉降试算得出的；勾选此项，则软件将对桩土刚度再做一次迭代计算，即用第一次有限元计算后的沉降计算结果算出最终的桩土刚度，再做第二次有限元计算，以第二次有限元结果及沉降结果作为最终设计依据。

本项目不勾选。

（2）沉降计算经验系数。输入地区经验系数，规范经验系数已经在程序中自动考虑。软件默认值为 1.0。

本项目默认填 1.0。

（3）考虑回弹再压缩。对于先打桩后开挖的情况，沉降计算可忽略基坑开挖地基土回弹再压缩的问题；对于其他情况的深基础，设计中要考虑基坑开挖地基土回弹再压缩。《建筑地基基础设计规范》第 5.3.10 条和第 5.3.11 条有相应的计算依据，回弹再压缩模量与压缩模量之比的取值可查勘察资料，可取 2~5 之间的值。

本项目不勾选。

（4）桩端阻力比 α 与均匀分布侧阻力比 β。《建筑桩基技术规范》附录 F 查表求出每个土层的侧阻力、桩端土层的端阻力，并计算桩端阻力比 α_j。软件可自动计算，为了校核方便，还可直接输入桩端阻力比 α_j。

本项目勾选，且"均匀分布侧阻力/总侧阻力的比值"填 1.0。

7. 桩筏筏板弹性地基梁计算参数（图 11-7）

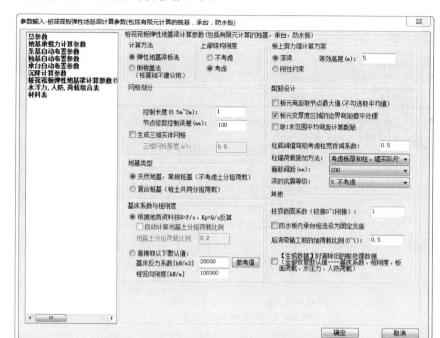

图 11-7　桩筏筏板弹性地基梁计算参数

　　本项目默认该页参数。

　　（1）计算方法。软件提供了两种方法，分别为弹性地基梁板法和倒楼盖法。其二者区别有以下几个方面。

　　① 弹性地基梁板模型采用文克尔假定，地基梁内力的大小受地基土弹簧刚度的影响；倒楼盖模型中的梁只是刚性凝土梁，其内力的大小只与板传给它的荷载有关，而与地基土弹簧刚度无关。

　　② 模型不同，实际梁受到的反力也不同，弹性地基梁板模型支座反力大，跨中反力小；而倒楼盖模型中的反力是线性均布荷载。

　　③ 弹性地基梁板模型考虑了整体弯曲变形和局部弯曲变形的影响，而倒楼盖模型的底板只是一块刚性板，只考虑了局部弯曲变形，没有考虑整体弯曲变形的影响。

　　④ 倒楼盖模型的底板是一块刚性板，其各点的反力为线性反力或倾斜平面反力，其反力分布形态只与总合力的大小和位置有关，而与地基梁上荷载的分布形态无关；弹性地基梁法与地基梁上荷载的分布形态密切相关。

　　当地基土的刚度与地基梁的刚度较为接近时，应考虑地基与地基梁的变形协调，选择弹性地基梁模型计算地基与地基梁之间的作用力，准确设计地基梁。当地基土的刚度远小于地基梁的刚度时，可近似认为地基梁在受力前后不产生弹性变形，将地基反力近似简化为线性反力，选择到楼盖法设计地基梁。一般认为，可以选择到楼盖法设计时，若选择弹性地基梁法也是允许的。

　　弹性地基梁法近似考虑了基础和地基的变形协调，没有准确考虑地基、基础和上部结构三者的变形协调。

（2）上部结构刚度

勾选此项，事先必须在上部结构计算中的计算参数里勾选"生成传给基础的刚度"，并输入传给基础刚度的楼层数。软件既可考虑上部全部楼层的刚度，也可仅考虑输入部分楼层的刚度。

软件将上部结构刚度与荷载凝聚到与下部基础相连的墙两端节点上，在基础计算时，只要叠加上部结构凝聚刚度和荷载向量，其计算结果对于下部基础而言就是上、下部结构共同作用计算的理论解。

该选项的目的是试图考虑地基、基础和上部结构三者的变形协调。

（3）板上剪力墙计算方案

勾选深梁时剪力墙按照有限高度的弹性梁计算，一般可考虑上部结构 2～3 层的刚度，深梁高度近似按照 5m 考虑；勾选刚性约束时，剪力墙等同于无限高度的深梁，墙下节点只发生刚体平动和旋转。

（4）地基类型

天然地基，常规桩基（不考虑土分担荷载），即一般桩基础不考虑土的作用；复合地基（桩土共同分担荷载），考虑土分担基础荷载，采用复合桩基时，要注意桩和土的刚度取值对计算结果有较大的影响。

（5）基床系数与桩刚度

软件提供了两种途径确定基床反力系数或桩刚度。

① 根据公式 $K=P/S$，$K_p=Q/S$ 和所输入的地质资料反算地基基床系数和桩刚度系数。对于复合桩基，地基基床系数和桩刚度系数由桩间土分担荷载的比例确定，该比例的确定有两种方式：软件根据所布置的桩筏基础，自动计算桩间土承担的荷载，该比例大小的影响因素主要有桩刚度、土刚度、筏板厚度、荷载分布等；设计人员根据工程经验自定义所分担荷载的比例。

② 设计人员根据该工程的岩土工程详细勘察报告，定义基床系数和桩刚度系数。基床系数影响弹性地基梁的反力分布。

（6）配筋设计

① 板元弯矩取节点最大值

软件的有限元计算是四节点单元，每个单元有四个高斯积分点，最终得到弯矩分配到单元的四个角点。不勾选此项，每个单元最终配筋采用四节点的平均弯矩；勾选此项，则采用节点最大弯矩配筋。

② 筏板内变厚度区域边界的弯矩磨平处理

当筏板内变厚度相差较大时，建议勾选此项，变厚度位置弯矩磨平处理。

③ 取 1m 范围平均弯矩计算配筋

当承台、独立基础或筏板区域比较小时，不建议勾选此项。筏板计算模型中，将柱荷载简化成集中力，柱下板带弯矩会出现不合理的峰值。将墙下荷载分配到多个节点，墙下板带弯矩出现峰值的现象没有柱下板带明显。软件中采用"应力钝化"的方法，将柱下板带的峰值弯矩适当削平，以使柱下板带的弯矩值符合工程实际情况。

④ 柱底峰值弯矩考虑柱宽折减

柱集中力作用在筏板上，由于应力集中会造成柱底弯矩过大，考虑柱宽影响，计算筏板配筋时取靠近柱边较小的弯矩。软件将柱形心处的计算弯矩折减，再找到柱边涉及的所有单元，对最外单元点不折减，中间部分内差法处理。

⑤ 地基梁箍筋间距和加密的抗震等级参数

地基梁设计一般不考虑抗震设防，对有抗震设防需求的地基梁提供参数插入，该参数可设置地基梁箍筋间距和抗震等级。

（7）桩顶的嵌固系数（铰接 0～1 刚接）

该参数在 0～1 之间取值反映桩顶嵌固状况。

（8）施工前的加荷比例

该参数与后浇带的布置配合使用，解决后浇带设置后的内力、沉降和配筋计算等结果差异。

后浇带将筏板分割成几块独立的区域，软件计算将分为有、无后浇带两种情况，计算内力、沉降及配筋。该参数填 0 时，取整体计算结果（等同于没有后浇带）；填 1 时，取分别计算结果（等同于几块分开的板）。

（9）防水板内的承台桩选刚接时设置为固定支座

不选刚接时，所有桩都是弹性支座，承台支座部位嵌固效应比较弱；勾选刚接时，支座部位完全嵌固。

8. 水浮力，人防，荷载组合表

软件根据上部结构的荷载工况自动生成荷载组合，同时也可在本页面自定义水浮力、人防荷载和荷载组合（图 11-8）。

本项目不考虑水浮力，该页参数不修改。

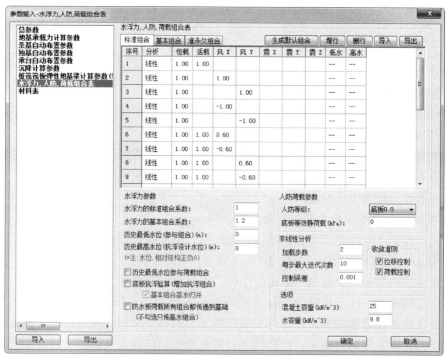

图 11-8　水浮力，人防，荷载组合表

（1）历史最低水位（参与组合）（m）。最低水位的作用一般是考虑水浮力对基础底面的有利作用，可平衡一部分基础底面压力。

（2）历史最高水位（抗浮设计水位）（m）。历史最高水位是整个基础系统的最高水位，基础某些部位最高水位不同时，可单独定义。最高水位主要用于防水板设计。

（3）历史最低水位参与荷载组合

勾选该参数，则在每个荷载组合中计入水浮力，不新增组合。重力荷载为主时，水浮力一般起有利作用，此时不建议勾选该参数。

（4）底板抗浮验算（增加抗浮组合）

勾选该参数增加抗浮标准组合和基本组合。后续各项计算会考虑上述组合。防水板应根据最高水位的水浮力荷载，进行防水板的整体抗浮和局部抗浮计算。

（5）人防荷载

该参数指作用于基础底板的人防荷载，输入人防底板的面荷载，它的作用方向是向上的。如果某些筏板底部不需要考虑人防荷载，可在计算前处理的板面荷载菜单下作局部筏板人防荷载的修改。

上部结构传来的人防荷载的等效静荷载需要在"模型荷载输入-人防荷载"子菜单中输入。人防荷载通过"上部结构计算"的计算读取过来。

（6）防水板荷载所有组合都传递到基础

一般认为，防水板的恒、活荷载可以由防水板的垫层独立承担，因此软件默认该参数不勾选，即认为只含恒活荷载的荷载效应不传递到非防水板基础。

勾选此参数，软件不仅将含高水、人防荷载的荷载组合传给非防水板基础，还将其他所有荷载组合都传给非防水板基础。

（7）非线性选项

非线性分析适用于高水、有人防等情况分析，采用组合荷载进行迭代计算分析，土不出现拉力时计算收敛。

11.2　基础布置

布置基础之前应先进行基础基本参数设置如图 11-9 所示，基础参数设置已在 11.1 节详细讲述。

1. 选择基础类型进行布置

基础布置在上部结构底部轴线网格和柱、墙下进行，基础建模自动生成上部结构信息，只需根据地基土条件、建筑类型以及荷载大小确定基础类型，各类基础操作项如图 11-10 所示。基础类型确定后，可先进行大面积框选轴网进行基础自动布置，也可局部人工布置修改。

2. 独立基础布置

选择独基布置，先单击"自动布置-单柱自动布置"弹出对话框如图 11-11 所示，可设置基础类型和相对柱底或相对结构正负 0 的基础标高，设置完成后可进行基础布置。

若相邻单柱基础底边距离过近，则可能会发生相互碰撞或相互影响。此时可单击"自动布置-双柱（多柱）自动布置"，对布置较近的单柱基础进行合并生成多柱基础，

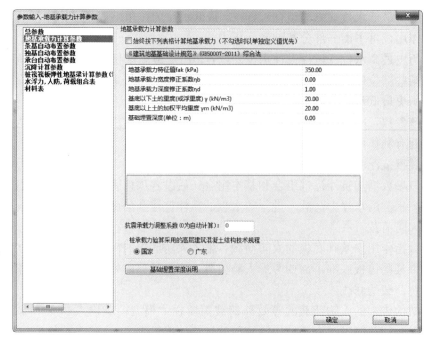

图 11-9　基础参数设置

图 11-10　基础建模菜单栏

多柱基础布置弹出的对话框比起单柱基础多了基础底面形心位置的选择，如图 11-12 所示，一般选择恒＋活合力作用点，参数设置完成后对需要修改的基础上的柱进行框选布置。可在"基础建模"中双击设置好的基础弹出基础布置信息栏进行单个基础修改，如图 11-13 所示。

图 11-11　单柱自动布置

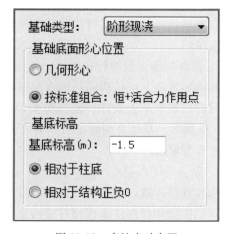

图 11-12　多柱自动布置

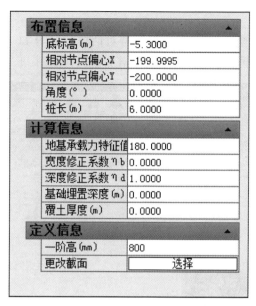

图 11-13 基础信息栏

多柱基础中心应与上部荷载的合力中心重合，而不应与几何形心重合。

除了自动布置独基外，还可进行人工布置。单击"独基-人工布置"，左侧弹出独基信息栏，可通过"添加"自定义独基，如图 11-14 所示，布置完成同样可双击基础弹出布置信息栏可进行修改。

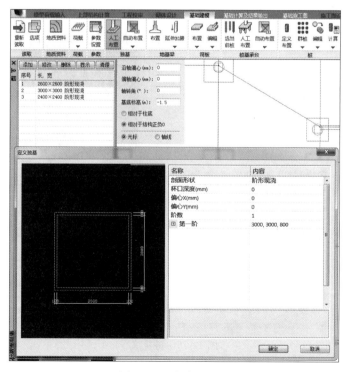

图 11-14 自定义独基

3. 桩基础布置

单击"桩基承台-选当前桩",弹出桩类型对话框,如图 11-15 所示,如没有需要的桩,则可通过单击对话框右上角"桩定义"增加桩表,如图 11-16 所示。

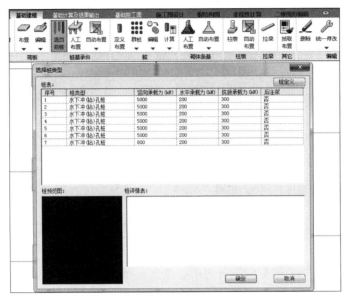

图 11-15　选择桩类型

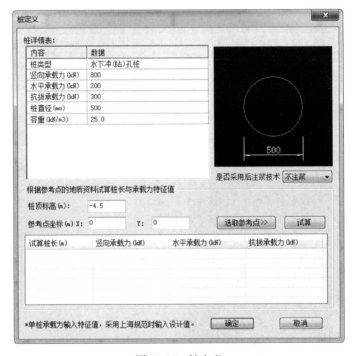

图 11-16　桩定义

程序提供各种生成承台桩的方式,桩定义完成后,单击"桩基承台-自动布置-单柱自动布置",再框选需要布置的轴网范围,对于单柱下的承台桩可以自动计算生成,包括给出桩的根数、确定承台的形状、尺寸等。

程序还提供了"多墙柱自动布置"菜单用于多柱、墙承台自动生成；对于较复杂形状承台，可在桩布置完成后，使用"任意多边形布置"或者"围桩承台"菜单生成承台；对于较规则的常用承台类型，用户还可以自己定义它的形状类型、桩数等单击"人工布置"，左侧弹出桩承台信息框单击"添加"进行桩定义，如图 11-16 所示。

各种方式生成的承台均列入承台桩定义列表，用户可将这些承台交互布置到平面，可以布置在柱下，也可以布置在剪力墙下，甚至布置在任一节点下。

4. 地基梁布置

地基梁必须布置在网格线上，单击"地基梁-布置"，左侧弹出信息框，再单击"添加"定义地基梁截面，如图 11-17 所示。如果是筏板肋梁或矩形梁则需要定义梁肋宽、梁高两个参数；如果是带翼缘的地基梁则需要再输入 4 个参数：翼缘宽、翼缘根部高、翼缘端部高、翼缘偏心。定义完成后，在需要地基梁的网格线上布置地基梁。这里的地基梁指的是弹性地基梁。

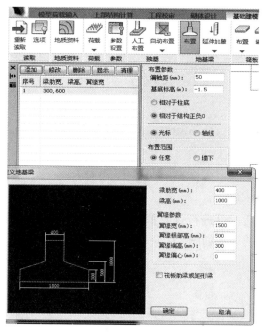

图 11-17　地基梁定义

11.3　计算结果检查及基础设计调整

基础计算及结果见图 11-18。

图 11-18　基础计算及结果输出菜单栏

11.3.1　基础计算

（1）单击"生成数据"，软件将基础建模中的数据导入。

（2）单击"上部荷载"，软件将结构模型中的上部结构荷载导入基础模型中，如图 11-19 所示。

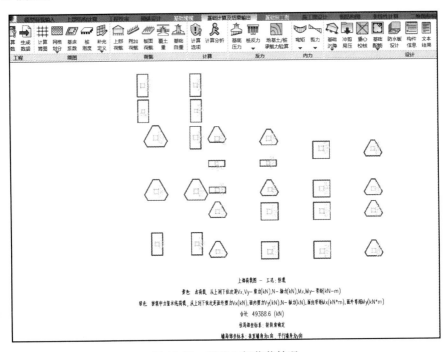

图 11-19　基础上部荷载情况

（3）荷载添加完成后，可进行计算操作。先单击"计算选项"，弹出"分项计算"对话框，勾选需要计算的项目如图 11-20 所示，进行"计算分析"。

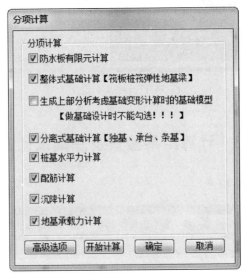

图 11-20　分项计算

11.3.2 基础计算结果及调整

1. 基底压力

如图 11-21 所示，勾选右侧信息栏中的单工况或者荷载组合，基础上会显示基底压力计算结果，对整体式基础和分离式基础按照单元显示。基本组合下的基底压力用于基础截面设计，标准组合下的基底压力用于地基承载力验算，准永久组合下的基底压力用于沉降计算。

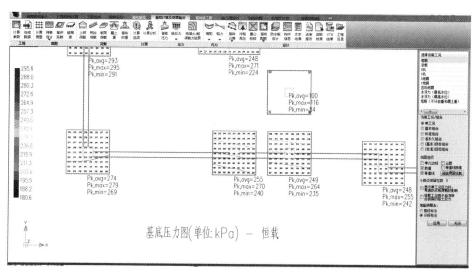

图 11-21 基底压力图

2. 桩反力

如图 11-22 所示，勾选右侧信息栏中的单工况或荷载组合，桩反力计算结果。标准组合下桩反力用于单桩承载力验算，准永久组合下桩反力用于沉降计算。

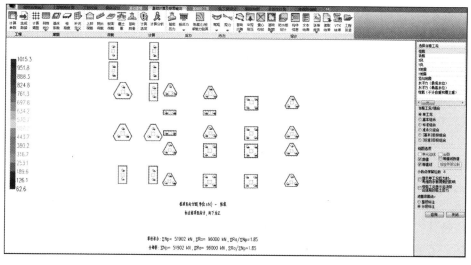

图 11-22 桩顶竖向力图

该图可同时显示桩反力的等值线图，设计师能直观地看出桩反力的分布趋势。

3. 地基承载力、桩承载力验算

如图 11-23 所示，单击右侧信息栏，可分别给出地基承载力和桩承载力验算结果，当最大压力大于承载力特征值时，用红色显示数据以提示超限。

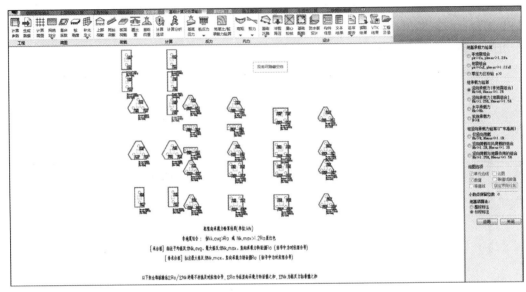

图 11-23　地基土/桩承载力验算过程

地基承载力验算显示的内容如下。

对整体式基础和分离式基础按照单元显示，每单元给出最大压力和承载力特征值。

桩承载力验算显示内容如下。

每根桩标注出最大压力、对应组合号和承载力特征值；若是承台桩，则标注每个承台下桩的平均压力、最大反力、对应组合号和承载力特征值。

对桩还可进行水平承载力和抗拔承载力验算，不满足规范时显示红色。

不满足地基承载力的独立基础，须扩大基础底面尺寸重新验算；基底反力远小于地基承载力的基础，须减小基础底面尺寸以使设计经济一些。不满足单桩承载力的承台，须增加桩数重新验算；单桩反力远小于单桩承载力的承台须减少桩数以使设计经济一些。

4. 冲切验算、受剪承载力验算和局部受压验算

基础的配筋需在基础高度、承台厚度满足冲切验算、受剪承载力验算和局部受压验算后进行。

基础计算完毕后，查看"基础计算及结果输出-冲切局压-独基、条基、承台"，可通过单击"冲切/受剪/局部受压"可显示每个独基（或承台或条基）的验算结果，图上的数值是其安全系数，如数值大于 1，则证明承载力满足要求，不会发生冲切破坏或受剪破坏；若数值小于 1 则显红色，证明独基（或承台或条基）的抗冲切或抗剪承载力不满足受力要求，一般不满足时加大截面高度是最有效的措施；若数值远大于 1，则说明基础高度、承台厚度可以调小。

5. 弯矩

单击"弯矩"选项下"弯矩图"，弹出右侧信息框，如图 11-24 所示，可显示各种荷载工况或组合下的弯矩图。

各类形式基础显示的格式不同，分述如下。

地基梁和拉梁弯矩图标注在梁左端、跨中最大处、梁右端。独立基础和桩基承台，每个基础给出 X 向和 Y 向弯矩图。

筏板基础弯矩显示内容有：

（1）柱下弯矩：输出 2 个数值，表示 X、Y 两个方向的弯矩值。

（2）房间中部配筋：输出 4 个数，分 2 组，分别为 X 向和 Y 向的最大、最小弯矩；这 4 个数是房间范围内各个单元的最大值。

（3）墙底弯矩：输出 1 个数，为墙下筏板底部垂直于墙方向的弯矩。

（4）地基梁位置弯矩：输出 2 个数，分别为垂直于梁的最大弯矩和最小弯矩。

（5）网格线位置弯矩：输出 4 个数，分 2 组，分别为网格线方向的最大、最小弯矩和垂直于网格方向的最大、最小弯矩。

单击"弯矩"选项下"弯矩包络"，弹出右侧信息框，如图 11-25 所示，可显示各种荷载工况组合下的弯矩包络图。在弯矩包络图上，除了数值外，还在数值旁的括号中注明该数值的组合号。在右侧的菜单中可选择同时显示等值线图。

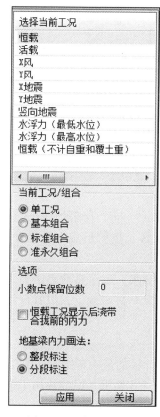

图 11-24　弯矩图选项

图 11-25　弯矩包络选项

6. 基础沉降

如图 11-26 所示，可选择多种沉降等值线图进行显示。

7. 冲剪局压

通过右侧信息栏单击"冲剪局压"，根据不同的基础类型选择不同的冲切验算模式，不同的验算方式都通过安全系数显示的计算结果如图 11-27 所示。

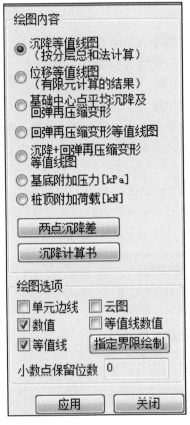

图 11-26　基础沉降绘图选项

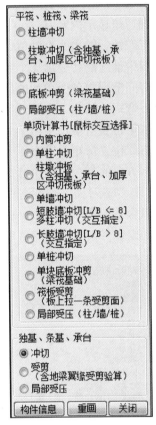

图 11-27　冲剪局压菜单栏

括号里的数据为控制组合号，可通过"构件信息"查看详细的计算过程。冲切安全系数是抗冲切承载力与冲切力的比值，受剪安全系数是抗剪承载力与设计剪力的比值，大于等于 1.0 满足要求，小于 1.0 不满足要求显红色。

当桩心位于柱（墙）冲切锥以内时，满足冲切要求，安全系数显示为 50.0。

软件对于不满足规范要求的基础高度、承台厚度会进行调大，但有可能仍然不满足规范要求，还需人工仔细核对。

8. 基础配筋

基础配筋图 11-28 显示的是所有荷载基本组合计算的最大弯矩对应的配筋结果。

地基梁和拉梁：显示每根地基梁的纵筋、箍筋计算结果，纵筋输出上筋、下筋的左端、跨中、右端各 3 个值，其格式和上部结构梁配筋格式相同。

独立基础和桩基承台：显示每个基础底部的 X 向和 Y 向配筋结果，独立基础其颜色采用绿色显示，桩基承台其颜色采用橙黄色显示。

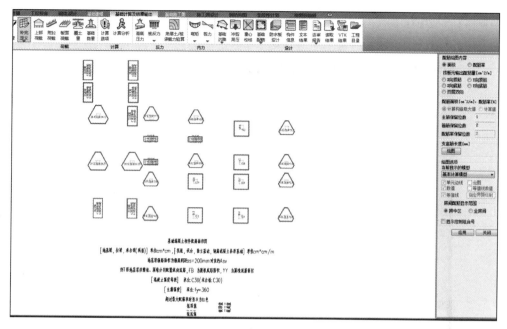

图 11-28　基础配筋图

筏板基础：

（1）柱下筏板底部筋：显示 X、Y 两个方向的值，输出 2 个值；该钢筋是柱下筏板局部补强钢筋的设计依据，如果柱下布置了柱墩，该钢筋亦是柱墩下部钢筋的设计依据。

（2）房间中部配筋：显示 X 向和 Y 向的顶筋、底筋共 4 个数，分为 2 组，每组的第 1 个数是顶筋，这 4 个数是房间范围内各个单元的最大值。

（3）墙底钢筋：只显示 1 个值，为墙下筏板底部垂直于墙方向的钢筋，是布置墙下非贯通筋的依据。

（4）地基梁位置钢筋：显示垂直于地梁的顶部和底部的钢筋共 2 个数，其中垂直于地梁的底部钢筋是布置地梁下非贯通筋的依据；将地基梁看成倒 T 形的，因此需要算垂直于地基梁方向的配筋，这个是按悬臂梁计算的。

11.4　基础施工图

（1）单击"基础施工图"进入菜单栏，如图 11-29 所示。

图 11-29　基础施工图菜单栏

（2）可通过"通用编辑""设置"选项进行图层设置、文字设置以及钢筋设置；单击"标注轴线"可对已生成的基础图进行轴网标注。

（3）点击"参数设置"弹出对话框，如图 11-30 所示，在对话框中可对同基础绘图设置进行修改，如图例、图纸比例、图上钢筋及尺寸标注、最小钢筋直径限制、钢筋归并系数等。其中，钢筋归并系数指基础采用的钢筋直径在相差区间内即全归并为一类直径的钢筋。

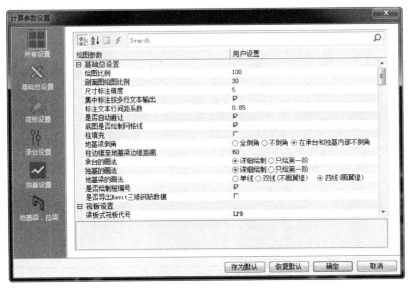

图 11-30　基础施工图参数设置

（4）单击"重新读取"将基础计算及设计信息导入基础施工图页面，在页面中显示出基础布置图；若其他基础信息及内力没发生改变，下一次打开"基础施工图"查看时，可单击"打开旧图"，即打开已经生成的基础施工图。

（5）对已生成的基础图进行检查，若需要修改，可采用"编辑"菜单栏中的功能项进行钢筋修改、区域补强或名称修改等。

（6）单击"编辑—剖面图"，弹出对话框如图 11-31 所示，可根据基础截面类型进行选择、填写参数，再单击基础生成剖面图。

（7）基础施工图生成完毕，单击界面右下角红色"A"字图标保存为 CAD 图纸，如图 11-32 所示。

图 11-31　剖面图信息框

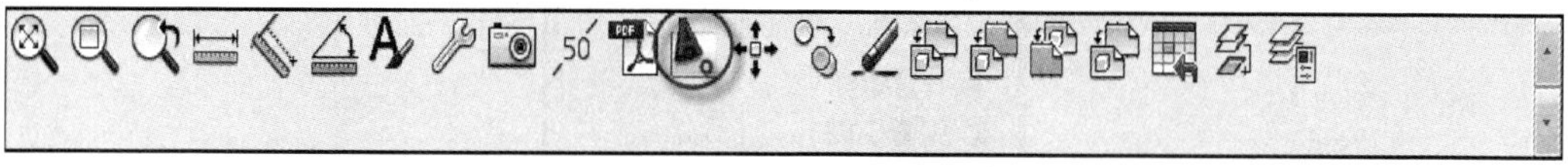

图 11-32 页面功能栏

11.5 基础计算书

1. 构件信息

单击“构件信息”，选中需要查看的基础，弹出对话框如图 11-33 所示，即可查看该基础的详细的计算信息。

YJK-F承台32.out - 记事本

文件(F) 编辑(E) 格式(O) 查看(V) 帮助(H)

```
竖向地震                              0.0       0.0       0.0       0.0       0.0
人防荷载                              0.0       0.0       0.0       0.0       0.0
平面恒载                           1839.4       0.0      -0.0       0.0       0.0
平面活载                            250.1       0.0      -0.0       0.0       0.0
水浮力（最低水位）                    0.0       0.0       0.0       0.0       0.0
水浮力（最高水位）                    0.0       0.0       0.0       0.0       0.0
恒载（不计自重和覆土重）           2009.4      41.8      44.9      19.8     -18.5
平面恒载（不计自重和覆土重）       1724.2       0.0      -0.0       0.0       0.0

*------------------------------------------------------------------------------*
*  以下输出从防水板传递到承台的荷载                                            *
*------------------------------------------------------------------------------*

工况                       N         Mx         My
恒载                   599.8        0.0        0.0
活载                   288.6        0.0        0.0
水浮力(最低水位)         0.0        0.0        0.0
水浮力(最高水位)     -2698.0        0.0        0.0
人防荷载                 0.0        0.0        0.0

三、正截面受弯计算

*------------------------------------------------------------------------------*
*  依据规范：建筑桩基技术规范(JGJ94-2008)第5.9.1条，第5.9.2条                   *
*            混凝土结构设计规范(GB50010-2010)第6.2.10条                         *
*  依据混凝土结构设计规范11.1.6条规定，地震组合下正截面受弯承载力除以0.75        *
*  依据人民防空地下室设计规范4.2.3条规定，人防组合下混凝土强度设计值予以调整     *
*------------------------------------------------------------------------------*
*  以下输出承台板正截面配筋设计信息                                            *
*  Type:    截面类型，COL表示截面在柱墙根部，STEP表示截面在变阶处               *
*           TRI表示等边三角形承台按三向均匀配筋                                 *
*           TRI_1,TRI_2表示等腰三角形承台按两腰方向和底边方向分别计算配筋       *
*  θn:      截面法向与x轴的夹角(度)                                            *
*  b0:      计算宽度(mm)                                                       *
*  h0:      有效高度(mm)，按 [ 截面高度-保护层厚度-10mm ] 计算                 *
*  +M:      正弯矩设计值(kN-m)，板底受拉为正                                   *
*  Comb:    设计弯矩对应的组合号                                               *
*  As':     计算配筋面积(mm*mm)，按As=M/(0.9*fy*h0)计算                        *
*  Rs,min:  最小配筋率(0.20%)                                                  *
*  As,min:  最小构造配筋面积(mm*mm)，按As,min=Rs,min*b0*h确定                  *
*------------------------------------------------------------------------------*
```

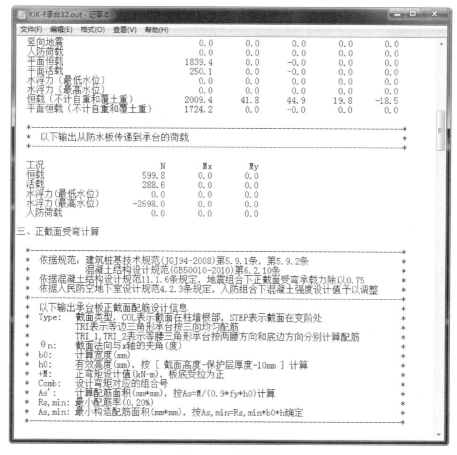

图 11-33 构件信息

2. 文本结果

单击“文本结果”，弹出右侧文本结果菜单栏如图 11-34 所示。

可查看基础各部分的详细验算过程。选中基础验算项目，再选中基础类型，弹出对话框如图 11-35 所示，对话框中显示同一种基础类型的所有基础该项目验算结果。

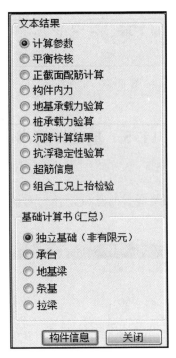

图 11-34　文本结果菜单栏

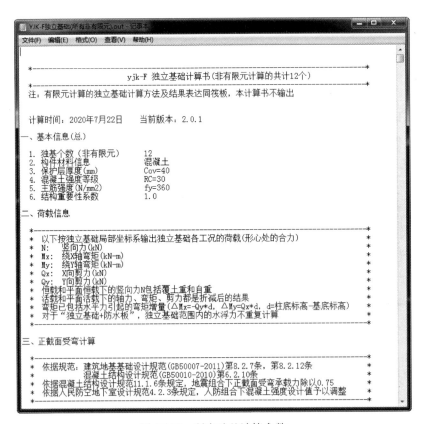

图 11-35　所有独基计算参数

11.6　建筑施工图

图　纸　目　录

建设单位: CLIENT: _____	工程名称: PROJECT TITLE: _____	子项名称: SUB ITEM: _____
设计号: JOB N .: _____	日期: DATE: _____	图　别 DWG.CATEGORY: 建施	图号: DWG.No.: _____

序号	图号	图　纸　名　称	图幅	版本号	出图日期	比例	备注
1	01	图纸目录（一）	A4	A	2020.08		
2	02	设计及施工说明（一）	A1	A	2020.08		
3	03	设计及施工说明（二）	A1	A	2020.08		
4	04	居住建筑施工图节能设计说明	A1	A	2020.08		
5	05	质量常见问题治理设计专篇(公建工程)	A1	A	2020.08		
6	06	建筑通用构造大样一	A1	A	2020.08		
7	07	建筑通用构造大样二	A1	A	2020.08		
8	08	一层建筑平面图	A1	A	2020.08	1：100	
9	09	二、四、五层建筑平面图	A1	A	2020.08	1：100	
10	10	三、六层建筑平面图	A1	A	2020.08	1：100	
11	11	屋顶平面图	A1	A	2020.08	1：100	
12	12	Ⓐ-Ⓜ轴立面图	A1	A	2020.08	1：100	
13	13	Ⓜ-Ⓐ轴立面图	A1	A	2020.08	1：100	
14	14	①-⑫轴立面图	A1	A	2020.08	1：100	
15	15	⑫-①轴立面图	A1	A	2020.08	1：100	
16	16	1-1剖面图、2-2剖面图、门窗大样图	A1	A	2020.08	1：100	
17	17	1号楼梯平面图、2号楼梯平面图	A1	A	2020.08	1：100	
18	18	卫生间大样　墙身大样图	A1	A	2020.08	1：100	

XX设计院有限公司 建筑行业（建筑工程）甲级	项目负责人		制　图	
			设　计	
	注　册　师		校　对	
	专业负责人		审　核	
			审　定	

建筑设计及施工说明

建筑构造做法表

11.7 结构施工图

图 纸 目 录

建设单位: CLIENT: _____	工程名称: PROJECT TITLE: _____	子项名称: SUB ITEM: _____
设计号: JOB NO.: _____	日期: DATE: _____ 图 览 DWG.CATEGORY: 结施	图号: DWG.NO.: _____

序号	图号	图 纸 名 称	图幅	版本号	出图日期	比 例	备 注
1	01	图纸目录(一)	A4	A	2020.08	/	
2	02	结构设计总说明(一)	A1	A	2020.08	/	
3	03	结构设计总说明(二)	A1	A	2020.08	/	
4	04	桩平面布置图	A1	A	2020.08	1:100	
5	05	承台平面布置图	A1	A	2020.08	1:100	
6	06	一层柱平法施工图	A1	A	2020.08	1:100	
7	07	二~三层柱平法施工图	A1	A	2020.08	1:100	
8	08	四~六层柱平法施工图	A1	A	2020.08	1:100	
9	09	地梁平法施工图	A1	A	2020.08	1:100	
10	10	二、四、五层梁平法施工图	A1	A	2020.08	1:100	
11	11	三、六层梁平法施工图	A1	A	2020.08	1:100	
12	12	屋顶层梁平法施工图	A1	A	2020.08	1:100	
13	13	二、四、五层平法施工图	A1	A	2020.08	1:100	
14	14	三、六层板平法施工图	A1	A	2020.08	1:100	
15	15	屋面层板平法施工图	A1	A	2020.08	1:100	
16	16	楼梯配筋图	A1	A	2020.08	1:100	
17	17	墙身大样图	A1	A	2020.08	1:50	
			A1	A	2020.08	1:50	

XX设计院有限公司
建筑行业(建筑工程)甲级

项目负责人		制 图	
		设 计	
注 册 师		校 对	
专业负责人		审 核	
		审 定	

结构设计总说明

结构设计总说明

设计院有限公司

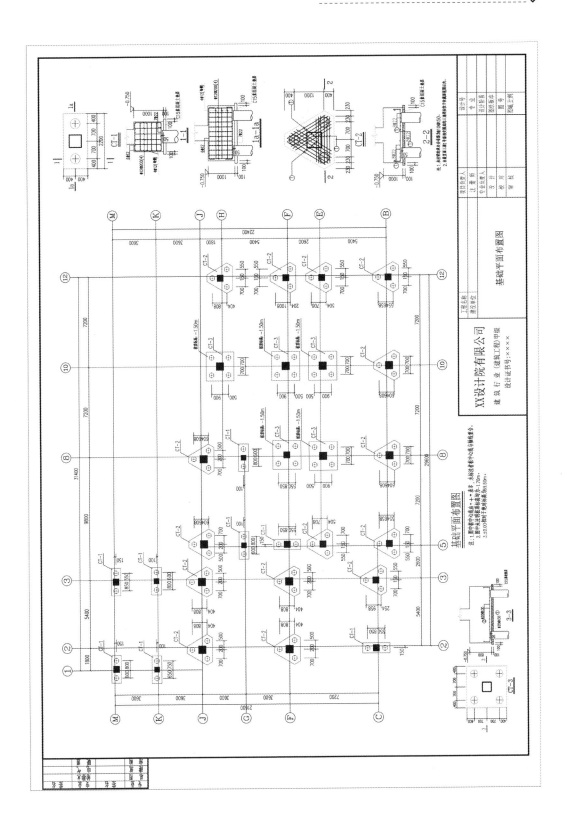

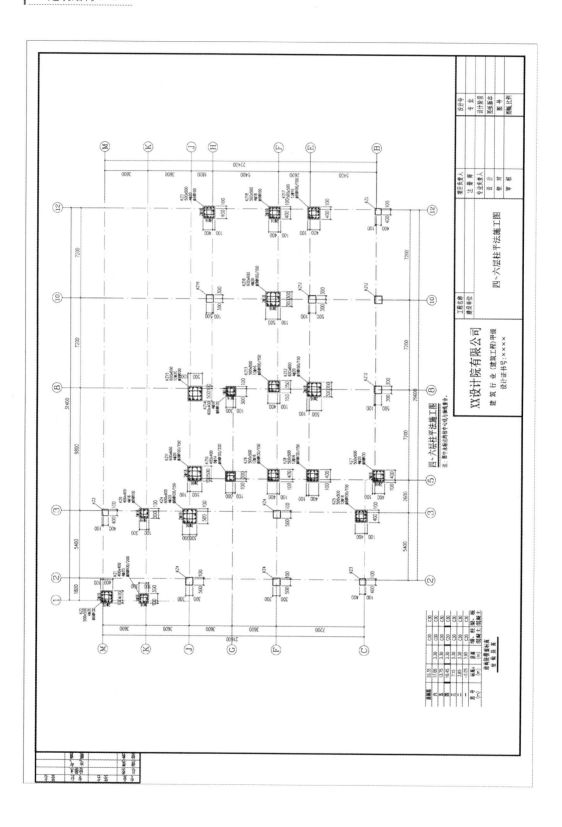

四~六层柱平法施工图

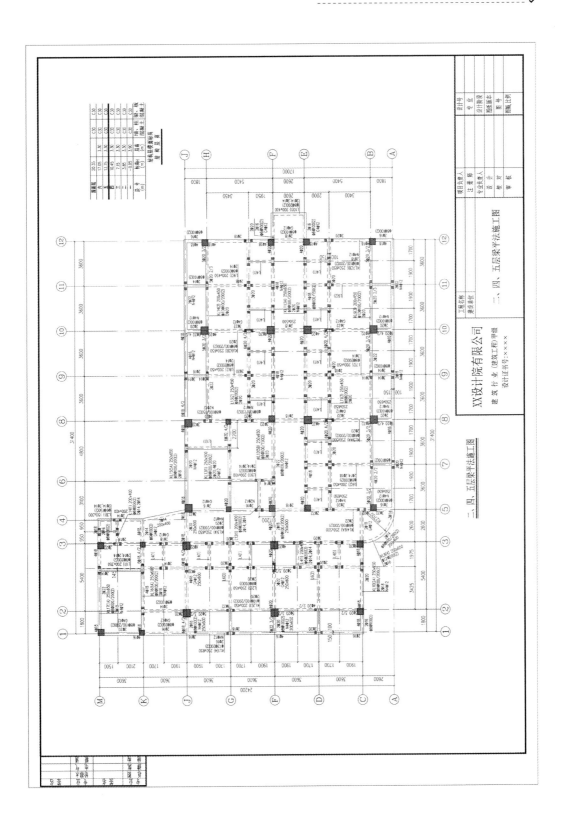

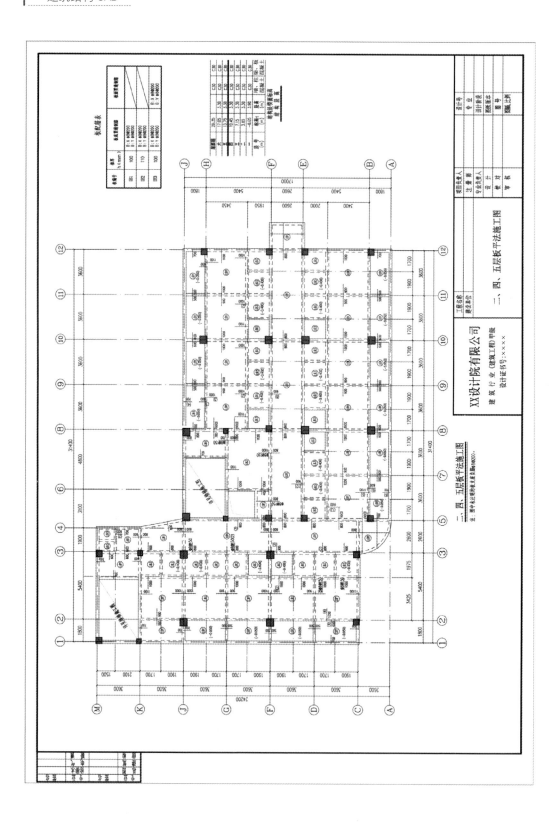

第 3 篇

结构超限分析

随着建筑科学技术的发展，城市化的不断深入，人们不断地涌入城市，城市人口密集化程度越来越高，人们对建筑的审美水平也越来越高。从而使得现代高层建筑形态越来越复杂，高度也越来越高。人们对建筑结构设计提出了更高的要求，特别对于超高层、大跨度、体型复杂等已突破现有规范限制要求的建筑物来说，抗震设防是建筑结构设计中的重点。地震是一种危害极大的突发性自然灾害，并且常常带来次生灾害，引起毁灭性的后果。结构的安全始终是建筑结构设计的根本，一栋建筑物离开结构安全，去追求经济实用、去实现美观，去博取眼球，那是舍本逐末，反裘负薪，结构的安全是每个建筑结构工程师的职业发展、技能创新的根本。但现阶段包括以后很长一段时间，建筑创作的多样性、复杂性、实用性等要求也促使建筑结构工程师在设计中不断地去突破规范，突破现有的技术壁垒，把先进的结构理念灵活应用于建筑物上。

我国现行抗震设计规范采用三水准、两阶段的设计方法。其中三水准即"小震不坏、中震可修、大震不倒"三个水准，两阶段即通过对多遇地震弹性地震作用下的结构截面承载力设计并满足变形要求；通过对罕遇地震烈度作用下结构薄弱部位的弹塑性变形验算，并采用相应的构造措施。在实际设计工作中，对于超限的建筑物来说，结构超限分析，抗震性能设计就显得尤为重要。分析出整体结构体系及结构构件的薄弱部位，有针对性地进行加强，提高其抗震承载力，来增加整个结构的鲁棒性。超限结构特别要注意在整个结构体系中的薄弱部位，强大的地震作用以及地震作用的传递，极有可能会引起薄弱部位的破坏，从而使整个结构体系丧失共同工作的效应，防线也会各个击破。

结构超限分析及结构抗震性能设计主要有以下一些工作内容。

抗震概念设计：应对建筑物的建筑方案进行评估，分析结构方案在房屋高度、规则性、结构类型、场地条件或抗震设防标准等方面的特殊要求，确定结构设计是否需要采用超限分析及抗震性能设计方法，并作为选用抗震性能目标的主要依据。结构方案特殊性的分析中要注重分析结构方案不符合抗震概念设计的情况和程度。需要采用抗震性能设计的工程，一般表现为不能完全符合抗震概念设计的要求。结构工程师应根据规范有关抗震概念设计的规定，与建筑师协调，改进结构方案，尽量减少结构不符合概念设计的情况和程度，不应采用严重不规则的结构方案。对于特别不规则的结构，可按规定进行抗震性能设计，但需慎重选用抗震性能目标，并通过深入的分析论证。

地震反应分析：超限高层建筑结构中水平荷载是设计的主要控制因素，因此对其进行动力特性和地震反应分析具有重要意义。结构动力特性和地震反应的分析对于深入了解结构的抗震性能是非常有效的手段，为结构的设计和性能的评估提供了重要依据。通过对结构动力特性的测试，可以了解其自振特性，研究结构在一定动力荷载作用下的反映，为结构抗震分析提供了准确的动力参数。

抗震性能验算：综合考虑建筑物的设防烈度、场地条件、重要性、造价、震后损坏和修复难易程度等各项因素，选定合适的抗震性能目标。分析确定结构超过规范使用范围及不规则性的情况和程度，结构抗震性能分析论证的重点是深入地计算分析和工程判断，找出结构有可能出现的薄弱部位，提出有针对性的抗震加强措施，以及必要的试验验证，分析论证结构可达到预期的抗震性能目标。

抗震构造设计：构造设计也在整个设计过程中显得尤为重要，以上的内容均由抗震构造措施来得到保障，保证抗震设计的各个防线。根据建筑物的重要性、抗震等级及设计使用年限，来确定抗震构造。须满足坚固、耐久、功能要求、美观、大方、技术先进、合理造价等符合使用的基本要求。从构造设计上使建筑物在满足基本要求的情况下，具有良好的抗震能力。

第12章

结构超限分析的判断

根据建质〔2015〕67号超限高层建筑工程抗震设防专项审查技术要点，超限高层建筑包括如下类别。

1. 高度超限工程

指房屋高度超过规定，包括超过《建筑抗震设计规范》（以下简称《抗震规范》）第6章钢筋混凝土结构和第8章钢结构最大适用高度，超过《高层建筑混凝土结构技术规程》（以下简称《高层混凝土结构规程》）第7章中有较多短肢墙的剪力墙结构、第10章中错层结构和第11章混合结构最大适用高度的高层建筑工程。

2. 规则性超限工程

指房屋高度不超过规定，但建筑结构布置属于《抗震规范》《高层混凝土结构规程》规定的特别不规则的高层建筑工程。

3. 屋盖超限工程

指屋盖的跨度、长度或结构形式超出《抗震规范》第10章及《空间网格结构技术规程》《索结构技术规程》等空间结构规程规定的大型公共建筑工程（不含骨架支承式膜结构和空气支承膜结构）。

超限高层建筑工程具体范围详见表12-1～表12-5。

表 12-1　房屋高度（m）超过下列规定的高层建筑工程（含各种常规结构类型）

	结构类型	6度	7度 （0.1g）	7度 （0.15g）	8度 （0.20g）	8度 （0.30g）	9度
混凝土结构	框架	60	50	50	40	35	24
	框架-抗震墙	130	120	120	100	80	50
	抗震墙	140	120	120	100	80	60
	部分框支抗震墙	120	100	100	80	50	不应采用
	框架-核心筒	150	130	130	100	90	70
	筒中筒	180	150	150	120	100	80
	板柱-抗震墙	80	70	70	55	40	不应采用
	较多短肢墙	140	100	100	80	60	不应采用
	错层的抗震墙	140	80	80	60	60	不应采用
	错层的框架-抗震墙	130	80	80	60	60	不应采用

续表

结构类型		6 度	7 度 (0.1g)	7 度 (0.15g)	8 度 (0.20g)	8 度 (0.30g)	9 度
混合结构	钢框架-钢筋混凝土筒	200	160	160	120	100	70
	型钢（钢管）混凝土框架-钢筋混凝土筒	220	190	190	150	130	70
	钢外筒-钢筋混凝土内筒	260	210	210	160	140	80
	型钢（钢管）混凝土外筒-钢筋混凝土内筒	280	230	230	170	150	90
钢结构	框架	110	110	110	90	70	50
	框架-中心支撑	220	220	200	180	150	120
	框架-偏心支撑（延性墙板）	240	240	220	200	180	160
	各类筒体和巨型结构	300	300	280	260	240	180

注：平面和竖向均不规则（部分框支结构指框支层以上的楼层不规则），其高度应比表内数值降低至少 10%。

表 12-2 同时具有下列三项及三项以上不规则的高层建筑工程（不论高度是否大于表 1）

序号	不规则类型	简要含义	备注
1a	扭转不规则	考虑偶然偏心的扭转位移大于 1.2	参见 GB 50011-3.4.3
1b	偏心布置	偏心率大于 0.15 或相邻层质心相差大于相应边长 15%	参见 JGJ 99-3.2.2
2a	凹凸不规则	平面凹凸尺寸大于相应边长 30% 等	参见 GB 50011-3.4.3
2b	组合平面	细腰形或角部重叠形	参见 JGJ 3-3.4.3
3	楼板不连续	有效宽度小于 50%，开洞面积大于 30%，错层大于梁高	参见 GB 50011-3.4.3
4a	刚度突变	相邻层刚度变化大于 70%（按高层混凝土结构规程考虑层高修正时，数值相应调整）或连续三层变化大于 80%	参见 GB 50011-3.4.3，JGJ3-3.5.2
4b	尺寸突变	竖向构件收进位置高于结构高度 20% 且收进大于 25%，或外挑大于 10% 和 4m，多塔	参见 JGJ 3-3.5.5
5	构件间断	上下墙、柱、支撑不连续，含加强层、连体类	参见 GB 50011-3.4.3
6	承载力突变	相邻层受剪承载力变化大于 80%	参见 GB 50011-3.4.3
7	局部不规则	如局部的穿层柱、斜柱、夹层、个别构件错层或转换，或个别楼层扭转位移比略大于 1.2 等	已计入 1~6 项者除外

注：深凹进平面在凹口设置连梁，当连梁刚度较小不足以协调两侧的变形时，仍视为凹凸不规则，不按楼板不连续的开洞对待；序号 a、b 不重复计算不规则项；局部的不规则，视其位置、数量等对整个结构影响的大小判断是否计入不规则的一项。

表 12-3 具有下列 2 项或同时具有下表和表 12-2 中某项不规则的高层建筑工程（不论高度是否大于表 1）

序号	不规则类型	简要含义	备注
1	扭转偏大	裙房以上的较多楼层考虑偶然偏心的扭转位移比大于 1.4	表 2 之 1 项不重复计算
2	抗扭刚度弱	扭转周期比大于 0.9，超过 A 级高度的结构扭转周期比大于 0.85	

序号	不规则类型	简要含义	备注
3	层刚度偏小	本层侧向刚度小于相邻上层的50%	表2之4a项不重复计算
4	塔楼偏置	单塔或多塔与大底盘的质心偏心距大于底盘相应边长20%	表2之4b项不重复计算

表 12-4　具有下列某一项不规则的高层建筑工程（不论高度是否大于表 1）

序号	不规则类型	简要含义
1	高位转换	框支墙体的转换构件位置：7度超过5层，8度超过3层
2	厚板转换	7～9度设防的厚板转换结构
3	复杂连接	各部分层数、刚度、布置不同的错层，连体两端塔楼高度、体型或沿大底盘某个主轴方向的振动周期显著不同的结构
4	多重复杂	结构同时具有转换层、加强层、错层、连体和多塔等复杂类型的3种

注：仅前后错层或左右错层属于表2中的一项不规则，多数楼层同时前后、左右错层属于本表的复杂连接。

表 12-5　其他高层建筑工程

序号	简称	简要含义
1	特殊类型高层建筑	抗震规范、高层混凝土结构规程和高层钢结构规程暂未列入的其他高层建筑结构，特殊形式的大型公共建筑及超长悬挑结构，特大跨度的连体结构等
2	大跨屋盖建筑	空间网格结构或索结构的跨度大于120m或悬挑长度大于40m，钢筋混凝土薄壳跨度大于60m，整体张拉式膜结构跨度大于60m，屋盖结构单元的长度大于300m，屋盖结构形式为常用空间结构形式的多重组合、杂交组合以及屋盖形体特别复杂的大型公共建筑

注：表中大型公共建筑的范围，可参见《建筑工程抗震设防分类标准》GB 50223。

第13章

结构抗震性能目标及分析方法

13.1 结构抗震性能目标

《高层混凝土结构规程》第3.11.1条规定，结构抗震性能目标分为A、B、C、D四个等级见表13-1，结构抗震性能分为1、2、3、4、5五个水准见表13-2。

表13-1 结构抗震性能目标

性能目标 地震水准 性能水准	A	B	C	D
多遇地震	1	1	1	1
设防烈度地震	1	2	3	4
预估的罕遇地震	2	3	4	5

表13-2 各性能水准结构预期的震后性能状况

结构抗震 性能水准	宏观损坏 程度	损坏部位			继续使用的 可能性
		关键构件	普通竖向构件	耗能构件	
1	完好、无损坏	无损坏	无损坏	无损坏	不需要修理 即可继续使用
2	基本完好、 轻微损坏	无损坏	无损坏	轻微损坏	稍加修理 即可继续使用
3	轻度损坏	轻微损坏	轻微损坏	轻度损坏、 部分中度损坏	一般修理后 可继续使用
4	中度损坏	轻度损坏	部分构件中度损坏	中度损坏、 部分比较严重损坏	修复或加固后 可继续使用
5	比较严重损坏	中度损坏	部分构件 比较严重损坏	比较严重损坏	需排险大修

注："关键构件"是指该构件的失效可能引起结构的连续破坏或危及生命安全的严重破坏；"普通竖向构件"是指"关键构件"之外的竖向构件；耗能构件包括框架梁，剪力墙连梁及耗能支撑等。

构件的性能水准分类非常重要，确定构件的正截面及斜截面的性能水准是后续抗震设计的基准。性能水准的高低当然也必须满足规范最低要求，同时所定标准也要满足抗震需要以及经济标准。

例如，某150m超高层建筑，框架-剪力墙结构体系，转换层位于三层，确定抗震性能目标为C级，各构件的分类如表13-3，关键构件的性能水准分类见表13-4，普通竖向构件及耗能构件性能水准分类见表13-5。

表13-3　构件分类表

关键构件	普通竖向构件	耗能构件
底部加强区剪力墙（地下一层～转换以上两层）及框架柱、转换柱、转换梁	"关键构件"以外的竖向构件	连梁、框架梁

表13-4　关键构件性能水准分类表

地震水准、性能水准		关键构件		
		转换层以下钢筋混凝土柱、墙	转换层以上钢筋混凝土柱、墙	转换梁
多遇地震	弹性	√	√	√
设防地震水准	受剪承载力不屈服			
	正截面承载力不屈服		√	
	受剪承载力弹性	√	√	√
	正截面承载力弹性	√		√
罕遇地震水准	受剪承载力不屈服	√	√	√
	正截面承载力不屈服	√	√	√
	构件塑性变形满足"生命安全"要求	√	√	√

表13-5　普通竖向构件及耗能构件性能水准分类表

地震水准、性能水准		普通竖向构件	耗能构件
多遇地震	弹性	√	√
设防地震水准	受剪承载力不屈服		√
	正截面承载力不屈服	√	√
	受剪承载力弹性	√	
	正截面承载力弹性		
罕遇地震水准	受剪承载力不屈服	√	
	正截面承载力不屈服	√	
	构件塑性变形满足"生命安全"要求	√	√

13.2　抗震设防性能目标各构件承载力要求

《高层混凝土结构规程》第3.11.3条规定，不同抗震性能水准的结构可按下列规定进行设计：

1. 关键构件

多遇地震作用下，其承载力和变形应符合有关规定，满足弹性设计要求。内力组合做法与非地震时一致，由于地震不如风载、活载的遭遇频率大，针对构件破坏时的延性情况对承载力进行了放大，延性破坏放大程度最大。对于烈度较小的结构，若地震带来的内力增大小于承载力的增大幅度，则构件配筋将由非地震组合决定。综合《高层混凝土结构规程》3.11.3-1 式和 5.6.3 式，结构构件的抗震承载力符合下式：

$$\gamma_G S_{GE} + \gamma_{Eh} S_{Ehk}^* + \gamma_{Ev} S_{Evk}^* + \psi_w \gamma_w S_{wk} \leqslant R_d / \gamma_{RE} \tag{13-1}$$

在设防烈度的地震作用下，结构构件正截面承载力满足下式：

$$S_{GE} + S_{Ehk}^* + 0.4 S_{Evk}^* \leqslant R_k \tag{13-2}$$

受剪承载力满足下式：

$$\gamma_G S_{GE} + \gamma_{Eh} S_{Ehk}^* + \gamma_{Ev} S_{Evk}^* \leqslant R_d / \gamma_{RE} \tag{13-3}$$

在预估的罕遇地震作用下，结构构件的抗震承载力应符合式（13-4）要求：

$$S_{GE} + 0.4 S_{Ehk}^* + S_{Evk}^* \leqslant R_k \tag{13-4}$$

2. 普通竖向构件

多遇地震作用下，其承载力和变形应符合有关规定，满足弹性设计要求。综合《高层混凝土结构规程》3.11.3-1 式和 5.6.3 式，结构构件的抗震承载力符合式（13-5）：

$$\gamma_G S_{GE} + \gamma_{Eh} S_{Ehk}^* + \gamma_{Ev} S_{Evk}^* + \psi_w \gamma_w S_{wk} \leqslant R_d / \gamma_{RE} \tag{13-5}$$

在设防烈度的地震作用下，结构构件的抗震承载力应符合式（13-6）要求：

正截面承载力满足：

$$S_{GE} + S_{Ehk}^* + 0.4 S_{Evk}^* \leqslant R_k \tag{13-6}$$

受剪承载力满足：

$$\gamma_G S_{GE} + \gamma_{Eh} S_{Ehk}^* + \gamma_{Ev} S_{Evk}^* \leqslant R_d / \gamma_{RE} \tag{13-7}$$

在预估的罕遇地震作用下，部分竖向构件正截面承载力屈服，无须进行正截面承载力设计，但其受剪承载力应符合式（13-8）要求：

$$V_{GE} + V_{Ek}^* \leqslant 0.15 f_{ck} b h_0 \tag{13-8}$$

3. 耗能构件

多遇地震作用下，其承载力和变形应符合有关规定，满足弹性设计要求。综合《高层混凝土结构规程》3.11.3-1 式和 5.6.3 式，结构构件的抗震承载力符合式（13-9）：

$$\gamma_G S_{GE} + \gamma_{Eh} S_{Ehk}^* + \gamma_{Ev} S_{Evk}^* + \psi_w \gamma_w S_{wk} \leqslant R_d / \gamma_{RE} \tag{13-9}$$

在设防烈度的地震作用下，部分耗能构件正截面承载力屈服，无须进行正截面承载力设计，但其受剪承载力应符合式（13-10）要求：

$$S_{GE} + S_{Ehk}^* + 0.4 S_{Evk}^* \leqslant R_k \tag{13-10}$$

在预估的罕遇地震作用下，大部分耗能构件屈服，无须进行正截面承载力和受剪承载力设计，结构薄弱部位的层间位移角应满足层间弹塑性位移角限值。

13.3 结构抗震性能目标分析方法

13.3.1 振型分解反应谱

振型分解反应谱法是计算多自由度体系地震作用的一种拟动力方法，该法是利用单自由度体系的加速度设计反应谱和振型分解的原理，求解各阶振型对应的等效地震作用，然后对各阶振型的地震作用效应进行组合，从而得到多自由度体系的地震作用效应。

振型分解反应谱法可以计算不考虑扭转影响（SRSS）和考虑扭转耦联（CQC）效应的两种类型地震作用。计算精度、计算误差主要来自振型组合时关于地震动随机特性的假定。

振型分解反应谱法有侧刚及总刚两种计算方法，分别对应侧刚模型及总刚模型。

侧刚计算方法采用刚性楼板假定的简化刚度矩阵模型。把房屋理想化为空间梁、柱和墙组合成的集合体，并与平面内无限刚的楼板相互连接在一起。侧刚模型进行振型分析时结构动力自由度相对较少，一层楼仅有两个平动自由度和一个转动自由度，计算耗时少，分析效率高，但应用范围受到限制。

总刚计算方法采用弹性楼板假定的真实结构模型转化成的刚度矩阵模型。结构总刚模型假定每层非刚性楼板上的每个节点有两个独立水平平动自由度，可以受弹性楼板的约束，也可以完全独立，不与任何楼板相连。它能真实地模拟弹性楼板，但自由度数较多，计算耗时大。

超限结构应进行多遇地震的振型分解反应谱法分析，采用两款软件进行对比计算，保证整体指标基本吻合。

13.3.2　弹性时程分析

时程分析法是动力分析方法，选定数组地震波输入结构模型中，软件结合结构构件恢复力特性曲线，对结构的运动平衡微分方程进行数值积分，求解出地震过程中每一瞬时的结构位移、速度和加速度反应。

时程分析法计算的是某确定地震动的时程反应，不像底部剪力法和振型分解反应谱法考虑了不同地震动时程记录的随机性。时程分析法有两种：一种是振型分解法，另一种是逐步积分法。

时程分析法进行抗震计算时，应注意下列问题。

1. 地震波选取

最好选用本地历史上的强震记录，如果没有这样的记录，也可选用震中距和场地条件相近的其他地区的强震记录，或选用主要周期接近的场地卓越周期或其反应谱接近当地设计反应谱的地震波，其中实际强震记录的数量不应少于总数的2/3。所选取的地震波要满足地震动三要素的要求，即频谱特性、有效峰值和持续时间均要符合规定。

2. 地震波数

为考虑地震波的随机性，采用弹性时程分析法进行多遇地震的补充计算，计算结果与振型分解反应谱法计算结果对比。当取三组时程曲线进行计算时，结构地震作用应宜取时程法计算结果的包络值与振型分解反应谱法计算结果的较大值；当取 7 组及 7 组以上时程曲线进行计算时，结构地震作用效应可取时程法计算结果的平均值与振型分解反应谱法计算结果的较大值。根据比值的大小对小震的地震作用进行放大。

3. 底部剪力

弹性时程分析时，每条时程曲线计算所得结构底部剪力不应小于振型分解反应谱法计算结果的 65%；多条时程曲线计算所得结构底部剪力的平均值不应小于振型分解反应谱法的 80%。考虑安全性和经济性的平衡，计算结果也不能太大，每条地震波输入计算不大于 135%，平均不大于 120%。

13.3.3 中震弹性分析

建筑抗震设计的基本准则"小震不坏、中震可修、大震不倒"，中震可修指遭遇设防地震影响时，结构进入非弹性工作阶段，但非弹性变形或结构体系的损坏控制在可修复的范围内。

为了实现第二水准"中震可修"的抗震设防目标，现行规范对结构在设防烈度地震下提出了性能目标的要求，其中，中震弹性和中震不屈服是两个最常见的性能化设计目标。

中震弹性分析能了解结构在设防地震下的性能，复核不同构件的中震性能水准，检验按照多遇地震（考虑强柱弱梁、强剪弱弯）设计的结构能否达到中震可修的目标，同时也作为调整构件截面、小震配筋的设计依据。

13.3.4 大震动力弹塑性分析

大震时结构维持弹性状态的代价太大，结构不需要维持弹性状态，大震时结构的状态为弹塑性状态。

动力弹塑性分析，也称弹塑性直接动力法是一种典型的数值仿真技术，采用精细化数值模型考虑材料非线性和几何非线性。将结构作为弹塑性振动体系进行数值建模，直接输入地震波数据模拟地面运动，通过积分运算，求得随时间变化的结构内力和变形全过程响应。

动力弹塑性分析类似于一种"数字振动台试验"，可仿真在地震波作用下结构的过程反应，如层间位移角峰值及出现的时间点，塑性铰出现的时间点、顺序和塑性铰转角的发展等，地震波作用结束，通过一个自由振动过程，结构恢复到静止状态时不可恢复的永久残余变形，如残余层间位移角。

动力弹塑性分析方法包括以下三个基本要素。

（1）建立结构的弹塑性模型及地震波的数值输入。

（2）数值积分运算分析。

（3）全过程响应输出。

数值积分法有隐式方法和显示方法。

隐式方法求解时，每个时间增量需迭代求解耦联的方程组，时间增量取决于精度要求和收敛情况，积分步长可取 0.02s 的步长，对于超非线性情况可能出现不收敛。计算量大但每个计算步可控制收敛误差。常用的方法有 Newmark-β 法、Wilson-θ 法。

显式方法求解时，直接求解解耦的方程组，不需要进行平衡迭代。可以适应非常小的时间步长 1×10^{-5}s，一般不存在收敛性问题。计算量大计算误差会累积，需进行监测和判定。常用的方法有中心差分法。

13.4 非线性地震反应分析模型

结合后续章节的动力弹塑性分析采用的软件 SAUSAGE，下文简要介绍软件的分析模型原理。

13.4.1 材料模型

1. 钢材

钢材的动力硬化模型如图 13-1 所示，钢材的非线性材料模型采用双线性随动硬化模型，在循环过程中，无刚度退化，考虑了包辛格效应。钢材的强屈比设定为 1.2，极限应力所对应的极限塑性应变为 0.025。

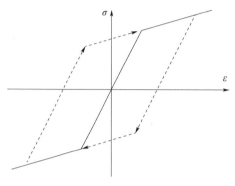

图 13-1 钢材的动力硬化模型

2. 混凝土材料

一维混凝土材料模型采用规范指定的单轴本构模型，能反映混凝土滞回、刚度退化和强度退化等特性，其轴心抗压和轴心抗拉强度标准值按《混凝土结构设计规范》表 4.1.3 采用。混凝土单轴受拉的应力-应变曲线方程按附录 C 公式 C.2.3-1～C.2.3-4 计算。混凝土单轴受压的应力-应变曲线方程按附录 C 公式 C.2.4-1～C.2.4-5 计算。

混凝土材料进入塑性状态伴随着刚度的降低。如图 13-2、图 13-3 应力-应变及损伤示意图所示，其刚度损伤分别由受拉损伤参数 d_t 和受压损伤参数 d_c 来表达，d_t 和 d_c 由混凝土材料进入塑性状态的程度决定。

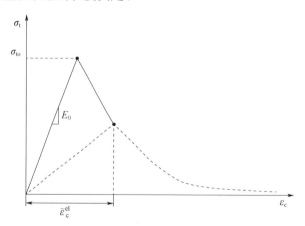

图 13-2 混凝土受拉应力-应变曲线及损伤示意图

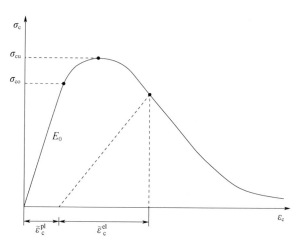

图 13-3　混凝土受压应力-应变曲线及损伤示意图

二维混凝土本构模型采用弹塑性损伤模型，该模型能够考虑混凝土材料拉压强度差异、刚度及强度退化以及拉压循环裂缝闭合呈现的刚度恢复等性质。

当荷载从受拉变为受压时，混凝土材料的裂缝闭合，抗压刚度恢复至原有抗压刚度；当荷载从受压变为受拉时，混凝土的抗拉刚度不恢复，如图 13-4 所示。

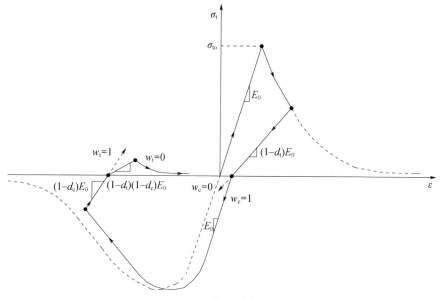

图 13-4　混凝土拉压刚度恢复示意图

13.4.2　杆件弹塑性模型

杆件非线性模型采用纤维束模型，如图 13-5 所示，主要用来模拟梁、柱、斜撑和桁架等构件。

纤维束可以是钢材或者混凝土材料，根据已知的 κ_1、κ_2 和 ε_0，可以得到纤维束 i 的应变为：$\varepsilon_0 = \kappa_1 \times h_i + \varepsilon_0 + \kappa_2 \times v_i$，其截面弯矩 M 和轴力 N 为：

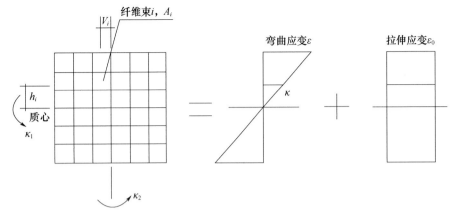

图 13-5　一维纤维束单元

$$M = \sum_{i=1}^{n} A_i \times h_i \times f(\varepsilon_i) \tag{13-11}$$

$$N = \sum_{i=1}^{n} A_i \times f(\varepsilon_i) \tag{13-12}$$

其中 $f(\varepsilon_i)$ 即由前面描述的材料本构关系得到的纤维应力。

应该指出，进入塑性状态后，梁单元的轴力作用，轴向伸缩亦相当明显，不容忽略。所以，梁和柱均应考虑其弯曲和轴力的耦合效应。

由于采用了纤维塑性区模型而非集中塑性铰模型，杆件刚度由截面内和长度方向动态积分得到，其双向弯压和弯拉的滞回性能可由材料的滞回性来精确表现，如图 13-6 所示，同一截面的纤维逐渐进入塑性，而在长度方向也是逐渐进入塑性。

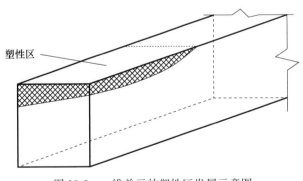

图 13-6　一维单元的塑性区发展示意图

13.4.3　剪力墙和楼板非线性模型

剪力墙、楼板采用弹塑性分层壳单元，该单元具有如下特点：可采用弹塑性损伤模型本构关系（Plastic-Damage）；可叠加 rebar-layer 考虑多层分布钢筋的作用；适合模拟剪力墙和楼板在大震作用下进入非线性的状态。

13.4.4　构件性能评价标准

《高层混凝土结构规程》将结构的抗震性能分为五个水准，对应的构件损坏程度则分为"无损坏、轻微损坏、轻度损坏、中度损坏、比较严重损坏"五个级别。

　　钢构件由于整个截面都是钢材，其塑性变形从截面边缘向内部逐渐发展，基本上可根据边缘纤维的塑性应变大致估计截面内部各点处的应变水平。钢筋混凝土构件截面上的钢筋一般分布在截面的外围，一旦屈服可认为整根钢筋发生全截面屈服。钢构件的塑性应变可同时考察拉应变与压应变，钢筋混凝土构件中的钢筋一般主要考察受拉塑性应变。钢筋混凝土构件除了考察钢筋塑性应变，还要考察混凝土材料的受压损伤情况，其程度以损伤因子表示。

　　剪力墙构件由"多个细分混凝土壳元＋分层分布钢筋＋两端约束边缘构件杆元"共同构成，但对整个剪力墙构件而言，如图 13-7 所示，由于墙肢面内一般不满足平截面假定，在边缘混凝土单元出现受压损伤后，构件承载力不会立即下降，其损坏判断标准应有所放宽。考虑到剪力墙的初始轴压比通常为 0.5～0.6，当 50% 的横截面受压损伤达到 0.5 时，构件整体抗压和抗剪承载力剩余约 75%，仍可承担重力荷载，因此以剪力墙受压损伤横截面面积作为其严重损坏的主要判断标准。

　　连梁和楼板的损坏程度判别标准与剪力墙类似，楼板以承担竖向荷载为主，且具有双向传力性质，小于半跨宽度范围内的楼板受压损伤达到 0.5 时，尚不至于出现严重损坏而导致垮塌。

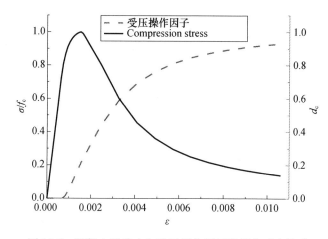

图 13-7　混凝土承载力与受压损伤因子的简化对应关系

　　构件的损坏主要以混凝土的受压损伤因子、受拉损伤因子及钢材（钢筋）的塑性应变程度作为评定标准，其与上述《高层混凝土结构规程》中构件的损坏程度对应关系见表 13-6。

表 13-6　性能评价标准

序号	性能水平	梁柱 $\varepsilon_p/\varepsilon_y$	梁柱 d_c	梁柱 d_t	墙板 $\varepsilon_p/\varepsilon_y$	墙板 d_c	墙板 d_t
1	无损坏	0	0	0	0	0	0
2	轻微损坏	0.001	0.001	0.2	0.001	0.001	0.2
3	轻度损坏	1	0.001	1	1	0.001	1
4	中度损坏	3	0.2	1	3	0.2	1
5	重度损坏	6	0.6	1	6	0.6	1
6	严重损坏	12	0.8	1	12	0.8	1

第14章 结构超限分析报告实例

14.1 概　　述

14.1.1 工程概况

某高层住宅项目由多栋塔楼组成，设置 1 层开敞地下室。地下室层高 4.8m，首层架空层层高 4.5m，标准层层高 3.0m，房屋高度 102.5m。属 A 级高度高层建筑，塔楼结构类型选用剪力墙结构，地下室结构类型选用框架结构。

塔楼平面呈品字形，标准层建筑平面如图 14-1 所示，X、Y 向最大尺寸 35.5m，21.9m，X、Y 向高宽比 2.75、4.46。

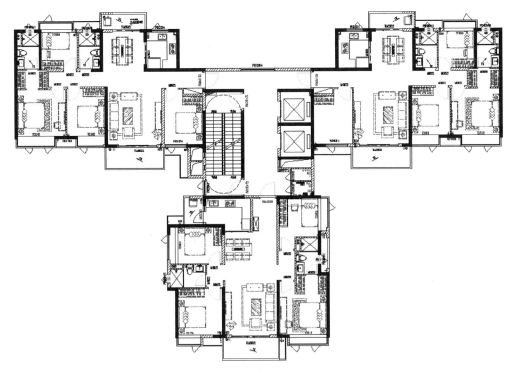

图 14-1　建筑平面图

塔楼地下室及架空层底部剪力墙厚 300mm，标准层墙厚 200mm，地下室框架柱 500mm×700mm，框架梁 400mm×800mm。墙柱混凝土强度等级 C50～C30；梁板混凝土强度等级 C35～C30。

　　嵌固端取基础顶，地下室顶板不设抗震缝。塔楼周边设置施工后浇带，适当考虑温度配筋等措施来防止钢筋混凝土结构因温度变化和混凝土收缩引起的裂缝。

14.1.2　主要设计依据和资料

　　主要设计依据和资料有业主提供的设计任务书，建筑平面布置图、剖面图，岩土工程详细勘察报告，住房城乡建设部文件《超限高层建筑工程抗震设防管理规定》（建设部令第 111 号），《超限高层建筑工程抗震设防专项审查技术要点》（建质〔2015〕67号）。主要设计规范、标准见表 14-1。

表 14-1　设计规范及标准

建筑工程抗震设防分类标准	GB 50223—2008
工程结构可靠度设计统一标准	GB 50153—2008
建筑结构荷载规范	GB 50009—2012
建筑抗震设计规范	GB 50011—2010（2016 年版）
混凝土结构设计规范	GB 50010—2010（2015 年版）
高层建筑混凝土结构技术规程	JGJ 3—2010
混凝土结构耐久性设计规范	GB/T 50476—2008
建筑地基基础设计规范	GB 50007—2011
建筑桩基技术规范	JGJ 94—2008
建筑工程抗震性态设计通则	CECS 160：2004
中国地震动参数区划图	GB 18306—2015
建筑设计防火规范	GB 50016—2014（2018 年版）

14.1.3　建筑分类等级

　　建筑分类等级是结构分析重要的基础性数据。本实例各分类等级如下：

　　（1）结构设计使用年限 50 年。

　　（2）建筑结构安全等级二级，结构重要性系数 1.0。

　　（3）地基基础设计等级甲级。

　　（4）建筑抗震设防类别标准设防类（丙类）。抗震设防烈度 7 度。

　　（5）抗震等级：塔楼剪力墙抗震等级二级，塔楼地下室相关范围抗震等级二级，塔楼相关范围以外地下室抗震等级三级。

　　（6）底部加强区高度取基础顶至四层楼面，加强区高度满足从地下室顶板至墙体总高度 1/10 的要求。

　　建筑防火等级为Ⅰ类，结构构件的耐火等级一级。承重柱、墙的耐火极限 3h，钢筋混凝土梁、板的耐火极限分别为 2h、1.5h。

14.2 地基与基础

14.2.1 地形地貌

场地原始地貌属丘陵，勘察时部分地段已整平，地势东南高，其余地方标高差别不大。

14.2.2 地层岩性

场地地基土自上而下分述如下：

1. 人工填土（Q^{ml}）①

褐红、褐灰色，稍湿-湿，松散状态，未完成自重固结。主要由黏性土组成，含少量强风化、中风化泥质粉砂岩岩块。

2. 第四系冲积粉质黏土（Q^{al}）②

灰褐、褐黄色，可塑，局部硬塑状态，摇振反应无，切面稍有光滑，韧性及干强度中等。

3. 第四系残积粉质黏土（$Q4^{el}$）③

褐红色，可塑-硬塑状态，系下伏泥质粉砂岩风化残积形成，原岩结构尚可辨，摇振反应无，韧性及干强度中等。

4. 白垩系（K）强风化泥质粉砂岩④

褐红色，主要矿物成分为石英碎屑物和黏土矿物等，泥质粉砂岩结构，中-厚层状结构，泥质胶结。节理裂隙极发育。大部分矿物风化变质，岩块用手易折断，浸水后易软化。岩体质量等级为Ⅴ级。

5. 白垩系（K）中风化泥质粉砂岩⑤

褐红色，主要矿物为石英碎屑和黏土矿物等，中-厚层状构造，节理裂隙稍发育，泥质粉砂状结构，泥质胶结。岩石完整程度为较好，岩体基本质量等级为Ⅳ级。

14.2.3 水文地质条件及土的腐蚀性评价

拟建场地地下水类型主要为上层滞水及基岩裂隙水。

上层滞水赋存于人工填土①，主要受大气降水及地表水渗入补给，水量较小。

基岩裂隙水赋存于泥质粉砂岩裂隙中，水量大小受裂隙发育及裂隙性质等控制，且具各向异性。

填土为中透水性地层，其余地层为弱透水层地层，场地土对混凝土结构和钢筋混凝土结构中的钢筋具有微腐蚀性。

14.2.4 场地稳定性、适宜性、均匀性及地震效应评价

1. 场地稳定性及环境工程评价

根据区域地质构造、新构造运动和地震活动资料，场地及附近无活动断裂通过，场地稳定性较好。

场地内及附近无人为大面积开采地下水活动，不会产生地面塌陷，该场地基岩为泥质粉砂岩，局部基岩上部裂隙较发育，岩芯较破碎，中部偶夹破碎。除此之外，未发现河道、墓穴对工程不利的埋藏物，拟建场地稳定性较好。

2. 场地适宜性评价

场地内未发现埋藏的古河道、沟、滨，场地内未发现墓穴、防空洞、采空区，场地内不存在可液化地层，拟建场地未发现滑坡、泥石流等影响场地稳定性的不良地质作用，综合评价该场地属稳定场地，该拟建场地适宜建筑物建设。

3. 岩土层均匀性评价

场地内分布的各地层的岩土工程特性如下：

人工填土①层：该层堆填时间较短，偶含少量建筑垃圾，松散状态，尚未完成自重固结，属工程性质不良的地层，未经处理不能作为拟建场地地坪及基础持力层。

粉质黏土②层：可塑，局部硬塑状态，力学性能一般，可作为拟建场地建筑物浅基础持力层，层厚差异大，物理强度不均，均匀性较差，属不均匀地层。

残积粉质黏土③层：可塑-硬塑状态，强度中等，压缩性中等，工程力学性能一般，埋深较深。不宜作为该拟建场地建筑物浅基础持力层和桩端持力层。

强风化泥质粉砂岩④层：强度一般但其厚度变化较大，不宜作为拟建高层建筑物的大直径桩桩端持力层。可以作为场地拟建多层建筑物和地下室的桩端持力层。

中风化泥质粉砂岩⑤层：全部分布，强度高，变形小，其埋藏深度大，可作为拟建高层建筑物的桩基础桩端持力层。该层厚度大，未揭穿，强度均匀性较好。

4. 地震效应及稳定性评价

拟建场地抗震设防烈度为 7 度，设计基本地震加速度值为 0.10g，设计地震分组为第一组。场地无可液化地层，属可进行建设的一般场地。

5. 等效剪切波速及场地类别

等效剪切波速测试结果及场地覆盖层厚度，按《建筑抗震设计规范》（以下简称为《抗震规范》） 4.1.6 条，场地覆盖层厚度 16～35m，等效剪切波速为 200～350m/s，场地类别为Ⅱ类。

14.2.5　基础形式

根据场地工程地质条件，塔楼及地下室基础形式均采用机械旋挖成孔灌注桩基础，以中风化泥质粉砂岩为桩端持力层，桩端端阻力标准值为 6000kPa。桩长均大于 6m。

14.3　设计荷载及材料

14.3.1　楼、屋面荷载

根据《建筑结构荷载规范》《高层混凝土结构规程》以及与各专业设计条件，确定楼、屋面活荷载取值见表 14-2。

表 14-2　楼、屋面恒载、活载标准值

类别	使用区域	活载标准值（kPa）	附加恒载标准值（不含结构自重）(kPa)	备注
商铺	裙房	3.5	1.5	
疏散楼梯		3.5	1.5	
入户大堂		3.5	1.5	
卧室	标准层	2.0	1.5	
客厅		2.0	1.5	
厨房		2.0	1.5	
卫生间		2.5	7.0	
阳台		2.5	1.5	
设备平台		3.0	1.5	
疏散楼梯		3.5	1.5	
电梯机房		7.0	1.5	
上人屋面	屋面	2.0	4.0	防水、隔热
不上人屋面		0.5	4.0	防水、隔热
地下车库顶板		4.0	27	覆土1.5m

14.3.2　风荷载及雪荷载

基本风压、地面粗糙度和基本雪压见表 14-3。

表 14-3　风荷载及雪荷载计算参数

地面粗糙度		C 类
位移控制基本风压（承载力按 1.1 倍基本风压）		0.35kPa（0.385kPa）
舒适度控制基本风压		0.25kPa
体型系数	X 向	1.4
	Y 向	1.4
结构阻尼比		0.05
基本雪压		0.45

14.3.3　地震作用

根据《抗震规范》和《中国地震动参数区划图》，地震作用的相关参数见表 14-4。

表 14-4　地震作用相关参数

名称	取值
房屋高度	A 级
设计使用年限	50 年
设计基准期	50 年

名称		取值
结构安全等级		二级
结构重要性系数		1.0
抗震设防烈度		7 度
基本地震加速度		0.10g
设计地震分组		第一组
场地类别		Ⅱ类
场地特征周期		小震、中震，0.35s；大震，0.40s
抗震设防类别		丙类
抗震等级		塔楼剪力墙及相关范围地下室抗震等级二级，塔楼相关范围以外地下室抗震等级三级
结构阻尼比		0.05
水平地震影响系数最大值	多遇地震	0.08
	设防地震	0.23
	罕遇地震	0.50
地震峰值加速度	多遇地震	$35cm/s^2$
	设防地震	$100cm/s^2$
	罕遇地震	$220cm/s^2$

14.3.4 混凝土

主体混凝土结构的混凝土强度等级不低于 C30，混凝土强度标准值见表 14-5。

表 14-5 混凝土强度标准值（N/mm^2）

强度等级	标准值		设计值		弹性模量 E_c
	抗压强度 f_{ck}	抗拉强度 f_{tk}	抗压强度 f_c	抗拉强度 f_t	
C30	20.1	2.01	14.3	1.43	3.00×10^4
C35	23.4	2.20	16.7	1.57	3.15×10^4
C40	26.8	2.39	19.1	1.71	3.25×10^4
C45	29.6	2.51	21.1	1.80	3.35×10^4
C50	32.4	2.64	23.1	1.89	3.45×10^4

14.3.5 混凝土保护层

混凝土保护层指结构构件钢筋外边缘至构件表面范围的厚度，混凝土保护层的最小厚度见表 14-6。

表14-6 混凝土保护层的最小厚度（mm）

环境类别	板、墙、壳	梁、柱
一	15	20
二 a	20	25
二 b	25	35
三 a	30	40
三 b	40	50

注：1. 混凝土强度等级不大于C25时，表中保护层厚度数值应增加5mm；

2. 钢筋混凝土基础宜设置混凝土垫层，基础中钢筋的混凝土保护层厚度应从垫层顶面算起，且不应小于40mm。

14.3.6 钢筋

主体结构的纵向受力普通钢筋采用HRB400，箍筋采用HRB400，普通钢筋强度标准值应有不小于95％的保证率，钢筋强度标准值见表14-7。

表14-7 普通钢筋强度标准值（N/mm²）

牌号	公称直径 d（mm）	屈服强度标准值 f_{yk}	抗拉强度/抗压强度设计值 f_y / f'_y	弹性模量 E_s
HPB300	6～14	300	270/270	2.1×10^5
HRB400	6～50	400	360/360	2.0×10^5

14.4 抗震设防性能目标构件分类

综合考虑抗震设防类别、设防烈度、场地条件、结构自身特性等因素，根据性能化抗震设计的概念，按照国家规范要求，本实例抗震性能目标定为C级，即小震完好、无损坏，中震轻度损坏，大震中度损坏。不同性能水准构件分类细化见表14-8。

表14-8 抗震设防性能目标构件分类细化

地震烈度 （50年超越概率）		小震（多遇地震） （63％）	中震（设防地震） （10％）	大震（罕遇地震） （2％）
性能水准		第1水准	第3水准	第4水准
工作性能		完好、无损坏	轻度损坏	中度损坏
允许层间位移角		1/1000	1/333	1/120
关键构件	底部加强区剪力墙、柱	弹性	抗剪弹性 抗弯不屈服	抗剪不屈服 抗弯不屈服 满足截面抗剪条件
普通竖向构件	非底部加强部位剪力墙	弹性	抗剪弹性 抗弯不屈服	部分竖向构件屈服 满足截面抗剪条件

续表

地震烈度 （50 年超越概率）		小震（多遇地震） （63%）	中震（设防地震） （10%）	大震（罕遇地震） （2%）
耗能 构件	连梁	弹性	抗剪不屈服 部分弯曲屈服	允许大部分抗剪屈服 允许大部分抗弯屈服
	框架梁	弹性	抗剪不屈服 部分弯曲屈服	允许大部分抗剪屈服 允许大部分抗弯屈服
楼板		弹性	允许少量开裂，大部分楼板应力小于混凝土强度标准值 f_{tk}	允许开裂，控制裂缝宽度，钢筋不屈服
主要整体计算方法		反应谱	反应谱	动力弹塑性分析

注：表中性能水准"1、3、4"对应的是《高层混凝土结构规程》3.11 条表 3.11.2 中的结构抗震性能水准。"抗剪弹性""抗弯不屈服"分别对应《高层混凝土结构规程》3.11.3 条中式（3.11.3-1）和式（3.11.3-2）。表中"轻微"指的是不超过 5%；"部分"指的是不超过 30%。

14.5　结构超限分析

14.5.1　结构类型

地面以上塔楼 33 层，1 层开敞地下室，结构屋面高度 102.5m，属于 A 级高度高层建筑。塔楼采用全落地剪力墙结构，结构竖向力、风和地震作用产生的水平力主要由剪力墙承担，塔楼外地下室采用框架结构，楼面采用现浇混凝土板，嵌固端取基础顶。结构三维模型示意如图 14-2 所示，标准层结构平面布置如图 14-3 所示。

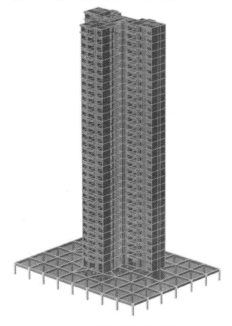

图 14-2　结构计算模型简图

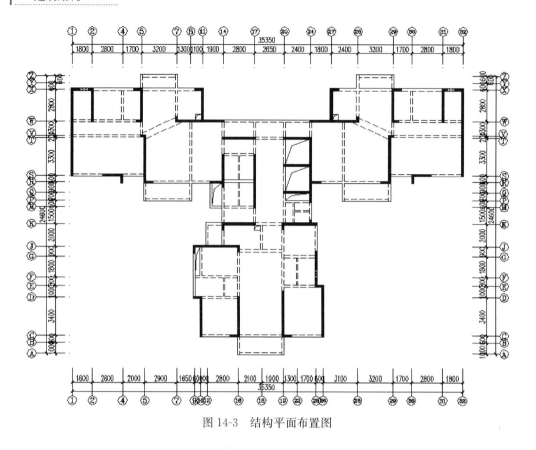

图 14-3　结构平面布置图

14.5.2　主要构件尺寸和材料

（1）各层混凝土材料强度等级见表 14-9。

表 14-9　混凝土材料强度等级

楼层	柱、墙	梁、板
1F	C35	C35
2F~6F	C50	C35
7F~11F	C45	C30
12F~16F	C40	C30
17F~21F	C35	C30
22F~33F	C30	C30

（2）剪力墙厚度及材料见表 14-10。

表 14-10　剪力墙厚度及材料（mm）

楼层	墙厚度
1F~2F	300
3F~33F	200

（3）各楼层主要框架梁截面见表 14-11。

表 14-11 各楼层主要框架梁截面（mm）

楼层	框架梁截面尺寸
1F～2F	300×500 300×550 200×550 250×400 300×400 200×750 400×800
3F～33F	200×500 200×550 200×400 200×750

（4）连梁截面见表 14-12。

表 14-12 各楼层连梁截面（mm）

楼层	连梁截面尺寸
1F～2F	300×2250 300×1900 300×1250 300×1450 300×550
3F～4F	200×1900 200×1050 200×550
5F～33F	200×1900 200×850 200×1050 200×550

（5）楼盖结构采用现浇混凝土楼板，楼板厚度见表 14-13。

表 14-13 楼板厚度（mm）

层数	电梯、楼梯孔洞周边	其余房间位置
1F	160	300
2F～33F	150	100 120 150

14.5.3 结构超限检查判别

根据《超限高层建筑工程抗震设防管理规定》（建设部令第 111 号），超限高层建筑工程抗震设防专项审查技术要点》（建质〔2015〕67 号）对本实例进行超限判别。

（1）房屋高度超限判别见表 14-14。

表 14-14 房屋高度超限判别（m）

高度	规范限值	是否超限项
102.5	140	否

（2）结构不规则超限判别见表 14-15。

表 14-15 结构不规则超限判别

序号	不规则类型	简要含义	是否超限项
1a	扭转不规则	考虑偶然偏心的扭转位移比大于 1.2	是
1b	偏心布置	偏心率大于 0.15 或相邻层质心相差大于相应边长 15%	否
2a	凹凸不规则	平面凹凸尺寸大于相应边长 30% 等	是
2b	组合平面	细腰形或角部重叠形	否
3	楼板不连续	有效宽度小于 50%，开洞面积大于 30%，错层大于梁高	是
4a	刚度突变	相邻层刚度变化大于 70%（按高规考虑层高修正时，数值相应调整）或连续三层变化大于 80%	否

续表

序号	不规则类型	简要含义	是否超限项
4b	尺寸突变	竖向构件收进位置高于结构高度20％且收进大于25％，或外挑大于10％和4m，多塔	否
5	构件间断	上下墙、柱、支撑不连续，含加强层、连体类	否
6	承载力突变	相邻层受剪承载力变化大于80％	否
7	局部不规则	如局部的穿层柱、斜柱、夹层、个别构件错层或转换，或个别楼层扭转位移比略大于1.2等	是

（3）结构特殊特规则超限判别见表14-16、表14-17。

表 14-16　结构特殊不规则超限判别（1）

序号	不规则类型	简要含义	是否超限项
1	扭转偏大	裙房以上的较多楼层考虑偶然偏心的扭转位移比大于1.4	否
2	抗扭刚度弱	扭转周期比大于0.9，超过A级高度的结构扭转周期比大于0.85	否
3	层刚度偏小	本层侧向刚度小于相邻上层的50％	否
4	塔楼偏置	单塔或多塔与大底盘的质心偏心距大于底盘相应边长20％	否

表 14-17　结构特殊不规则超限判别（2）

序号	不规则类型	简要含义	是否超限项
1	高位转换	框支墙体的转换构件位置：7度超过5层，8度超过3层	否
2	厚板转换	7～9度设防的厚板转换结构	否
3	复杂连接	各部分层数、刚度、布置不同的错层，连体两端塔楼高度、体型或沿大底盘某个主轴方向的振动周期显著不同的结构	否
4	多重复杂	结构同时具有转换层、加强层、错层、连体和多塔等复杂类型的3种	否

结构超限检查结果如下。

结构 Y 向考虑偶然偏心的扭转位移比大于1.2，属超限不规则项；结构 Y 向平面凹凸尺寸大于相应边长的30％，属超限不规则项；楼梯间电梯前室结构楼板有效宽度小于50％，属超限不规则项；地下室顶板位置塔楼周边梁，错层1.5m大于梁高，属超限不规则项。

综上所述，该塔楼属于 A 级高度高层建筑，不规则项超过三项，属于超限高层建筑。

14.5.4　小震弹性分析

1. 整体模型及主要输入参数

采用 YJK 和 PKPM 程序进行计算对比分析，主要输入参数见表14-18，计算模型轴测图如图14-4所示。

表 14-18　小震计算参数取值

计算参数	赋值
结构重要性系数	1.00
结构体系	剪力墙结构
嵌固端所在层号（层顶嵌固）	基础顶
竖向荷载计算信息	施工模拟三
梁刚度放大系数按规范取值	是
地面粗糙程度	C
修正后的基本风压（kN/m^2）	0.35
承载力设计时的风荷载效应放大系数	1.1
体形系数	1.4
设计地震分组	一
地震烈度	7（0.1g）
场地类别	Ⅱ
特征周期	0.35
结构的阻尼比	0.05
周期折减系数	0.9
模型振型数	参与质量大于 90%
塔楼及地下室相关范围抗震等级	2
塔楼相关范围以外地下室	3
是否考虑双向地震扭转效应	是
是否考虑偶然偏心	是
偶然偏心值	X 向 0.05，Y 向 0.05
地震影响系数最大值	0.08
是否考虑 P-Delt 效应	是
梁端弯矩调幅系数	0.85
地震计算时地下室的结构质量	考虑
楼板假定	整体指标计算采用强刚，其他计算非强刚

2. 质量、风荷载及地震作用

结构恒载总质量，活载总质量和总质量，在 50 年重现期风荷载作用下的基底总剪力，基底总倾覆弯矩，多遇地震作用下结构基底总剪力及总倾覆弯矩计算结果见表 14-19。

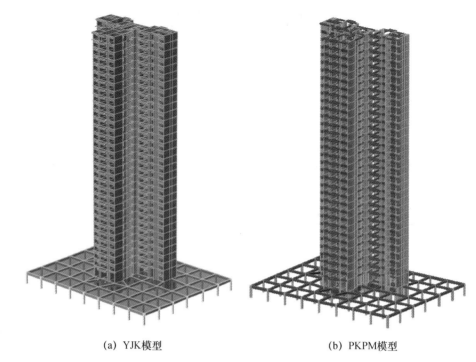

(a) YJK模型   (b) PKPM模型

图 14-4 计算模型

表 14-19 结构质量、风荷载及地震作用

项次		YJK 计算结果		PKPM 计算结果	
恒载总质量（t）		31732.648		31738.039	
活载总质量（t）		2089.905		2085.991	
总质量（t）		33822.555		33824.031	
方向		X 向	Y 向	X 向	Y 向
地震作用	基底总剪力（kN）	6489.14	7272.69	6583.78	6977.05
	基底总倾覆弯矩（kN·m）	442559.4	495997.5	449014.0	475834.8
风荷载	基底总剪力（kN）	2158.2	3009.6	2149.8	3002.8
	基底总倾覆弯矩（kN·m）	146616.2	204790.9	146614.5	204774.1

计算结果表明。

（1）PKPM 计算结果与 YJK 计算结果基本吻合，误差在 5% 以内。

（2）地震作用下，结构 X 向和 Y 向部分楼层最小剪重比小于规范限值，地震剪力需要调整。

（3）X 向风荷载基底剪力约为地震作用的 30%；Y 向风荷载基底剪力约为地震作用的 40%，可见整体结构小震弹性设计时，地震作用对结构起控制作用。

3. 周期与振型

《高层混凝土结构规程》3.4.5 条规定结构扭转为主的第一自振周期 T_t 与平动为主的第一自振周期 T_1 之比，A 级高度高层建筑不应大于 0.9，B 级高度高层建筑、超过 A 级高度的混合结构及本规程第 10 章所指的复杂高层建筑不应大于 0.85。

采用 YJK 对塔楼进行计算分析，并采用 PKPM 进行校核，计算结果见表 14-20，YJK 和 PKPM 前三阶振型示意图如图 14-5 所示。

表 14-20 结构前 6 阶周期

振型	YJK			PKPM		
	周期	振型质量参与系数		周期	振型质量参与系数	
		平动系数（$X+Y$）	扭转系数		平动系数（$X+Y$）	扭转系数
1	3.035	0.99（0.89+0.10）	0.01	3.011	1.00（0.92+0.08）	0.00
2	2.750	0.96（0.11+0.85）	0.04	2.645	0.99（0.08+0.91）	0.01
3	2.217	0.05（0.00+0.05）	0.95	2.140	0.02（0.00+0.02）	0.98
4	0.881	1.00（0.99+0.01）	0.00	0.855	1.00（0.98+0.01）	0.00
5	0.707	0.94（0.01+0.93）	0.06	0.670	0.95（0.02+0.94）	0.05
6	0.580	0.06（0.00+0.06）	0.94	0.563	0.05（0.00+0.05）	0.95

计算结果表明。

（1）结构第一振型为 X 方向平动，第二振型为 Y 方向平动，第三振型为扭转。第一扭转周期与第一平动周期之比为 0.73，小于 0.90，满足规范要求。

（2）X、Y 方向的前 48 阶振型质量参与系数 YJK 计算结果为 98.07% 及 95.70%，PKPM 计算结果为 98.74% 及 91.95%，均满足规范大于 90% 的要求。

（3）PKPM 各阶周期及振型与 YJK 基本一致，误差均在 5% 以内。PKPM 周期计算结果偏小，这主要是因为程序对于节点质量的考虑、梁的刚度放大系数、刚域、墙单元剖分、连梁的模拟等与 YJK 的处理存在差异。

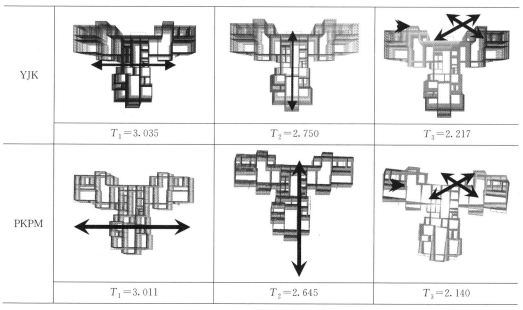

YJK	$T_1=3.035$	$T_2=2.750$	$T_3=2.217$
PKPM	$T_1=3.011$	$T_2=2.645$	$T_3=2.140$

图 14-5 结构前三阶振型示意

4. 层间位移角

《高层混凝土结构规程》3.7.3 条规定按弹性方法计算的风荷载或多遇地震标准值

作用下，高度不大于 150m 的高层建筑，其楼层层间最大位移与层高之比 $\Delta u/h$ 不宜大于表 3.7.3 的限值。

风荷载和地震作用下，最大层间位移角结果见表 14-21，最大层间位移角满足1/1000 限值要求。

表 14-21　结构风荷载及地震作用下最大层间位移角

项次		YJK 计算结果		PKPM 计算结果	
方向		X 向	Y 向	X 向	Y 向
风荷载	最大层间位移角	1/1827	1/1642	1/2013	1/1921
	所在楼层	14	17	15	18
地震作用	最大层间位移角	1/1298	1/1295	1/1400	1/1453
	所在楼层	15	20	15	21

图 14-6 给出了 YJK 软件风荷载和地震作用下层间位移角曲线，图 14-7 给出了PKPM 软件风荷载和地震作用下层间位移角曲线。

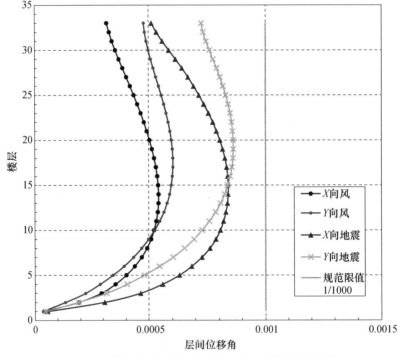

图 14-6　结构各楼层层间位移角曲线（YJK 计算结果）

可见层间位移角曲线平滑无较大突变，曲线呈弯曲形符合剪力墙结构的受力特性。地震作用层间位移角大于风荷载层间位移角。

5. 扭转位移比

《高层混凝土结构规程》3.4.5 条规定在考虑偶然偏心影响的规定水平地震力作用下，楼层竖向构件最大的水平位移和层间位移，A 级高度高层建筑不宜大于该楼层平均值的 1.2 倍，不应大于该楼层平均值的 1.5 倍。

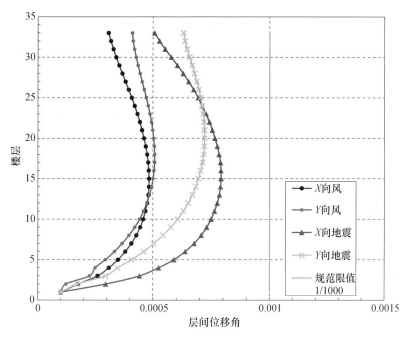

图 14-7　结构各楼层层间位移角曲线（PKPM 计算结果）

　　整体结构在考虑偶然偏心影响的规定水平力地震作用下，楼层竖向构件最大的水平位移和层间位移与楼层平均值之比如图 14-8 所示。X 向偶然偏心地震作用下扭转位移比最大 1.27，Y 向偶然偏心地震作用下扭转位移比最大 1.33，比值结果均大于 1.2 小于 1.5 规范限值。

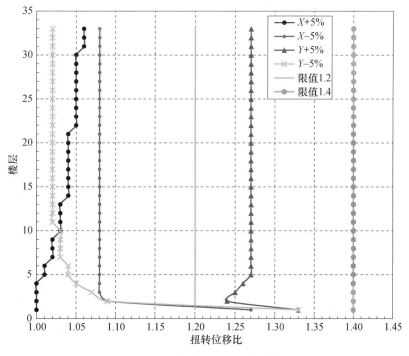

图 14-8　扭转位移比分布曲线

6. 剪重比

《高层混凝土结构规程》4.3.12 条规定多遇地震水平地震作用计算时，楼层剪重比不应小于楼层最小地震剪力系数。对于竖向不规则结构的薄弱层，尚应乘以 1.15 的增大系数。

地震作用下各楼层地震剪力和剪重比计算结果见表 14-22。规范要求结构 X 向和 Y 向楼层最小剪重比 1.6%。从表中可见结构 7 层以下剪重比小于限值 1.60%，需要调整。各楼层剪重比曲线图如图 14-9 所示。

表 14-22　各楼层地震剪力及剪重比

楼层	X 向楼层地震剪力（kN）	X 向剪重比	Y 向楼层地震剪力（kN）	Y 向剪重比
1	6489.14	0.0192	7272.69	0.0215
2	3248.85	0.0151	3424.56	0.0159
3	3143.79	0.0153	3288.57	0.0160
4	3071.72	0.0154	3189.17	0.0160
5	2995.81	0.0155	3088.86	0.0160
6	2919.89	0.0157	2995.21	0.0161
7	2849.38	0.0159	2910.25	0.0162
8	2787.87	0.0161	2830.95	0.0164
9	2734.67	0.0164	2752.77	0.0166
10	2685.78	0.0168	2673.60	0.0167
11	2637.21	0.0172	2596.02	0.0170
12	2586.66	0.0177	2526.02	0.0173
13	2532.41	0.0181	2468.60	0.0177
14	2472.74	0.0186	2423.06	0.0182
15	2407.57	0.0190	2381.44	0.0188
16	2340.58	0.0195	2332.46	0.0195
17	2277.56	0.0201	2268.39	0.0200
18	2220.33	0.0208	2190.53	0.0205
19	2162.49	0.0216	2110.27	0.0211
20	2093.47	0.0224	2042.80	0.0219
21	2009.09	0.0232	1996.24	0.0230
22	1918.18	0.0239	1963.79	0.0245
23	1836.52	0.0250	1925.64	0.0262
24	1770.45	0.0265	1861.46	0.0278
25	1706.41	0.0283	1763.85	0.0293
26	1622.39	0.0303	1645.28	0.0307
27	1511.07	0.0322	1533.95	0.0326
28	1391.76	0.0345	1455.33	0.0361
29	1294.53	0.0384	1406.59	0.0417

楼层	X 向楼层地震剪力（kN）	X 向剪重比	Y 向楼层地震剪力（kN）	Y 向剪重比
30	1220.60	0.0450	1348.34	0.0498
31	1121.22	0.0548	1223.63	0.0598
32	924.55	0.0668	982.56	0.0710
33	576.06	0.0798	594.62	0.0824

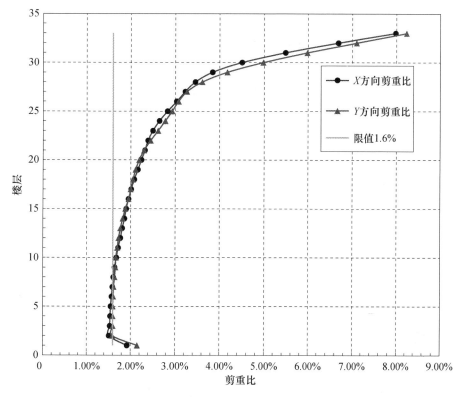

图 14-9　各楼层剪重比

7. 楼层刚度比

《高层混凝土结构规程》3.5.2 条规定剪力墙结构楼层与相邻上层的侧向刚度比不宜小于 0.9；当本层层高大于相邻上层层高的 1.5 倍时，该比值不宜小于 1.1；对结构底部嵌固层，该比值不宜小于 1.5。塔楼楼层刚度比结果见表 14-23，各楼层侧向刚度比如图 14-10 所示。

表 14-23　各楼层刚度比

楼层	X 方向	Y 方向	规范限值	楼层	X 方向	Y 方向	规范限值
1	3.6644	3.1839	1.00	5	1.2328	1.2935	1.00
2	1.6469	1.8611	1.00	6	1.2098	1.2629	1.00
3	1.3475	1.4552	1.00	7	1.1875	1.2381	1.00
4	1.2755	1.3497	1.00	8	1.1725	1.2172	1.00

楼层	X 方向	Y 方向	规范限值	楼层	X 方向	Y 方向	规范限值
9	1.1631	1.1988	1.00	22	1.1391	1.1287	1.00
10	1.1554	1.1842	1.00	23	1.1340	1.1261	1.00
11	1.1501	1.1764	1.00	24	1.1272	1.1397	1.00
12	1.1442	1.1708	1.00	25	1.1292	1.1632	1.00
13	1.1420	1.1666	1.00	26	1.1444	1.1811	1.00
14	1.1419	1.1603	1.00	27	1.1619	1.1763	1.00
15	1.1416	1.1520	1.00	28	1.1613	1.1517	1.00
16	1.1407	1.1465	1.00	29	1.1441	1.1420	1.00
17	1.1360	1.1453	1.00	30	1.1580	1.1893	1.00
18	1.1327	1.1503	1.00	31	1.2772	1.3385	1.00
19	1.1317	1.1554	1.00	32	1.6904	1.7892	1.00
20	1.1343	1.1534	1.00	33	1.0000	1.0000	1.00
21	1.1398	1.1430	1.00				

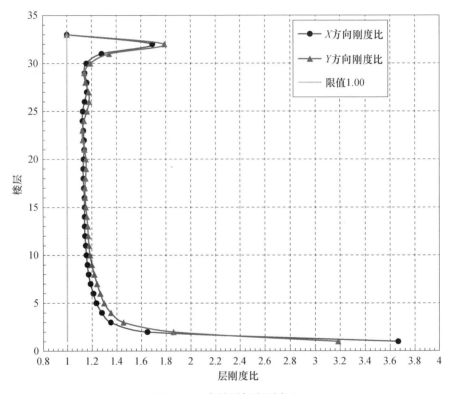

图 14-10　各楼层侧向刚度比

8. 层抗剪承载力比

《高层混凝土结构规程》3.5.3 条规定 A 级高度高层建筑的楼层抗侧力结构的层间受剪承载力不宜小于其相邻上一层受剪承载力的 80%，不应小于其相邻上一层受剪承载力的 65%。

各楼层抗剪承载力比值见表 14-24，各楼层抗剪承载力曲线如图 14-11 所示。

表 14-24 各楼层抗剪承载力比

楼层	X 方向	Y 方向	规范限值	楼层	X 方向	Y 方向	规范限值
1	2.22	1.77	0.80	18	1.01	1.01	0.80
2	1.35	1.39	0.80	19	1.01	1.01	0.80
3	1.00	1.00	0.80	20	1.01	1.00	0.80
4	1.00	0.99	0.80	21	1.08	1.08	0.80
5	0.99	0.99	0.80	22	1.01	1.01	0.80
6	1.06	1.05	0.80	23	1.01	1.02	0.80
7	1.00	0.99	0.80	24	1.01	1.01	0.80
8	1.00	1.00	0.80	25	1.02	1.01	0.80
9	1.00	1.00	0.80	26	1.02	1.01	0.80
10	1.00	1.00	0.80	27	1.00	1.01	0.80
11	1.07	1.07	0.80	28	1.02	1.01	0.80
12	1.00	1.00	0.80	29	1.01	1.01	0.80
13	1.00	1.00	0.80	30	1.01	1.02	0.80
14	1.02	1.01	0.80	31	1.02	1.02	0.80
15	1.01	1.01	0.80	32	1.02	1.02	0.80
16	1.07	1.08	0.80	33	1.00	1.00	0.80
17	1.01	1.01	0.80				

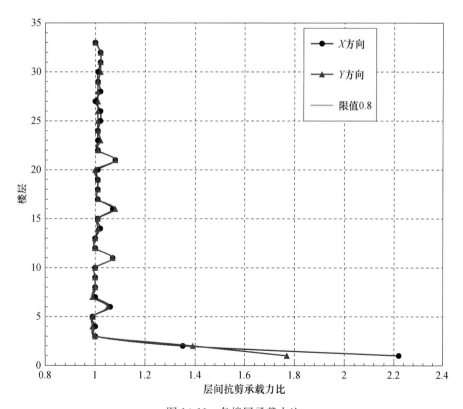

图 14-11 各楼层承载力比

结果表明，各楼层最小抗剪承载力比最小为 0.99，大于规范 0.8 的限值要求。由于结构布置的变化、混凝土强度等级到上部楼层逐渐变小以及层高变化等因素会使曲线存在一些拐点。

9. 结构整体稳定刚重比

《高层混凝土结构规程》5.4.1 条规定剪力墙结构剪重比大于 2.7 可不考虑重力二阶效应的不利影响；5.4.4 条规定剪力墙结构整体稳定性要满足刚重比大于 1.4 的要求。

结构刚重比计算结果见表 14-25，风荷载和地震作用下结构刚重比均大于 1.4，结构的整体稳定满足规范要求，风荷载作用下结构刚重比略小于 2.7，不满足规范要求，应考虑重力二阶效应对水平力作用下结构内力和位移的不利影响。

表 14-25　结构刚重比

刚重比	YJK	
	X 向	Y 向
地震作用	4.576	5.447
风荷载	2.383	2.691

10. 构件轴压比

《高层混凝土结构规程》6.4.2 条规定抗震等级三级时，钢筋混凝土柱轴压比不宜超过 0.85；7.2.13 条规定重力荷载代表值作用下，二、三级剪力墙墙肢的轴压比不宜超过 0.6 的限值。最底层剪力墙轴压比如图 14-12 所示，轴压比均小于 0.6 的规范限值。

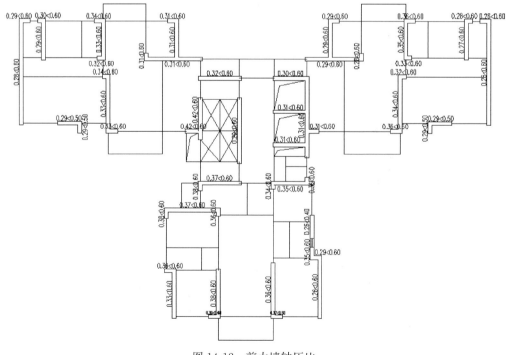

图 14-12　剪力墙轴压比

14.5.5　弹性时程分析

1. 地震波

采用弹性时程分析法对本实例进行多遇地震下的补充计算。选用 2 条天然波和 1 条人工波，天然波 1 Irpinia，Italy-02 _ NO _ 299，天然波 2 Imperial Valley-06 _ NO _ 174 和人工波 1 ArtWave-RH1TG035。各地震波的加速度时程曲线如图 14-13～图 14-15 所示。

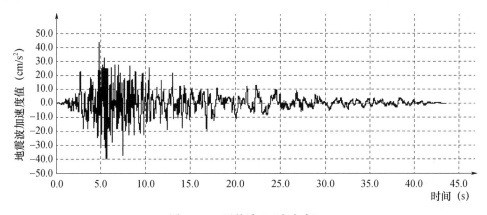

图 14-13　天然波 1（主方向）

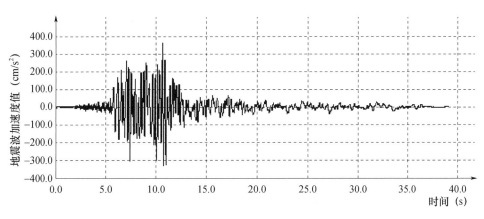

图 14-14　天然波 2（主方向）

第 1 条天然波加速度峰值为 43.28 cm/s^2，约 5s 时出现；第 2 条天然波加速度峰值 363.98 cm/s^2，出现时间约 10s；人工波加速度峰值为 100cm/s^2，出现时间约 2s。

《高层混凝土结构规程》4.3.5 条规定地震波的持续时间不宜小于建筑结构基本自振周期的 5 倍和 15s，地震波的时间间距可取 0.01s 或 0.02s。

《高层混凝土结构规程》4.3.5 条规定多组时程波的平均地震影响系数曲线与振型分解反应谱法所用的地震影响系数曲线相比，在对应于结构主要振型的周期点上相差不大于 20%，地震波反应谱与规范反应谱的对比曲线如图 14-16 所示，前三周期点上，曲线差值均在 20%以内满足规范选波要求。

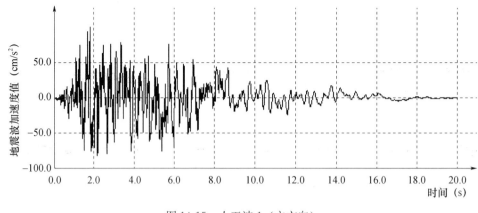

图 14-15 人工波 1（主方向）

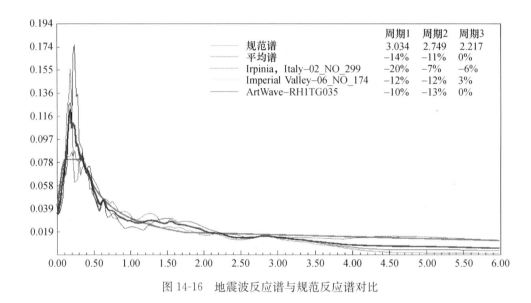

		周期1	周期2	周期3
⋯⋯	规范谱	3.034	2.749	2.217
━━	平均谱	−14%	−11%	0%
⋯⋯	Irpinia，Italy−02_NO_299	−20%	−7%	−6%
⋯⋯	Imperial Valley−06_NO_174	−12%	−12%	3%
━━	ArtWave−RH1TG035	−10%	−13%	0%

图 14-16 地震波反应谱与规范反应谱对比

2. 底部剪力对比

《高层混凝土结构规程》4.3.5 条及前文 13.3.2 章节介绍了弹性时程分析时结构底部剪力的要求。地震波基底剪力、地震波基底剪力与反应谱法（CQC 法）基底剪力比值见表 14-26。图 14-17 给出 X 向最大楼层剪力曲线，图 14-18 给出 Y 向最大楼层剪力曲线。

表 14-26 地震波基底剪力、地震波基底剪力与 CQC 法基底剪力比值

	地震波	天然波 1	天然波 2	人工波 1	平均值	CQC 法
X 向	基底剪力（kN）	8465.39	7351.28	7587.83	7801.50	6489.14
	比值	129%	112%	116%	119%	
	地震波	天然波 1	天然波 2	人工波 1	平均值	CQC 法
Y 向	基底剪力（kN）	7606.75	8018.54	7167.13	7597.47	7272.69
	比值	104%	110%	98%	104%	

每条时程曲线计算所得结构底部剪力与振型分解反应谱法计算结果的比值在

70%～109%，满足规范 65%～135% 的要求。多条时程曲线计算所得结构底部剪力的平均值与振型反应谱法计算结果的比值 X 向和 Y 向分别为 119% 和 104%，满足规范在 80%～120% 的要求。

最大楼层剪力曲线图可见部分楼层时程剪力值大于反应谱剪力，CQC 法计算时楼层剪力应乘以相应的放大系数。可取全楼统一地震作用放大系数 1.1。

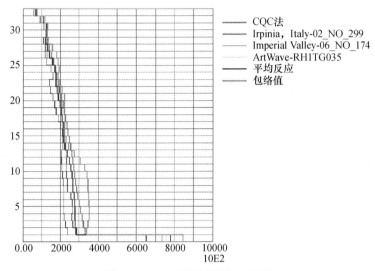

图 14-17　X 向最大楼层剪力曲线

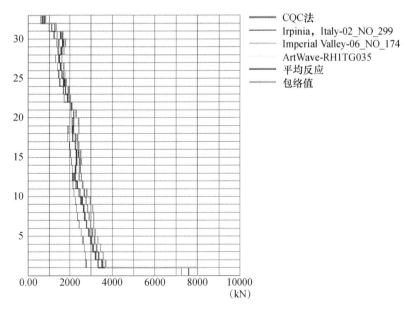

图 14-18　Y 向最大楼层剪力曲线

3. 层间位移角对比

各时程工况层间位移角最大值及出现的楼层见表 14-27，X 向最大层间位移角曲线如图 14-19 所示，Y 向最大层间位移角曲线如图 14-20 所示。CQC 法的层间位移角曲线基本能包络时程工况的层间位移角曲线。

表 14-27　各时程工况层间位移角

方向	规范谱	天然波 1	天然波 2	人工波 1
X 向	1/1298 (15 层)	1/1629 (15 层)	1/1530 (15 层)	1/1308 (10 层)
Y 向	1/1295 (20 层)	1/1555 (20 层)	1/1363 (20 层)	1/1424 (22 层)

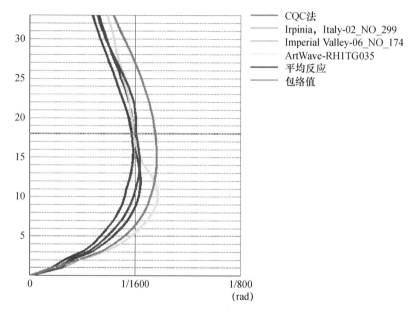

图 14-19　X 向最大层间位移角曲线

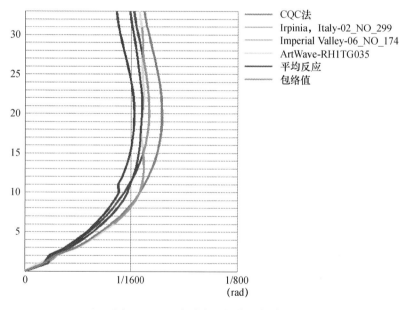

图 14-20　Y 向最大层间位移角曲线

14.5.6 中震分析

1. 中震工况

中震工况取中震规范反应谱作为设计依据，中震规范谱曲线与小震规范谱曲线对比如图 14-21 所示。中震验算的主要对象是组成结构整体刚度的主要构件，包括剪力墙、柱、框架梁和连梁。按《高层混凝土结构规程》性能水准 3 的要求设置中震计算参数取值见表 14-28。

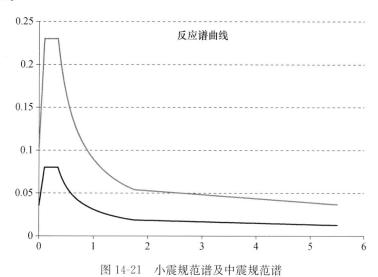

图 14-21 小震规范谱及中震规范谱

表 14-28 中震计算参数取值

计算参数	赋值
结构重要性系数	1.0
振型数	质量参与系数之和 90%
连梁刚度折减系数	0.5（地震）
阻尼比	0.06
嵌固层	基础顶
抗震设防烈度	7 度
基本地震加速度	0.10g
周期折减系数	1.0
设计地震分组	第一组
场地类别	Ⅱ类
地震影响系数最大值	0.23
场地特征周期	0.35s
抗震等级有关的内力调整	不考虑
考虑偶然偏心	否
考虑双向地震	是

计算参数	赋值
荷载分项系数	1.0
承载力抗震调整系数 γ_{RE}	1.0
材料强度取值	标准值
风荷载参与地震组合	不考虑
重力二阶效应	考虑
最小剪重比地震内力调整	不考虑
薄弱层判断与调整	不考虑
$0.2V_0$ 分段调整	不考虑

2. 层间位移角

《抗震规范》3.10.3 条文说明中震作用下层间位移角参考限值为 3～4 倍的多遇地震下的位移角限值约 1/333，中震的地震作用力约为小震的 3 倍。中震作用下层间位移角分布曲线如图 14-22 所示，X 向最大值 1/510 位于 14 层，Y 向最大值 1/467 位于 19 层。各层层间位移角均小于规范规定的参考限值。

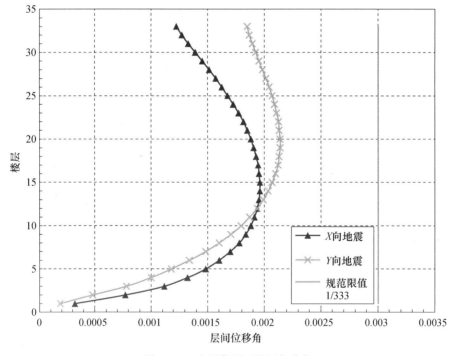

图 14-22　中震作用下层间位移角

3. 基底剪力

中震作用下的基底剪力与小震作用下的基底剪力对比见表 14-29，X 向中震作用下基底剪力是小震作用下基底剪力 3 倍（$2^{1.5}=2.83$）左右，Y 向中震作用下基底剪力是小震作用下基底剪力 3 倍左右，符合地震作用的基本规律。

表 14-29　中震、小震工况基底剪力

基底剪力	中震作用下基底剪力（kN）	小震作用下基底剪力（kN）	中震/小震
X 向	18032.8	6489.14	2.78
Y 向	19966.2	7272.69	2.75

4. 中震构件验算结果

（1）剪力墙

根据预定的中震设防性能目标，底部加强区中震抗剪弹性、抗弯不屈服验算校核，非底部加强区抗剪弹性、抗弯不屈服验算校核。图 14-23～图 14-28 给出了 2F、3F、30F 小震工况和中震工况剪力墙配筋结果。

通过对比，中震剪力墙配筋结果与小震弹性计算结果，可见大部分墙身配筋相同，个别墙体边缘构件配筋不同，中震配筋结果稍大，设计时按中震输出结果与小震计算结果包络进行配筋。

（2）框架梁和连梁

根据预定的中震设防性能目标，框架梁和连梁中震抗剪不屈服、部分受弯屈服。图 14-29、图 14-30 给出了中震工况二层、三层框架梁和连梁配筋结果。框架梁和连梁箍筋并未发生超筋现象，能满足中震抗剪不屈服的性能目标，施工图设计时按中震工况与小震工程结果包络进行配筋。

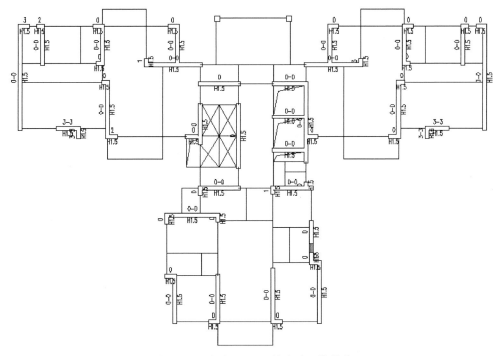

图 14-23　小震工况 2F 剪力墙配筋信息

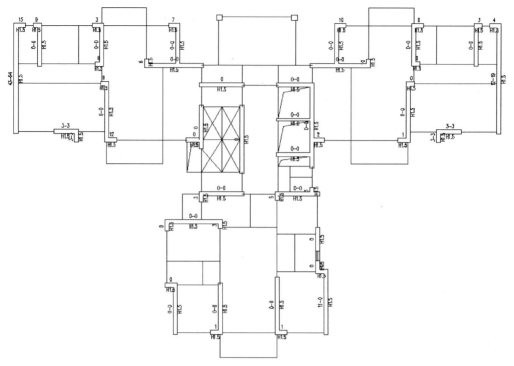

图 14-24 中震工况 2F 剪力墙配筋

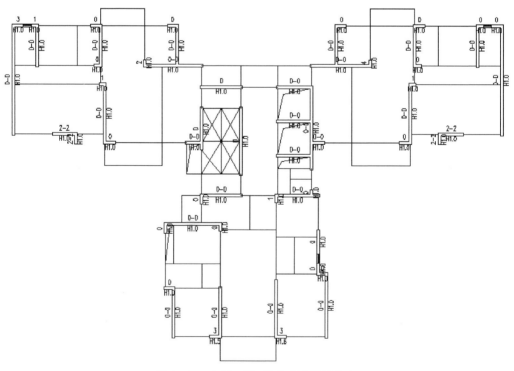

图 14-25 小震工况 3F 剪力墙配筋信息

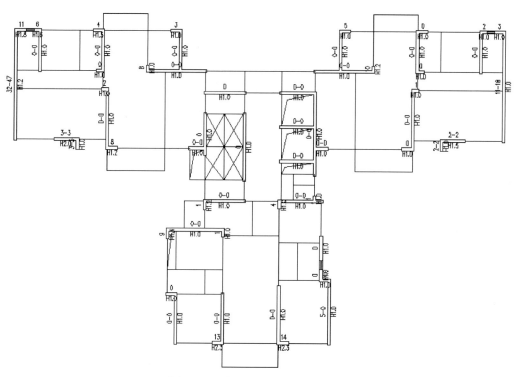

图 14-26 中震工况 3F 剪力墙配筋

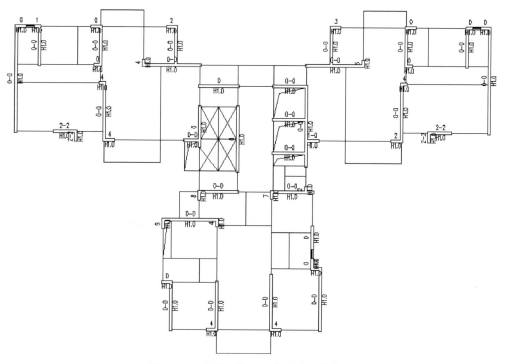

图 14-27 小震工况 30F 剪力墙配筋信息

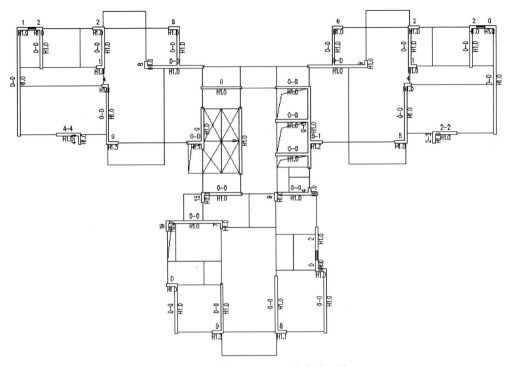

图 14-28 中震工况 30F 剪力墙配筋

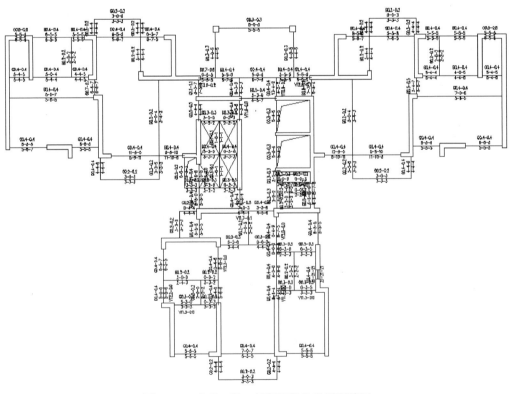

图 14-29 中震工况二层框架梁和连梁配筋图

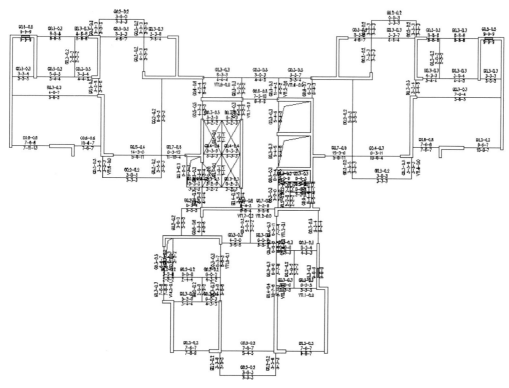

图 14-30　中震工况三层框架梁和连梁配筋图

（3）中震墙肢受拉复核

选取底部剪力墙墙肢进行中震墙肢受拉复核，图 14-31 给出二层柱、墙底部偏拉验算结果，图中无数据时表示未产生偏拉，有数据时表示偏拉应力超过 $1.0f_{tk}$。从图中可以见，剪力墙部分墙肢短肢部位出现偏拉情况，部分短肢部位受拉不会影响墙肢的整体结果，结构具有良好的抗震性能。

14.5.7　罕遇地震弹塑性动力时程分析

1. 模型校核

采用 SAUSAGE 进行动力弹塑性时程分析，先依次执行竖向加载分析、最大频率分析及初始模态分析。竖向加载分析得到竖向加载完成后各单元受力状态。最大频率分析用于计算显式时程分析的计算步长。初始模态分析用于计算结构的初始模态。

SAUSAGE 与 YJK 模型的荷载、质量、基本周期和振型对比见表 14-30、表 14-31。程序计算误差在工程允许范围内，动力弹塑性分析模型可靠。

表 14-30　模型荷载、质量统计

振型	恒载（t）	活载（t）	总质量（t）	与 YJK 误差
YJK	31732.648	2089.905	33822.555	——
SAUSAGE	32205.16	2089.63	34294.79	1.4%

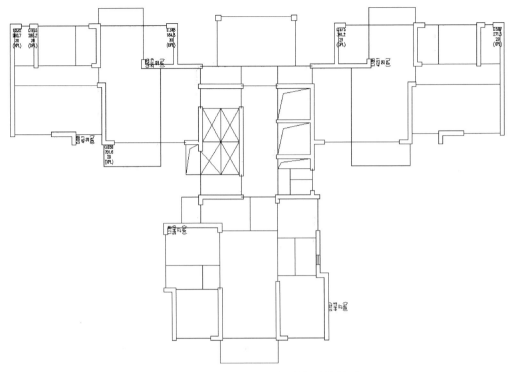

图 14-31　二层柱、墙底部偏拉验算结果

表 14-31　YJK、SAUSAGE 计算的前 3 阶周期（s）

振型	1	2	3
YJK	3.035	2.749	2.217
SAUSAGE	2.712	2.520	2.018
SAUSAGE 与 YJK 误差	10.6%	8.3%	9.0%

SAUSAGE 模型结构前三阶振型如图 14-32 所示。

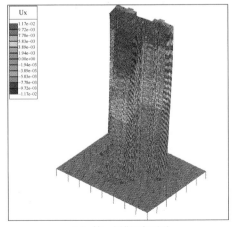

（a）第一周期 X 向平动

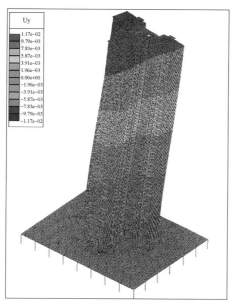

(b) 第二周期Y向平动

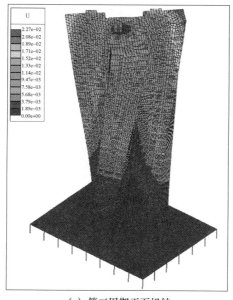

(c) 第三周期平面扭转

图 14-32　结构前三阶振型

2. 地震波的选择

弹塑性时程分析在特征周期 0.4s 的波库内，选取 2 条天然波和 1 条人工波用于计算分析，天然波 1TH047TG040，天然波 2TH047TG040 和 1 条人工波 RH2TG040。

图 14-33 给出各条波主方向和次方向地震波曲线，时程曲线的平均反应谱曲线与振型分解反应谱法曲线对比图，如图 14-34 所示，对应主要周期点相差 20％以内，在统计意义上相符。

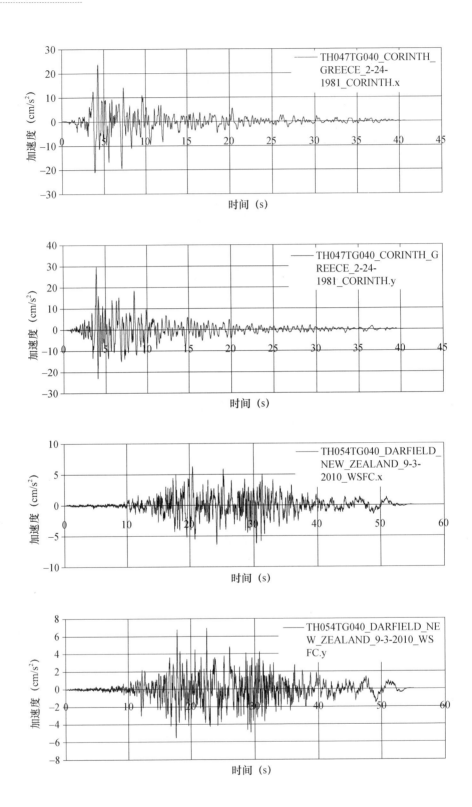

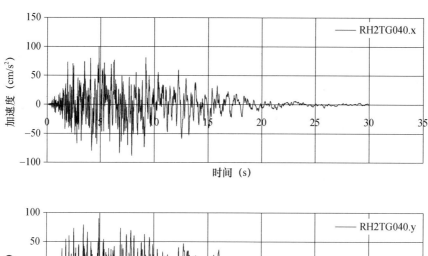

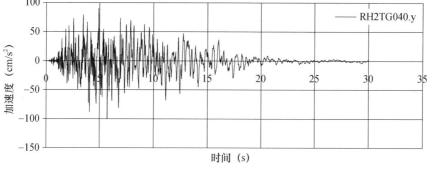

图 14-33　地震波曲线

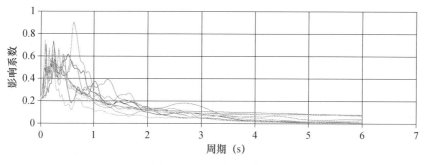

图 14-34　地震动谱曲线

3. 顶点位移

选取塔楼顶层角部角点，提取罕遇地震作用下时程位移曲线如图 14-35、图 14-36 所示。结构顶点位移由小变大再衰减变小，符合地震波作用下节点位移的趋势。

4. 基底剪力

多遇地震 CQC 法计算弹性基底剪力值和动力弹塑性计算基底剪力值见表 14-32。弹塑性基底剪力与弹性基底剪力比值在 5～7 之间，结构塑性开展不大，在合理范围区间。

罕遇地震作用下基底剪力时程曲线如图 14-37、图 14-38 所示。罕遇地震作用下层剪力曲线如图 14-39 所示，罕遇地震作用下倾覆力矩曲线如图 14-40 所示。

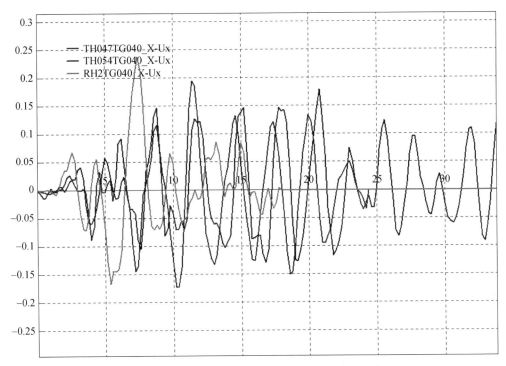

图 14-35　地震作用下结构顶点位移时程曲线（X 向）

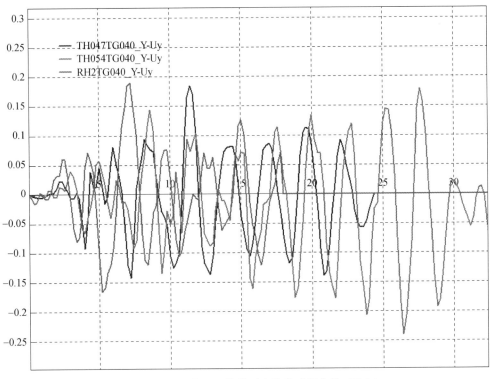

图 14-36　地震作用下结构顶点位移时程曲线（Y 向）

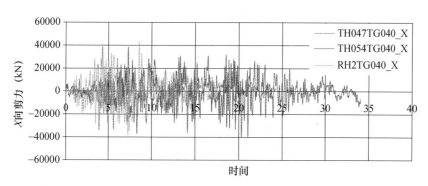

图 14-37 地震作用下基底剪力时程曲线（X 向）

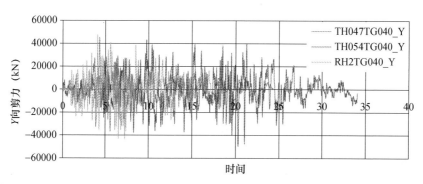

图 14-38 地震作用下基底剪力时程曲线（Y 向）

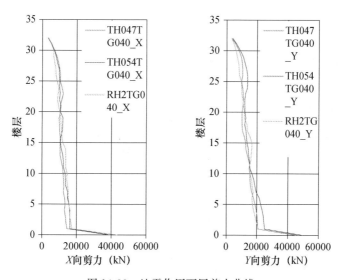

图 14-39 地震作用下层剪力曲线

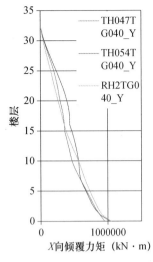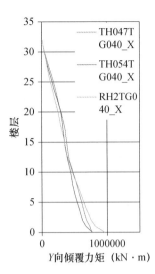

图 14-40　地震作用下倾覆力矩曲线

表 14-32　各组地震动作用下基底剪力比

主方向	弹性工况	弹性基底剪力 （MN）	弹塑性工况	弹塑性基底剪力 （MN）	弹塑性/弹性 基底剪力比
X 主向	CQC	6.49	TH047TG040 _ X	39.1	6.02
X 主向	CQC	6.49	TH054TG040 _ X	39.8	6.13
X 主向	CQC	6.49	RH2TG040 _ X	43.4	6.68
Y 主向	CQC	7.27	TH047TG040 _ Y	45.2	6.21
Y 主向	CQC	7.27	TH054TG040 _ Y	49.7	6.83
Y 主向	CQC	7.27	RH2TG040 _ Y	47.5	6.53

5. 层间位移角

罕遇地震作用下层间位移角曲线如图 14-41 所示，表 14-33 给出罕遇地震作用下位移角数值结果。计算结果在罕遇地震作用下楼层最大层间位移角 1/234，满足 1/120 的限值要求，可以实现大震不倒的目标。

表 14-33　罕遇地震作用下位移角数值

工况	主方向	类型	最大顶点位移 （m）	最大层间 位移角	位移角 对应层号
TH047TG040 _ X	X 主向	弹塑性	0.201	1/339	28
TH054TG040 _ X	X 主向	弹塑性	0.233	1/250	19
RH2TG040 _ X	X 主向	弹塑性	0.247	1/285	14
TH047TG040 _ Y	Y 主向	弹塑性	0.273	1/284	23
TH054TG040 _ Y	Y 主向	弹塑性	0.314	1/234	33
RH2TG040 _ Y	Y 主向	弹塑性	0.338	1/236	17

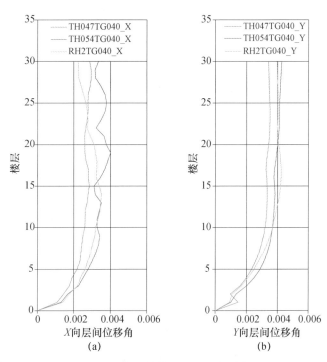

图 14-41　地震作用下层间位移角

6. 能量图及等效阻尼比

各工况下动能、应变能、阻尼耗能以及总能量如图 14-42～图 14-47 所示。图中表明地震的能量主要通过振型阻尼和质量阻尼耗能耗散。结构开裂不严重。

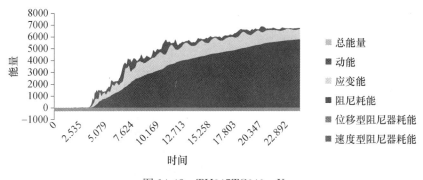

图 14-42　TH047TG040 _ X

结构初始阻尼比：5.0%

附加等效阻尼比：

结构弹塑性：0.8%　位移型阻尼器：0.0%　速度型阻尼器：0.0%

总等效阻尼比：5.8%

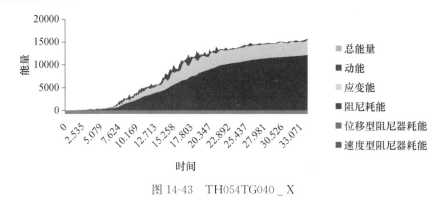

图 14-43　TH054TG040＿X

结构初始阻尼比：5.0%

附加等效阻尼比：

结构弹塑性：1.4%　位移型阻尼器：0.0%　速度型阻尼器：0.0%

总等效阻尼比：6.4%

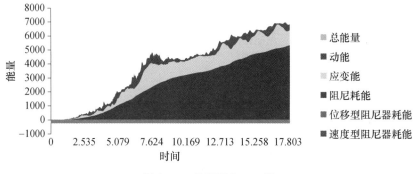

图 14-44　RH2TG040＿X

结构初始阻尼比：5.0%

附加等效阻尼比：

结构弹塑性：1.0%　位移型阻尼器：0.0%　速度型阻尼器：0.0%

总等效阻尼比：6.0%

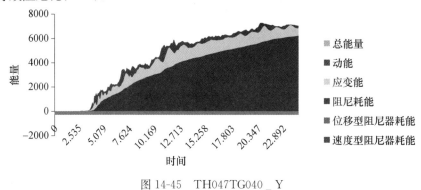

图 14-45　TH047TG040＿Y

结构初始阻尼比：5.0%

附加等效阻尼比：

结构弹塑性：0.5%　位移型阻尼器：0.0%　速度型阻尼器：0.0%

总等效阻尼比：5.5%

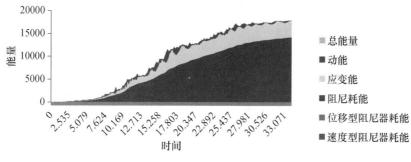

图 14-46　TH054TG040_Y

结构初始阻尼比：5.0%

附加等效阻尼比：

结构弹塑性：1.3%　位移型阻尼器：0.0%　速度型阻尼器：0.0%

总等效阻尼比：6.3%

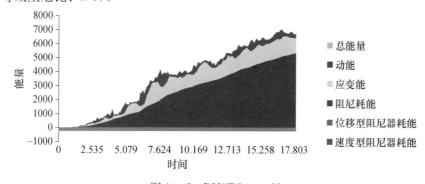

图 14-47　RH2TG040_Y

结构初始阻尼比：5.0%

附加等效阻尼比：

结构弹塑性：1.0%　位移型阻尼器：0.0%　速度型阻尼器：0.0%

总等效阻尼比：6.0%

7. 剪力墙及连梁混凝土损伤

剪力墙及连梁混凝土损伤分布如图 14-48～图 14-50 所示，从图中看出，损伤范围主要在连梁且分布均匀。剪力墙基本无损伤或有轻微损伤。

8. 剪力墙及连梁性能水平

剪力墙及连梁性能指标如图 14-51～图 14-53 所示，图中可见在大震作用下，剪力墙出现轻微或轻度损坏，连梁出现重度或严重损坏，连梁在大震作用下损伤耗能效果明显，满足预定的性能目标要求。

9. 框架梁性能水平

框架梁性能指标如图 14-54～图 14-56 所示，图中可见在大震作用下，框架梁大部分出现轻微损坏，部分轻度损坏，少部分中度损坏，无重度损坏和严重损坏，满足性能目标要求。

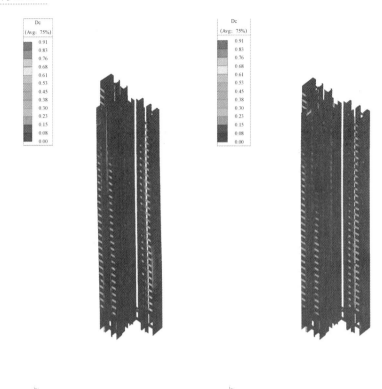

图 14-48　TH047TG040＿X TH047TG040＿Y 剪力墙及连梁损伤

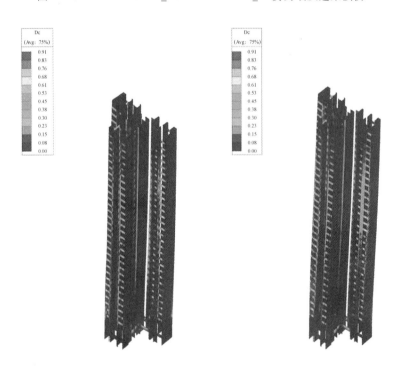

图 14-49　TH054TG040＿X TH054TG040＿Y 剪力墙及连梁损伤

图 14-50　RH2TG040 _ X RH2TG040 _ Y 剪力墙及连梁损伤

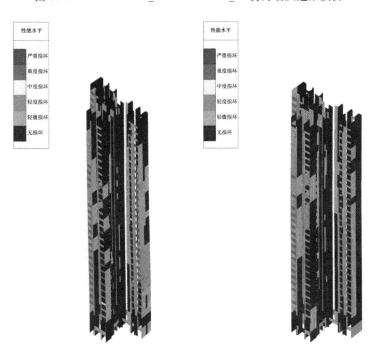

图 14-51　TH047TG040 _ X TH047TG040 _ Y 剪力墙及连梁性能指标

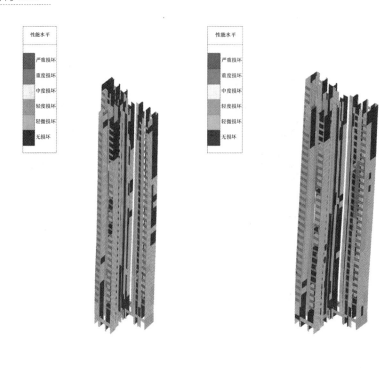

图 14-52　TH054TG040 ＿ X TH054TG040 ＿ Y 剪力墙及连梁性能指标

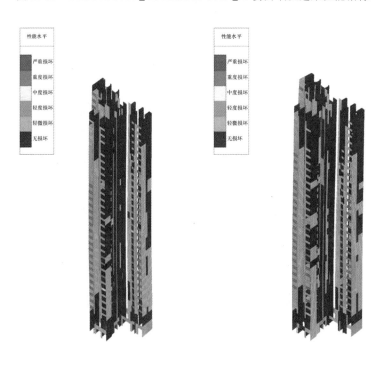

图 14-53　RH2TG040 ＿ X RH2TG040 ＿ Y 剪力墙及连梁性能指标

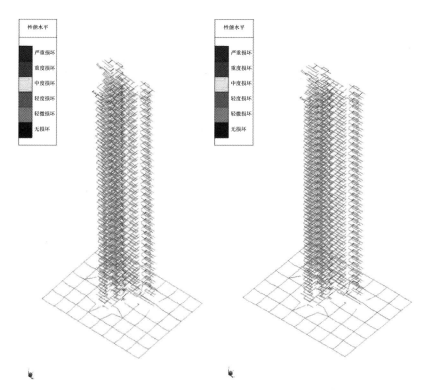

图 14-54　TH047TG040 _ X TH047TG040 _ Y 框架梁性能指标

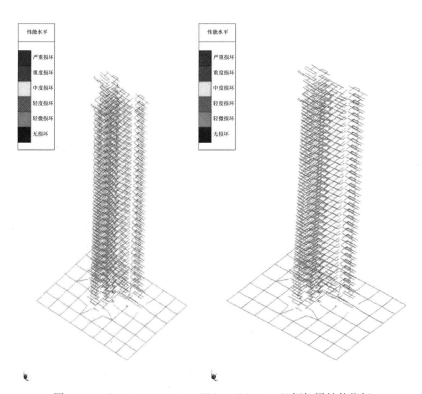

图 14-55　TH054TG040 _ X TH054TG040 _ Y 框架梁性能指标

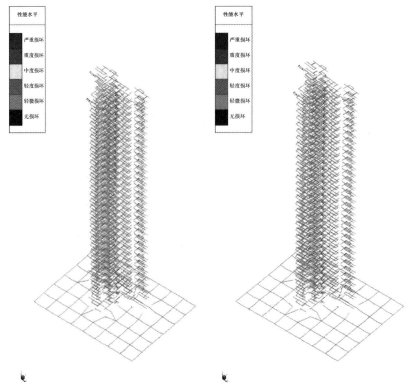

图 14-56　RH2TG040 _ XRH2TG040 _ Y框架梁性能指标

10. 构件性能水准统计

各构件的性能统计结果如图 14-57～图 14-61 所示，统计图能够直观地看出各楼层及整栋楼的各类损伤分布情况。

11. 罕遇地震弹塑性时程分析结论

罕遇地震弹塑性动力时程分析模型包含了所有的主要抗侧力构件剪力墙、连梁、框架梁，模型考虑了所有抗侧力构件的非线性属性。整体性能分析的主要结论如下。

（1）最大层间位移角 1/234 小于 1/120，满足拟定的性能目标。

（2）底部加强区剪力墙的水平钢筋、纵向钢筋均未现屈服。剪力墙基本处于轻度损坏，满足拟定的性能目标。

（3）非底部加强部位剪力墙的水平钢筋、纵向钢筋均未现屈服。剪力墙基本处于轻微损坏或轻度损坏，满足拟定的性能目标。

（4）连梁与框架梁作为主要的耗能构件，部分进入屈服状态，处于重度或严重损坏，满足拟定的性能目标。

针对结构超限情况，设计中采取下列加强措施。

（1）本工程属 A 级高度高层建筑，剪力墙是主要抗侧力构件，设计中适当提高底部剪力墙延性，剪力墙竖向和水平分布钢筋的配筋率由 0.25％提高至 0.3％。

（2）连梁采用交叉对角斜向钢筋，保证连梁中震下受剪不屈服。

（3）地下室顶板错层处，柱箍筋在此范围内全部加密，错层处梁作加腋处理，有效地传递水平力。

分层–梁　　　　　　　全楼–梁

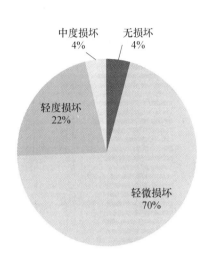

图 14-57 梁性能统计

分层–柱　　　　　　　全楼–柱

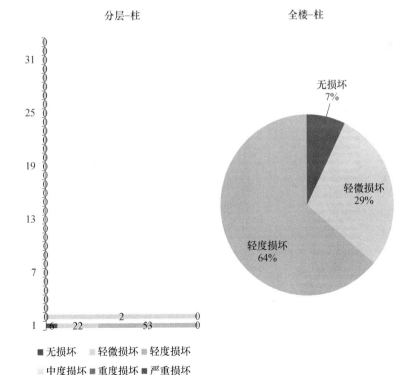

图 14-58 柱性能统计

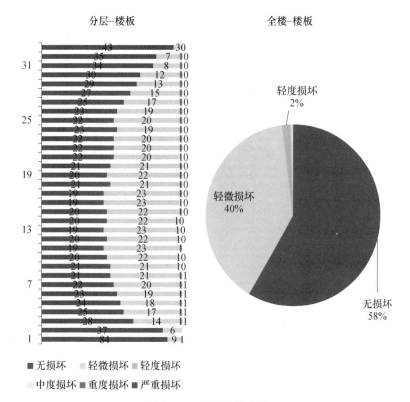

图 14-59　楼板性能统计

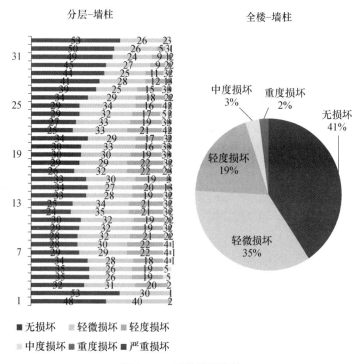

图 14-60　墙柱性能统计

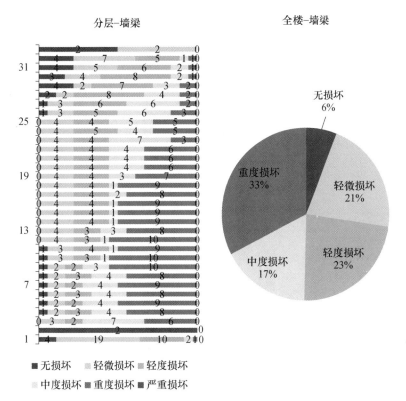

图 14-61 墙梁性能统计

（4）楼板开洞形成的楼板不连续，设计时控制洞口周边的楼板厚度不小于 150mm，并双层双向配筋，洞口周边楼板的配筋率不小于 0.25％。

第 4 篇

常用结构类型的工程实例

第15章

框架结构实例

15.1 工程概况

某多层公共建筑，建筑平面尺寸 54.6m×16.0m，房屋高度 19.3m。地上 4 层，层高分别为 5.25m、4.5m、3.9m、3.9m，檐口高度 17.55m，坡屋面顶标高 21.0。无地下室，嵌固部位取基础顶。

根据区域地质资料和现场钻探揭露，拟建场地没有大断裂通过，场地及周边未发现有影响场地稳定的滑坡、崩塌、泥石流等不良地质作用，场地稳定性好，适于拟建项目的建设。

对场地内 4 个钻孔进行波速测试，根据各测点波形，相邻测点剪切波运行的时差，计算出相邻测点地层的等效剪切波速介于 186.2～320.7m/s，拟建场地地层覆盖层厚度小于 50m，综合评定建筑场地类别为 Ⅱ 类。

15.2 设计条件

(1) 结构重要性系数 1.0，主体结构设计使用年限 50 年。

(2) 自然条件：基本风压 $W_0 = 0.55kN/m^2$，建筑物地面粗糙度类别 B 类，风荷载体型系数 1.3，基本雪压 0.2kN/m²，气温最低－5℃，最高 43.6℃。

(3) 地震参数：抗震设防烈度 7 度，设计基本地震加速度 0.1g，设计地震分组第二组，场地特征周期 0.4s，结构阻尼比 0.05。

(4) 场地的工程地质及水文地质情况：场地类别为 Ⅱ 类，地下水对混凝土及钢筋混凝土结构中的钢筋具有微腐蚀性。

(5) 建筑分类等级：建筑结构安全等级二级，地基基础设计等级丙级，建筑抗震设防类别丙类，钢筋混凝土抗震等级三级。建筑物耐火等级二级。

15.3 结构类型

主体结构采用由梁柱组成的能承受竖向、水平作用所产生各种效应的框架结构。典型结构平面图如图 15-1 所示，典型楼层梁布置图如图 15-2 所示，结构的计算模型轴测图如图 15-3 所示。柱网尺寸 6～8m 之间能形成较大的建筑空间，可适用多种建筑使用功能。纵横两个方向设置框架，梁柱采用刚性连接，软件能合理考虑框架梁与柱偏心的影响。建筑长度 54.6m 不用设置伸缩缝，形成完整的水平楼面。

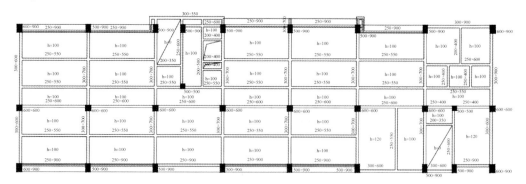

图 15-1 典型楼层结构平面图

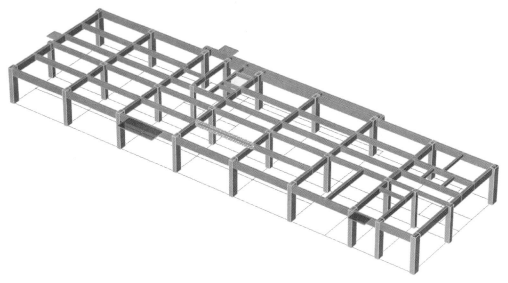

图 15-2 典型楼层结构布置三维图

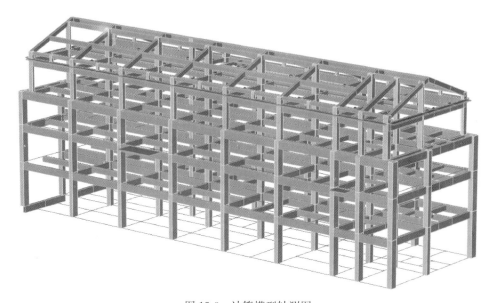

图 15-3 计算模型轴测图

根据建筑外立面及内部功能的要求，外围框架柱截面选用 500mm×900mm，600mm×900mm，由于建筑外围造型要求将框架柱长尺寸在纵向框架方向；内部框架柱截面选用 600mm×600mm；外围横向框架梁截面选用 250mm×900mm，纵向框架梁截面选用 300mm×600mm，300mm×700mm，次梁截面选用 250mm×550mm，坡屋面设置屋脊斜梁。根据板跨度大小取板厚 100～120mm，屋面板厚统一取 120mm。

15.4　主要结构材料

柱混凝土强度等级 C35，梁、板混凝土强度等级 C30，独立基础混凝土等级 C30，预制管桩桩身采用 C80 高强混凝土。钢筋均采用 HRB400，钢筋的强度标准值应具有不小于 95％的保证率，并且应符合现行国家标准的要求。

外墙砌体材料采用 MU10 页岩多孔砖，分户墙砌体材料采用 MU10 页岩空心砖，厨房、卫生间采用页岩多孔砖。根据与水接触的要求，砂浆相应选择混合砂浆和水泥砂浆强度等级 M5.0。

15.5　结构分析

15.5.1　主要参数和计算模型

坡屋面层中竖向构件高度差异大，没有结构层的概念，验算整体指标得不到合理的计算结果。坡屋面层刚度较大，层间位移和位移角比楼层小很多。结构顶层刚度大不影响结构的二阶效应，规范控制位移比的目的是控制扭转效应。本例中对坡屋面进行模型简化，整体指标不考虑该层影响。

整体计算嵌固部位为基础顶。

结构分析输入的主要参数见表 15-1。

表 15-1　主要参数

计算参数	赋值
结构重要性系数	1.00
结构类型	框架结构
嵌固端所在层号（层顶嵌固）	0
竖向荷载计算信息	施工模拟三
梁刚度放大系数按规范取值	是
考虑梁端刚域	是
地面粗糙程度	B
修正后的基本风压（kN/m²）	0.55
体形系数	1.3
设计地震分组	二
地震烈度	7（0.1g）

续表

计算参数	赋值
场地类别	Ⅱ
特征周期	0.4
结构的阻尼比	0.05
是否考虑 P-Delt 效应	否
周期折减系数	0.7
模型振型数	6（参与质量大于 90%）
框架的抗震等级	3
是否考虑双向地震扭转效应	是
是否考虑偶然偏心	是
偶然偏心值	X 向 0.05 Y 向 0.05
梁端弯矩调幅系数	0.85
梁扭矩折减系数	0.4
柱、墙活荷载是否折减	是
地震影响系数最大值	0.08

15.5.2 计算结果

1. 模态分析结果

表 15-2 给出了考虑扭转耦联 6 阶振型的振动周期，X、Y 方向的平动系数，扭转系数，计算得到模型 X、Y 方向的振型参与质量为 98.80% 和 96.03%，均超过 90%，满足规范要求。

前三阶振型，第一振型为 X 向平动，第二振型为 Y 向平动，第三振型为扭转。第一扭转周期与第一平动周期的比值为 0.83 小于 0.9，多层建筑并不强制要求这个比值控制，也宜按此限值参考。

表 15-2　振型振动周期及系数

振型号	周期（s）	转角	平动系数			扭转系数（Z）
			X 向	Y 向	$X+Y$	
1	0.8067	179.84	0.99	0.00	0.99	0.01
2	0.7282	89.86	0.00	1.00	1.00	0.00
3	0.6704	1.70	0.01	0.00	0.01	0.99
4	0.2402	179.46	1.00	0.00	1.00	0.00
5	0.2224	89.31	0.00	0.99	0.99	0.01
6	0.2060	121.66	0.00	0.01	0.01	0.99

2. 结构整体抗倾覆和稳定验算

表 15-3 给出了结构整体抗倾覆验算结果，抗倾覆弯矩与倾覆弯矩比值较大，没有出现零应力区。

表 15-3　抗倾覆验算结果

项目	抗倾覆弯矩 M_r	倾覆弯矩 M_{ov}	比值 M_r/M_{ov}	零应力区（%）
X 风荷载	1352069.4	3908.4	345.94	0.00
Y 风荷载	432436.1	12594.9	34.33	0.00
X 地震	1315567.0	31418.7	41.87	0.00
Y 地震	420761.4	33100.6	12.71	0.00

表 15-4、表 15-5 分别给出了地震作用和风荷载作用下结构整体稳定验算结果，该结构刚重比均大于 20，满足规范的整体稳定验算要求，可以不考虑重力二阶效应。

表 15-4　地震作用整体稳定验算

层号	X 刚重比	Y 刚重比
1	43.983	64.629
2	54.319	61.486
3	103.010	97.313
4	262.705	174.484

表 15-5　风荷载整体稳定验算

层号	X 刚重比	Y 刚重比
1	44.440	66.468
2	53.085	59.277
3	100.740	92.142
4	278.995	188.290

3. 层间位移角

《抗震规范》5.5.1 条规定多遇地震作用下钢筋混凝土框架结构弹性层间位移角限值 1/550。弹性层间位移角，即多遇地震作用标准值产生的楼层内最大的弹性层间位移与楼层层高之比。

按弹性方法计算的风荷载或多遇地震作用下楼层层间最大水平位移与层高之比即层间位移角如图 15-4、图 15-5 所示。图中显示风荷载作用下的层间位移角值小于地震作用下的层间位移角。在结构中部楼层出现较大的层间位移角值。在风荷载及地震作用下，楼层最大层间位移角均满足规范 1/550 要求。

层间位移由荷载产生的位移、下层层间位移产生的竖向构件倾斜共同形成，故最大层间位移一般不会出现在水平荷载最大的建筑底部，而是位于中部楼层。

4. 扭转位移比

《抗震规范》3.4.3 条、3.4.4 条规定在具有偶然偏心的规定水平力作用下，楼层两端抗侧力构件弹性水平位移（或层间位移）的最大值与平均值的比值大于 1.2 为平面不规则。多层建筑此比值不应大于 1.5。

图 15-6 给出了各工况位移比曲线，X 向最大位移比 1.03，Y 向最大位移比 1.22，满足规范要求，结构楼层质量中心和刚度中心较接近，可减轻扭转效应。

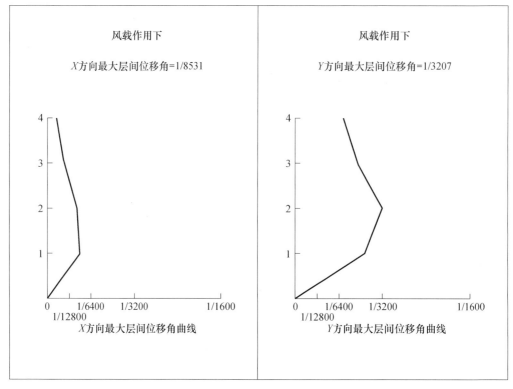

图 15-4　风荷载作用下层间位移角

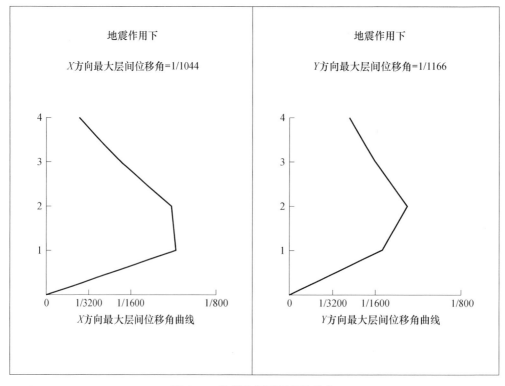

图 15-5　地震作用下层间位移角

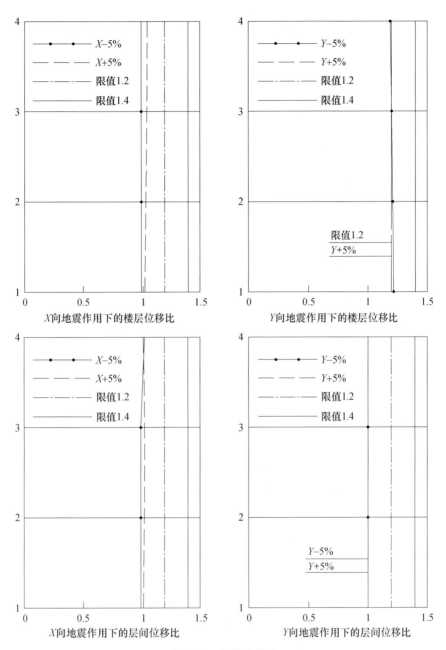

图 15-6　位移比曲线

5. 剪重比

《抗震规范》5.2.5 条规定多遇地震水平地震作用计算时，7 度区楼层剪重比不应小于楼层最小地震剪力系数 1.6%。对于竖向不规则结构的薄弱层，尚应乘以 1.15 的增大系数。

在水平地震作用下，结构各楼层最小地震剪力系数不应小于 1.6%。图 15-7 分别给出了地震作用下 X 方向和 Y 方向剪重比曲线，X 方向最小比值 5.4%，Y 方向最小比值 5.7%，均大于 1.6%满足规范要求。

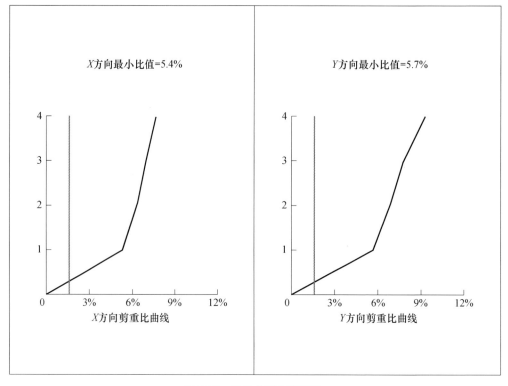

图 15-7　地震作用下剪重比

6. 楼层抗侧刚度比和受剪承载力比

《抗震规范》3.4.3 条规定结构楼层侧向刚度不宜小于相邻上一层的 70%，不宜小于其上相邻三个楼层侧向刚度平均值的 80%。结构楼层抗侧力结构的层间受剪承载力不宜小于其相邻上一层受剪承载力的 80%，不应小于其相邻上一层受剪承载力的 65%。

图 15-8 给出了 X 向和 Y 向楼层侧向刚度比曲线，从图中可见比值均大于 1.0 满足规范要求。图 15-9 给出了楼层受剪承载力比，最小数值 0.94，大于规范最小限值 0.8 的要求。

7. 轴压比

《抗震规范》6.3.6 条规定框架结构抗震等级三级时，柱轴压比不宜超过 0.85；轴压比指柱组合的轴压力设计值与柱的全截面面积和混凝土轴心抗压强度设计值乘积之比值。

底层框架柱轴压比如图 15-10 所示，从图中可见，底层框架柱最大轴压比 0.55，小于规范限值。

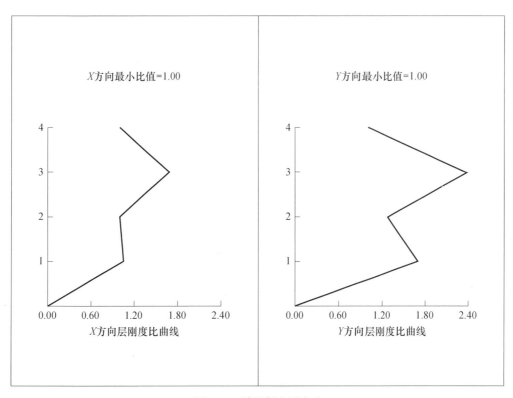

图 15-8　楼层侧向刚度比

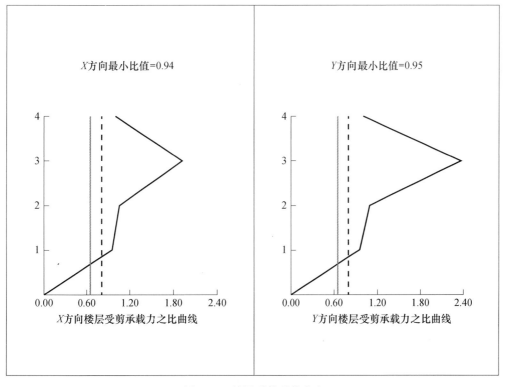

图 15-9　楼层受剪承载力比

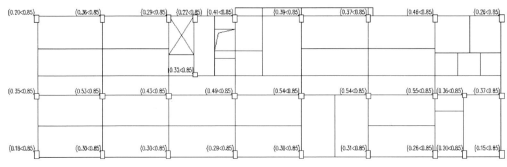

图 15-10　构件轴压比

15.6　地基基础设计

本场区土（岩）层从上至下依次素填土①$_1$（Q_4^{ml}）、耕土②$_1$（Q_4^{pd}）、粉质黏土③$_1$（Q_3^{al}）、粉质黏土③$_2$（Q_3^{al}）、全风化砾岩④$_1$（K_2^1）和强风化砾岩④$_2$（K_2^1）。

基础以全风化砾岩做持力层，地基承载力特征值 200kPa，采用柱下独立基础，基础埋深从设计室外地坪算起不应小于 0.5 米，实际基底标高应根据现场实际情况进行调整，以达到持力层且不小于最小埋深为准，若埋深过大，则需重新复核方案。在外墙和内隔墙处需设置地梁，地梁梁顶标高可设置在正负零处。基础平面布置图如图 15-11 所示。

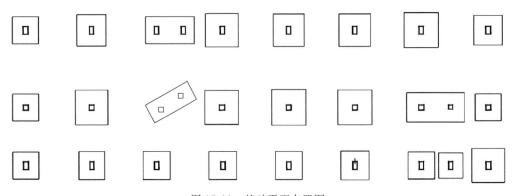

图 15-11　基础平面布置图

第16章

剪力墙结构实例（住宅）

16.1 工程概况

某高层住宅项目，塔楼为品字形最大长宽尺寸为 30.65m×26.70m，房屋高度 77.50m。地上 25 层，首层为架空层层高 5.20m，标准层层高 3.00m。设一层全埋地下室，层高 4.80m。地下室结构顶板采用无梁楼盖体系，塔楼嵌固部位基础顶。

场地位于同一地貌及工程地质单元，场地区域无活动断裂通过，场地稳定性较好，场地基岩为泥质粉砂岩，局部基岩上部裂隙较发育，岩心较破碎，中部偶夹破碎，未发现河道、墓穴等对工程不利的埋藏物，未发现滑坡、泥石流等影响场地稳定性的不良地质情况。

16.2 设计条件

（1）结构重要性系数 1.0，主体结构设计使用年限 50 年。

（2）自然条件：基本风压 W_0＝0.5kN/m² （房屋高度超过 60m，考虑风荷载增大系数 1.1），建筑物地面粗糙度类别 B 类，风荷载体型系数 1.4，基本雪压 0.45kN/m²，气温最低－5℃，最高 43℃。

（3）地震参数：抗震设防烈度 7 度，设计基本地震加速度 0.1g，设计地震分组第一组，场地特征周期 0.35s，结构阻尼比 0.05，水平地震影响系数最大值 0.08。

（4）场地的工程地质及水文地质情况：场地类别为Ⅱ类，土对混凝土结构具有微腐蚀性，对钢筋混凝土结构中钢筋具有微腐蚀性。

在地下室四周设置排水盲沟，将地下水排向北侧和西侧地势低洼处，场地内的抗浮水位北侧 42.00m，南侧 45.50m，中间按插值法取值。

（5）建筑分类等级：建筑结构安全等级二级，地基基础设计等级甲级，建筑抗震设防类别丙类，塔楼剪力墙抗震等级三级，地下室与塔楼相连相关范围三级。地下室防水等级一级。建筑物耐火等级地下室一级，地上建筑二级。

16.3 结构类型

结构类型采用由剪力墙组成的承受竖向和水平作用的剪力墙结构。塔楼典型结构平面图如图 16-1 所示，典型楼层结构布置三维图如图 16-2 所示，结构所采用的计算模型

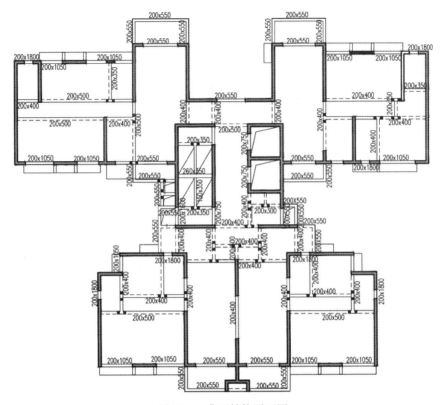

图 16-1　典型结构平面图

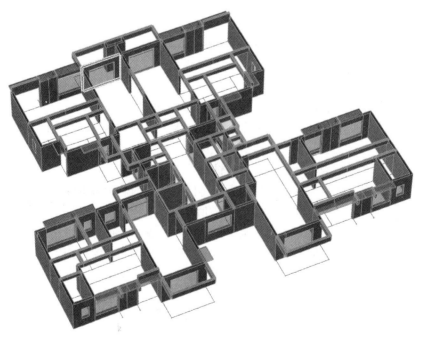

图 16-2　典型楼层结构布置三维图

轴测图如图 16-3 所示。结构平面不规则，立面基本规则，属于 A 级高度高层建筑。塔楼及相关范围地下室顶板采用主框架梁和加腋大板的形式保证水平力的传递。塔楼尺寸为 30.65m×26.70m，房屋高度 77.20m，高宽比 3.09 满足规范要求。

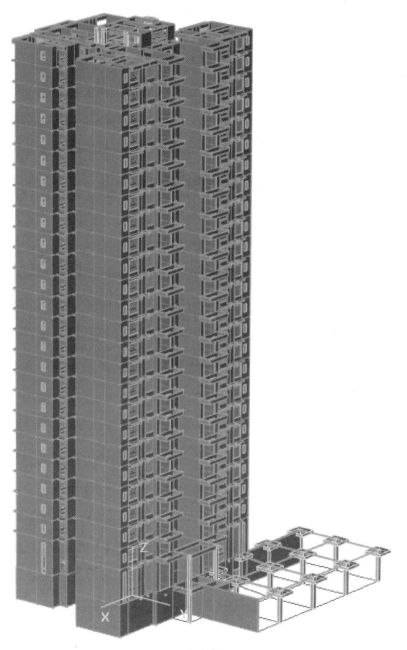

图 16-3 计算模型轴测图

剪力墙墙厚 200～300mm，中部细腰位置楼梯洞口及电梯洞口周边设置剪力墙，保证楼面水平力的传递，同时也避免了楼板不连续的超限高层建筑不规则项。梁截面 200mm×400mm、200mm×500mm、200mm×550mm。电梯前室板厚 150mm，其余区域楼板根据楼板跨度取 100mm、120mm 厚。

16.4　主要结构材料

墙柱混凝土强度等级 C45～C30，地下室底板、顶板承台混凝土强度等级 C35，塔楼梁板混凝土等级 C30。钢筋均采用 HRB400，钢筋的强度标准值应具有不小于 95％的保证率，并且应符合现行国家标准的要求。

墙体材料内隔墙采用蒸压加气混凝土砌块，围护外墙采用铝膜工艺 200mm 混凝土墙。楼梯间、管道井、卫生间隔墙采用蒸压加气混凝土砌块。屋顶女儿墙采用烧结页岩多孔砖。所用多孔砖强度等级 MU10，砌筑砂浆强度等级 M5；蒸压加气混凝土砌块强度等级 A5.0，砌筑砂浆强度等级 Ma5.0。

16.5　结构分析

16.5.1　主要参数和计算模型

本实例属 A 级高度高层建筑，对结构进行线弹性分析，结构整体计算嵌固部位基础顶。结构分析输入的主要参数见表 16-1。

表 16-1　主要参数

计算参数	赋值
结构重要性系数	1.00
结构类型	剪力墙结构
地下室层数	1
嵌固端所在层号（层顶嵌固）	0
裙房层数	0
竖向荷载计算信息	施工模拟三
梁刚度放大系数按规范取值	是
地面粗糙程度	B
修正后的基本风压（kN/m²）	0.5
承载力设计时的风荷载效应放大系数	1.1
体形系数	1.4
设计地震分组	一
地震烈度	7（0.1g）
场地类别	Ⅱ
特征周期	0.35
结构的阻尼比	0.05
周期折减系数	0.9
模型振型数	19（参与质量大于 90％）
框架的抗震等级	3

计算参数	赋值
剪力墙的抗震等级	3
是否考虑双向地震扭转效应	是
是否考虑偶然偏心	是
偶然偏心值	X 向 0.05 Y 向 0.05
地震影响系数最大值	0.08
是否考虑 P-Delt 效应	是
P-Delt 效应组合系数	恒载：1.0，活载：0.5
柱、墙活荷载是否折减	是
梁端弯矩调幅系数	0.85
柱配筋计算原则	双偏压
矩形混凝土梁按 T 形梁配筋	是
土的水平抗力系数的比例系数（MN/m^4）	10.0

16.5.2　计算结果

1. 模态分析结果

《高层混凝土结构规程》3.4.5 条规定结构扭转为主的第一自振周期 T_t 与平动为主的第一自振周期 T_1 之比，A 级高度高层建筑不应大于 0.9。

表 16-2 给出了考虑扭转耦联前 6 阶振型的振动周期、X 和 Y 方向的平动系数、扭转系数，19 个振型计算得到模型 X、Y 方向的振型参与质量为 90.13% 和 91.44%，均满足规范大于 90% 的要求。

前三阶振型图如图 16-5 所示。第一振型为 Y 向平动，第二振型为 X 向平动，第三振型为扭转。第一扭转周期与第一平动周期的比值为 0.66，小于 0.9，满足规范要求。

表 16-2　前 12 阶振型振动周期及系数

振型号	周期（s）	转角	平动系数	扭转系数（Z）	振型号	周期（s）
1	1.8580	99.12	0.03	0.97	1.00	0.00
2	1.6082	9.54	0.94	0.03	0.96	0.04
3	1.2207	178.12	0.04	0.00	0.04	0.96
4	0.4828	162.40	0.88	0.09	0.97	0.03
5	0.4629	72.71	0.09	0.91	1.00	0.00
6	0.3556	173.45	0.03	0.00	0.03	0.97

2. 结构整体抗倾覆和稳定验算

《高层混凝土结构规程》5.4.1 条规定剪力墙结构剪重比大于 2.7 可不考虑重力二阶效应的不利影响；5.4.4 条规定剪力墙结构整体稳定性要满足刚重比大于 1.4 的要求。

表 16-3 给出了结构整体抗倾覆验算结果，抗倾覆弯矩与倾覆弯矩比值较大，没有

出现零应力区。

表 16-4、表 16-5 分别给出了地震作用和风荷载作用下结构整体稳定验算结果，结果显示两个方向在地震作用和风荷载作用下刚重比都大于 1.4，满足整体稳定要求，两个方向刚重比都大于 2.7，可不考虑重力二阶效应，本工程在弹性计算模型中考虑重力二阶效应的不利影响，以进行构件承载力验算与结构刚度指标评价。

表 16-3　抗倾覆验算结果

	抗倾覆弯矩 M_r	倾覆弯矩 M_{ov}	比值 M_r/M_{ov}	零应力区（%）
X 风荷载	3917844.5	161154.1	24.31	0.00
Y 风荷载	3849001.3	184467.3	20.87	0.00
X 地震	3853815.5	220700.6	17.46	0.00
Y 地震	3786097.5	218897.5	17.30	0.00

表 16-4　地震作用整体稳定验算

X 向刚重比 EJd/GH＊＊2＝12.968
Y 向刚重比 EJd/GH＊＊2＝8.163

该结构刚重比 EJd/GH＊＊2 大于 1.4，能够通过《高规》5.4.4 条的整体稳定验算
该结构刚重比 EJd/GH＊＊2 大于 2.7，满足《高规》5.4.1 条，可以不考虑重力二阶效应

表 16-5　风荷载整体稳定验算

X 向刚重比 EJd/GH＊＊2＝11.106
Y 向刚重比 EJd/GH＊＊2＝8.468

该结构刚重比 EJd/GH＊＊2 大于 1.4，能够通过《高规》5.4.4 条的整体稳定验算
该结构刚重比 EJd/GH＊＊2 大于 2.7，满足《高规》5.4.1 条，可以不考虑重力二阶效应

3. 层间位移角

《高层混凝土结构规程》3.7.3 条规定按弹性方法计算的风荷载或多遇地震标准值作用下，高度不大于 150m 的剪力墙高层建筑，其楼层层间最大位移与层高之比 $\Delta u/h$ 不宜大于 1/1000 的限值。

按弹性方法计算的风荷载或多遇地震作用下楼层层间最大水平位移与层高之比即层间位移角如图 16-4、图 16-5 所示。从图中显示在风荷载及地震作用下楼层最大层间位移角均满足规范 1/1000 要求。在水平作用下 X 向和 Y 向侧移曲线变化平滑，表明结构侧向刚度变化平稳。

4. 扭转位移比

《高层混凝土结构规程》3.4.5 条规定在考虑偶然偏心影响的规定水平地震力作用下，楼层竖向构件最大的水平位移和层间位移，A 级高度高层建筑不宜大于该楼层平均值的 1.2 倍，不应大于该楼层平均值的 1.5 倍。

在考虑偶然偏心影响的规定水平地震力作用下，楼层竖向构件的最大水平位移和层间位移与其平均值之比不宜大于 1.2，不应大于 1.5。图 16-6 给出了位移比曲线。本项目 X 向计算结果最大值 1.19，Y 向计算结果最大值 1.12，均没有超过 1.2。

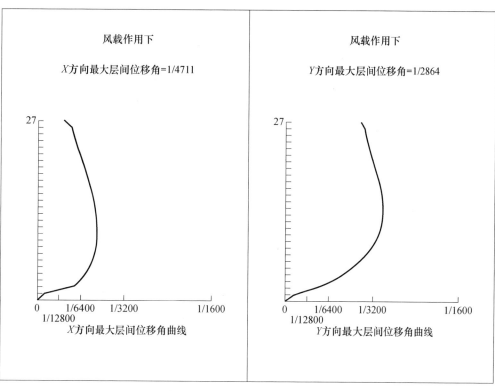

图 16-4 风荷载作用下层间位移角

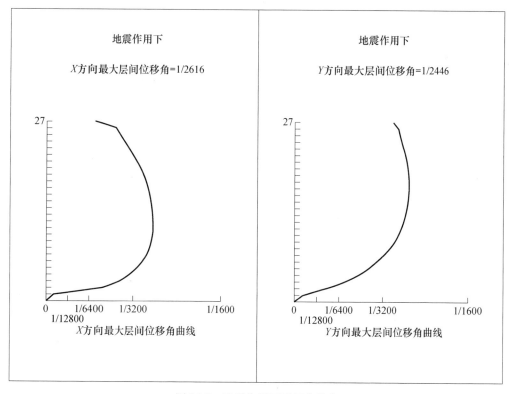

图 16-5 地震作用下层间位移角

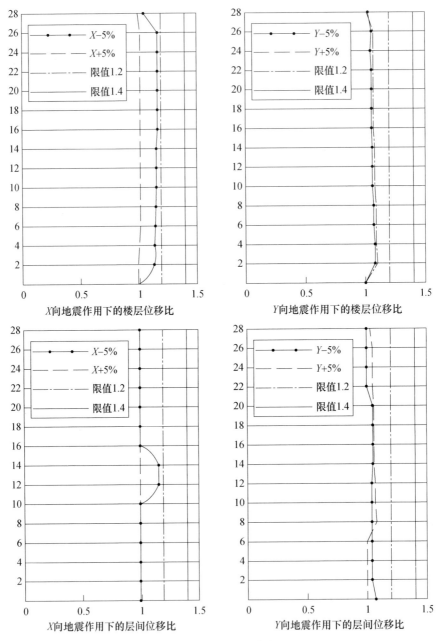

图 16-6　位移比曲线

5. 剪重比

《高层混凝土结构规程》4.3.12 条规定多遇地震水平地震作用计算时，楼层剪重比不应小于楼层最小地震剪力系数 0.8。对于竖向不规则结构的薄弱层，尚应乘以 1.15 的增大系数。

按照规范的要求在水平地震作用下，结构各楼层最小地震剪力系数不应小于 0.8%。图 16-7 分别给出了地震作用下 X 方向和 Y 方向剪重比曲线，X 方向最小比值 1.9%，Y 方向最小比值 1.9%，均大于 1.6%，满足规范要求。

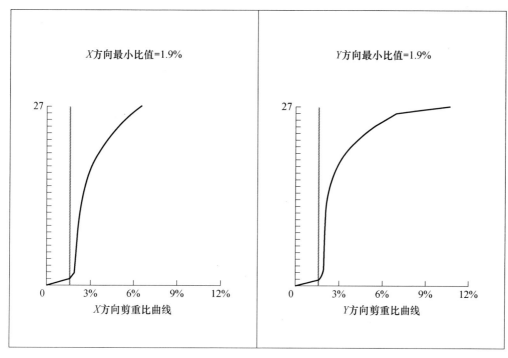

图 16-7　地震作用下剪重比

6. 楼层抗侧刚度比和受剪承载力比

《高层混凝土结构规程》3.5.2 条规定剪力墙结构楼层与相邻上层的侧向刚度比不宜小于 0.9；当本层层高大于相邻上层层高的 1.5 倍时，该比值不宜小于 1.1；对结构底部嵌固层，该比值不宜小于 1.5。

《高层混凝土结构规程》3.5.3 条规定 A 级高度高层建筑的楼层抗侧力结构的层间受剪承载力不宜小于其相邻上一层受剪承载力的 80%，不应小于其相邻上一层受剪承载力的 65%。

图 16-8 给出了 X 向、Y 向楼层侧向刚度比曲线，从图中可见比值不小于 1.0 满足规范要求。上部几层刚度突变主要因为屋面构架层刚度较弱，底部楼层刚度突变，主要是由于地下室相关范围抗侧力构件刚度的影响。从塔楼中部曲线变化趋势较平稳过渡。

图 16-9 给出了楼层受剪承载力比，最小数值 0.98 大于规范最小限值 0.8 的要求，屋顶构件处出现剪力突变。

7. 轴压比

《高层混凝土结构规程》6.4.2 条规定抗震等级三级时，钢筋混凝土柱轴压比不宜超过 0.85；7.2.13 条规定重力荷载代表值作用下，二、三级剪力墙墙肢的轴压比不宜超过 0.6 的限值。

二层剪力墙轴压比如图 16-10 所示，剪力墙抗震等级三级，轴压比限值 0.6。图中最大轴压比 0.58 满足要求。塔楼结构剪力混凝土有 C40、C35、C30 三种等级，随着结构高度的增加混凝土的强度等级相应减少，保证换混凝土强度等级位置轴压比数值平缓过渡。剪力墙配筋如图 16-11 所示。

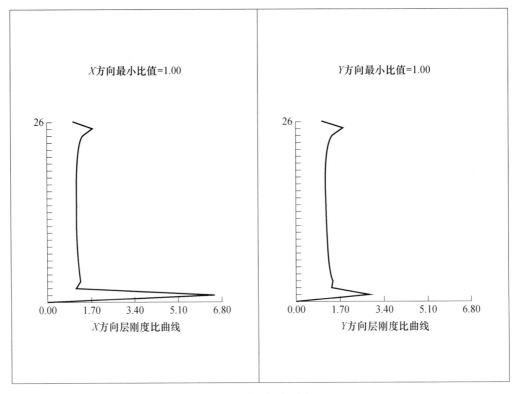

图 16-8　楼层侧向刚度比

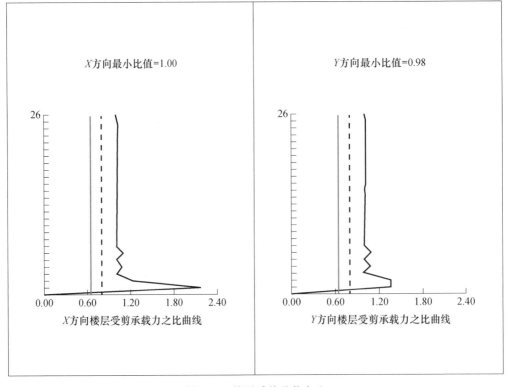

图 16-9　楼层受剪承载力比

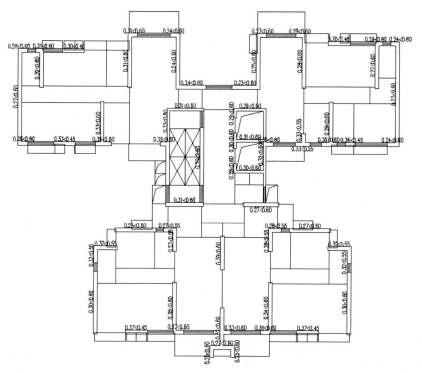

图 16-10　二层剪力墙轴压比

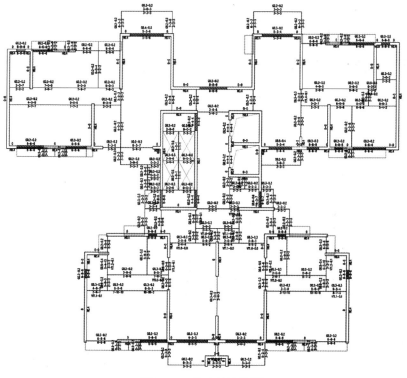

图 16-11　剪力墙配筋图

16.6 地基基础设计

16.6.1 基础选型

本场区土（岩）层从上至下依次为人工素填土①（Q^{ml}），未完成自重固结，第四系冲积粉质黏土 $Q4^{al}$，第四系残积粉质黏土 $Q4^{el}$，白垩系（K）强风化泥质粉砂岩，岩体完整程度为极破碎，岩体基本质量等级为Ⅴ，白垩系（K）中风化泥质粉砂岩，岩体完整程度为较完整，岩体基本质量等级为Ⅳ级。

基础采用机械旋挖成孔灌注桩基础，桩端持力层为中风化泥质粉砂岩，桩端极限端阻力标准值为 6000kPa。桩径 900~1300mm，扩大头尺寸桩径加 400mm，桩身混凝土强度等级 C30。桩顶端设置桩承台厚度 1m，桩基础及桩承台平面布置图如图 16-12 所示。

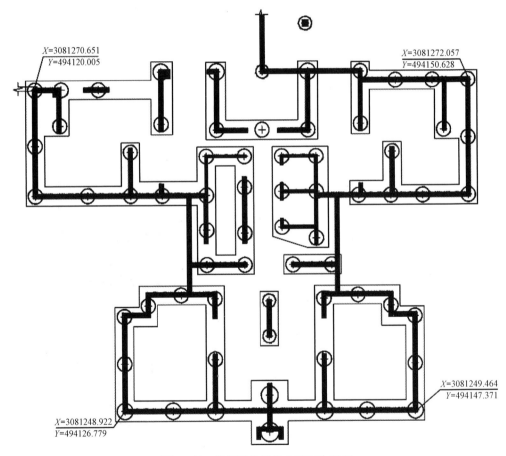

图 16-12　桩基础及桩承台平面布置图

机械旋挖灌注桩桩端应嵌入中风化泥质粉砂岩不小于 1m，桩长大于 6m，桩端下 3 倍桩径且不小于 5m 范围内应无软弱夹层、断裂破碎带和洞穴分布，并应在柱底应力扩散范围内无岩体临空面。

泥浆护壁旋挖桩基成孔应配备成孔和清孔用泥浆及泥浆池，在容易产生泥浆渗漏的土层中可采取提高泥浆相对密度，掺入锯末、增黏剂提高泥浆黏度等维持孔壁稳定的措施。

16.6.2　地下室抗浮

地下室主体结构平面两向最大尺寸为 113.2m 和 63.0m，地下室层高为 3.3m，顶板采用实心无梁楼盖，板厚 400mm，柱顶设托板满足抗冲切的要求。地下室底板及侧墙剪力墙厚 300mm，框架柱截面 500mm×600mm。

地下室抗浮设计水位 44.0～45.5m，抗浮水头 1.5～1.9m，底板水浮力活荷载标准值 20kPa。塔楼区域自重满足抗浮要求，地下室顶板覆土 1.5m 并考虑结构自重，地下室整体抗浮满足规范 1.05 系数要求。

第17章

框架-剪力墙结构实例

主体结构采用由剪力墙和框架共同承受竖向和水平作用的框架-剪力墙结构。塔楼典型结构平面图如图 17-1 所示，典型楼层梁布置图如图 17-2 所示，结构所采用的计算模型轴测图如图 17-3 所示，剪力墙面积较小为少墙框架结构。塔楼尺寸为 38.90m×17.00m，房屋高度 77.0m，高宽比 4.52，满足规范最大高宽比限值 6 的要求。

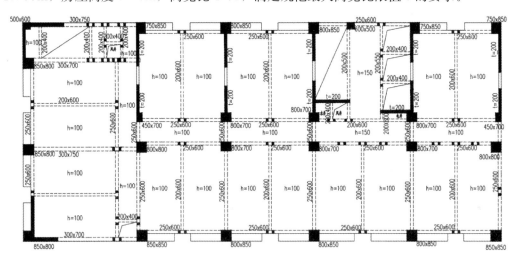

图 17-1　典型结构平面图

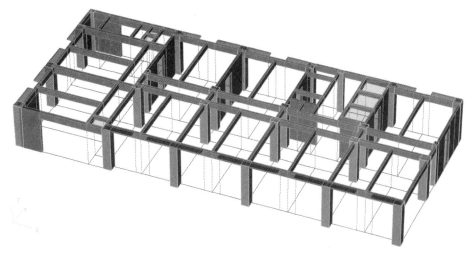

图 17-2　典型楼层梁布置图

框架柱截面尺寸 850mm×800mm，750mm×800mm，800mm×700mm 等，框架梁截面尺寸 200mm×600mm、250mm×600mm、300mm×700mm 等，剪力墙厚 250mm、200mm，电梯前室和较大洞口周边采用 150mm 厚楼板保证水平力的有效传递，其余区域楼板根据楼板跨度取 100～110mm 厚。

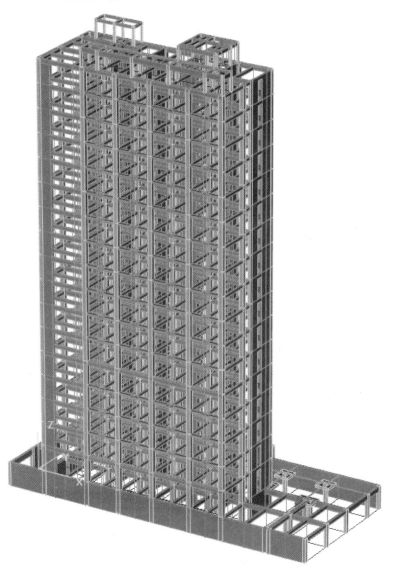

图 17-3　计算模型轴测图

第18章

框架-核心筒结构实例

主体结构采用由核心筒与外围的稀柱框架组成的框架-核心筒结构。塔楼典型结构平面图如图 18-1 所示,典型楼层梁布置图如图 18-2 所示,结构所采用的计算模型轴测图如图 18-3 所示。塔楼尺寸为 29.70m×29.70m,核心筒尺寸 13.6m×9.9m,房屋高度 57.6m,高宽比 5.8 满足规范要求。

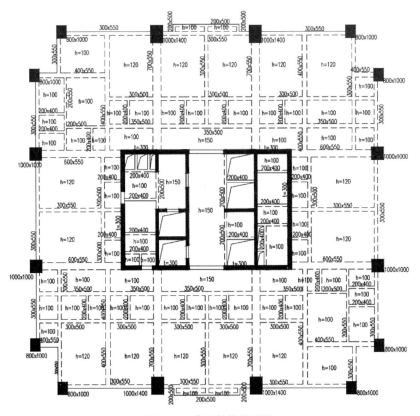

图 18-1 典型结构平面图

塔楼外围设置 16 根框架柱,柱截面尺寸 800mm×1000mm～1000mm×1200mm,中部核心筒底部剪力墙厚 300mm、350mm、200mm。框架柱与核心筒采用宽扁梁连接,梁截面 300mm～700mm×550mm。核心筒中部电梯前室和较大洞口周边采用150mm 厚楼板保证水平力的有效传递,其余区域楼板根据楼板跨度取 100～130mm 厚。

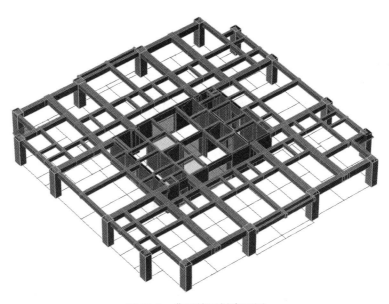

图 18-2　典型楼层梁布置图

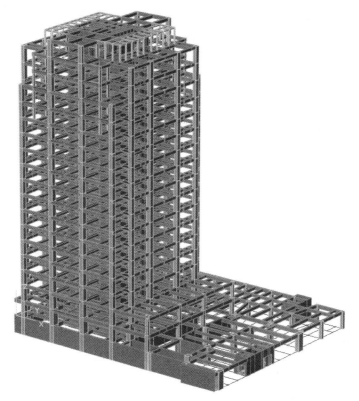

图 18-3　计算模型轴测图

第19章 门式钢架实例

19.1 工程概况

某单层工业厂房采用双跨双坡门式刚架,厂房长 192m,宽 48m,檐口高 15.3m,屋面坡度为 5%。纵向温度区段长度小于 300m,不设置伸缩缝,单跨跨度 24m,柱距 8m,共设置 25 榀刚架。单跨内布置两台中级工作制软钩吊车,起重量为 16/3t 和 10/3t。屋面及墙面板采用 0.5mm 厚单层镀锌压型彩板加保温棉。

场地工程地质调查及现场钻孔勘察情况,附近断层未在本场地通过,未发现崩塌、滑坡等其他不良地质作用,场地东侧局部存在岩溶发育。场地岩溶有一定的平面延续性,充填特征为全充填,填充物的成分主要为软塑状的粉质黏土。溶洞微发育,其上部灰岩及粉质黏土透水性较弱,对天然地基浅基础施工影响不大。区域地质稳定,适宜于本工程的建设。

19.2 设计条件

(1) 结构重要性系数 1.0,主体结构设计使用年限 50 年。

(2) 设计条件:屋面恒载 0.3kN/m²,屋面活载 0.5kN/m²,基本风压 $W_0 =$ 0.35kN/m²,建筑物地面粗糙度类别 B 类,风荷载体型系数按门式刚架规范要求取值,β 系数计算主刚架时取 1.1,计算檩条、墙梁屋面板和墙面板及其连接时取 1.5。对雪荷载敏感的结构,采用 100 年重现期的雪压,基本雪压取 0.5kN/m²。气温最低 −11.5℃,最高 40.5℃。

(3) 地震参数:抗震设防烈度 6 度,设计基本地震加速度 0.05g,设计地震分组第一组,场地特征周期 0.35s,结构阻尼比 0.05,水平地震影响系数最大值为 0.04。

(4) 抗火设计:建筑耐火等级二级,柱、柱间支撑耐火极限 2.5h,屋顶承重构件、屋盖支撑、系杆耐火极限 1.0h,钢结构节点的防火保护应与被连接构件中防火要求最高者相同。

钢结构的防火保护采用喷涂防火涂料的措施。防火涂料热传导系数 0.1W/(m·℃),密度 680kg/m³,比热 1000J/(kg·℃)。采用钢构件截面周边刷涂的膨胀性防火涂料。

(5) 吊车荷载:吊车跨度 22.5m,吊钩桥式起重机中级工作制。起重量 16/3t,最大轮压 16.8t,最小轮压 5.61t;起重量 10/3t,最大轮压 13.0t,最小轮压 3.53t。

(6) 场地的工程地质及水文地质情况:场地类别为Ⅱ类,土对混凝土结构具有微腐蚀性，对钢筋混凝土结构中钢筋具有微腐蚀性。

（7）建筑分类等级：建筑结构安全等级二级，地基基础设计等级丙级，建筑抗震设防类别丙类，建筑物耐火等级二级。

19.3　结构类型

主体承重结构采用变截面或等截面实腹刚架。门架计算模型如图 19-1 所示。边柱下段截面采用 H600mm×300mm×10mm×12mm，上段截面采用 H500mm×300mm×10mm×20mm；中柱下段截面采用 H650mm×350mm×10mm×20mm，上段采用 H500mm×350mm×10mm×20mm。梁截面选用 H400mm×250mm×10mm×12mm 和变截面 H400mm～700mm×250mm×10mm×16mm 两种形式。两端山墙每 8m 设置 1 根抗风柱。主体刚架材质 Q345B。

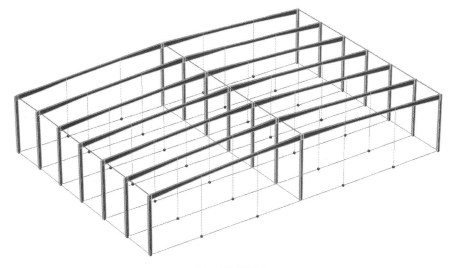

(a) 三维轴测图

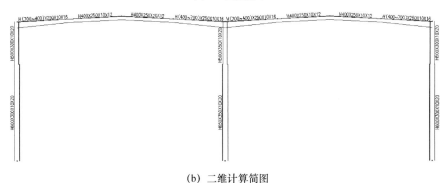

(b) 二维计算简图

图 19-1　门架计算模型

柱脚采用外露式刚接柱脚，刚架采用端板式连接节点，分段位置保证钢构件长度不超过 12m。

每隔 32m 设置 φ20 水平支撑，相应开间设置柱间支撑，牛腿以下柱间支撑采用格构式角钢桁架，牛腿以上柱间支撑采用圆钢管。屋盖边缘设置纵向支撑，屋脊和檐口位置设置撑杆。吊车梁采用实腹式 H 型钢，设置水平制动桁架。材质 Q235B。

屋面墙面檩条间距 1.5m，Z 形连续檩条截面采用 XZ250mm×75mm×20mm×2.5mm，柱距范围布设 2 道拉条，檐口屋脊位置设置斜拉条。每隔 3m 布设角钢隅撑。

19.4　地基基础设计

本场区土（岩）层从上至下依次为素填土①1（Q^{4ml}）、杂填土①2（Q^{4ml}）、耕土①3（Q^{4ml}）、淤泥质粉质黏土②1（Q^{4pd}）、粉质黏土③1（Q^{3al}）、粉质黏土③2（Q^{3al}）、粉质黏土③3（Q^{3al}）、全风化泥灰岩④1（D^{qlh}）和中风化灰岩⑤1（D^{qlh}）。

基础采用柱下独立基础，基础平面布置图如图 19-2 所示。地基采用强夯处理，处理深度约 6m。经处理后，地基承载力特征值 f_{ak} 不小于 150kPa，地基土压缩模量不小于 6MPa。强夯地基要进行地基均匀性检验、承载力检验、压缩模量试验等现场原位试验或土工试验。

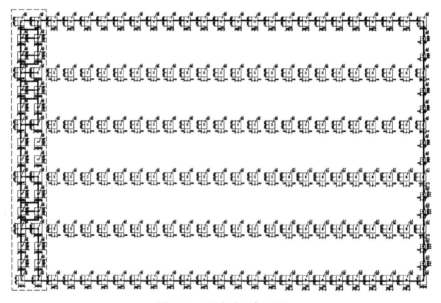

图 19-2　基础平面布置图

19.5　结构分析

19.5.1　主要参数和计算模型

主要设计参数见表 19-1，门架计算简图如图 19-3 所示，整体计算嵌固部位基础顶，工况荷载图如图 19-4 所示。

表 19-1　主要参数

计算参数	赋值
结构重要性系数	1.00
结构类型	门式刚架轻型房屋钢结构
设计规范	按《门式刚架轻型房屋钢结构技术规范》（GB 51022—2015）
活荷载计算信息	考虑活荷载不利布置
风荷载计算信息	计算风荷载
钢材	Q345（Q355）
梁柱自重计算信息	梁柱自动都计算
梁柱自重计算增大系数	1.2
梁刚度增大系数	1.0
钢结构净截面面积与毛截面面积比	0.85
钢梁（恒＋活）容许挠跨比	1/180
柱顶容许水平位移/柱高	1/180
地震作用	不考虑地震作用
防火设计计算	考虑防火设计
建筑耐火等级	二级

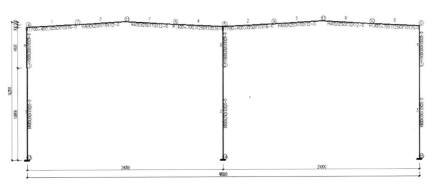

图 19-3　门架计算简图

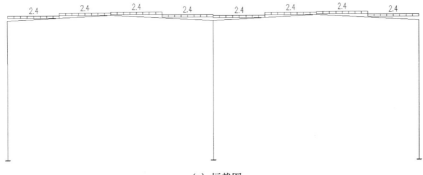

(a) 恒载图

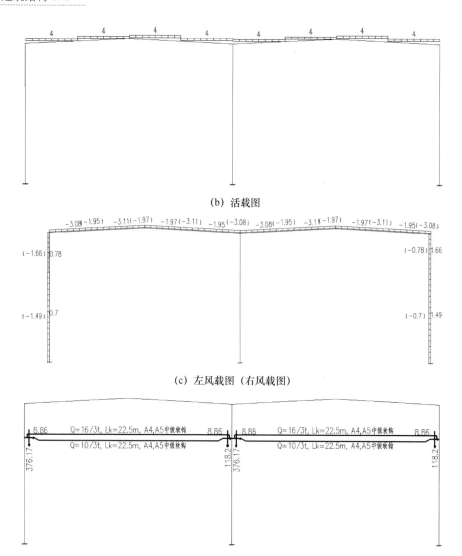

(b) 活载图

(c) 左风载图（右风载图）

(d) 吊车荷载图

图 19-4　工况荷载图（单位：kN/m，kN）

19.5.2　计算结果

1. 各工况内力包络图

图 19-5 给出了各工况内力的包络图。

2. 构件设计结果

钢构件配筋包络和钢结构应力比如图 19-6 所示。

门架中柱下段截面尺寸 H650mm×350mm×10mm×20mm，截面宽厚比等级 S3，计算长度：$L_x=19.87$m，$L_y=10.80$m，计算长度系数：$U_x=1.84$，$U_y=1.00$，平面内长细比：$\lambda_x=70.9$，平面外长细比 $\lambda_y=128.1$；腹板高厚比 61 小于容许宽厚比 250，翼缘宽厚比 8.50 小于容许宽厚比 12.38；强度计算应力比 0.322；平面内稳定计算最大应力 142.84N/mm²；平面内稳定计算最大应力比 0.484，平面外稳定计算最大应力

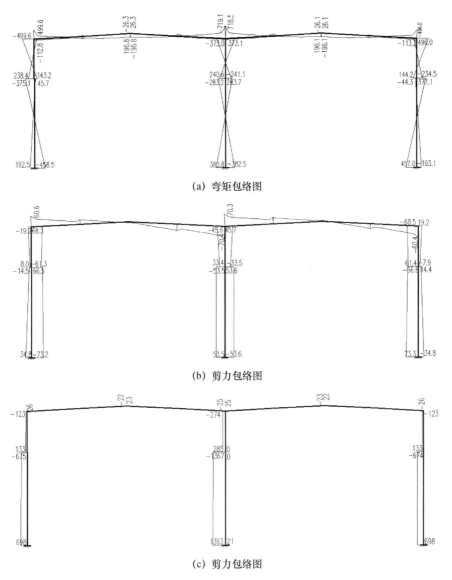

(a) 弯矩包络图

(b) 剪力包络图

(c) 剪力包络图

图 19-5　工况内力包络图（单位 kN·m，kN）

比 0.935。

门架中部檐口钢梁截面尺寸 H700～400mm×250mm×10mm×16mm，截面宽厚比等级 S3，计算长度：$L_x = 24.03$，$L_y = 3.00$，腹板高厚比 51.80 小于容许高厚比 250，翼缘宽厚比 7.50 小于容许宽厚比 12.38；强度计算应力比 0.83；抗剪强度计算应力比 0.215；平面外稳定计算最大应力比 0.602。

3. 防火设计结果

《建筑钢结构防火技术规范》3.2.6 条规定钢结构构件的耐火试验和防火设计，可采用耐火极限法、承载力法或临界温度法。本实例采用承载力法进行计算，钢构件防火计算结果如图 19-7 所示。

钢柱耐火等级二级，构件设计最小耐火时间为 2.5h，以中柱为例无防护下钢构件

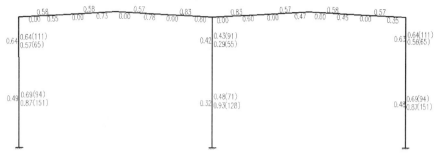

图 19-6　钢结构应力比图

最大升温 1081.13℃，按临界温度法求得临界温度 650.54℃，计算所需等效热阻 0.2404（m²·℃/W）。强度计算荷载比 0.05，平面内稳定计算荷载比 0.08，平面外稳定计算荷载比 0.10。

门架中部檐口处钢梁构件耐火等级二级，构件设计最小耐火时间为 1.50h，无防护下钢构件最大升温 1003.80℃，按临界温度法求得临界温度 617.25℃，计算所需等效热阻 0.1613（m²·℃/W）。强度计算荷载比 0.41，平面内稳定计算荷载比 0.00，平面外稳定计算荷载比 0.26。

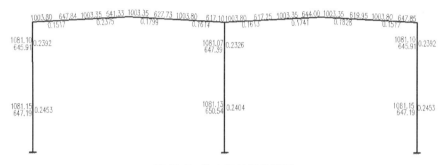

图 19-7　防火设计结果简图

4. 结构位移图

《门式刚架轻型房屋钢结构技术规范》3.3.2 条、3.3.3 条规定门式刚架斜梁仅支承压型钢板屋面和冷弯型钢檩条时，构件挠度限值 1/180；由柱顶位移和构件挠度产生的屋面坡度改变值，不应大于坡度设计值的 1/3。

《门式刚架轻型房屋钢结构技术规范》3.3.1 条规定在风荷载或多遇地震标准值作用下地面操作吊车单层门式刚架的柱顶位移限值 1/180。门式刚架位移图如图 19-8 所示。

钢梁的最大挠度值 90mm，最大挠度/梁跨度 ＝1/267，满足挠跨比限值 1/180，钢梁坡度初始值 1/20，变形后斜梁坡度最小值 1/25.4，变形后斜梁坡度改变率 0.21 小于 1/3。

风荷载作用下柱顶最大水平位移，水平位移 10.928mm，柱顶位移和柱高度比 1/1427，满足柱顶位移容许值 1/180 要求；吊车水平刹车力作用下最大节点水平位移 10.3mm，柱顶位移和高度比 1/1520，满足柱顶位移容许值 1/180 要求。

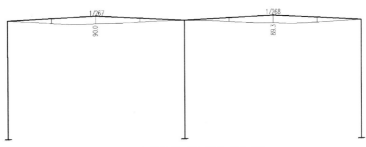

（a）钢梁绝对挠度图（恒+活）

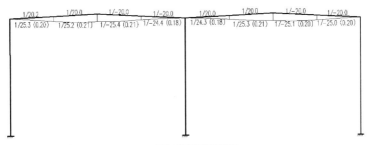

（b）钢斜梁坡度图

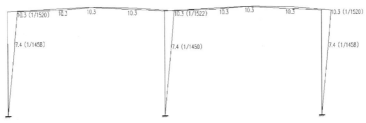

（c）吊车水平荷载位移图（mm）

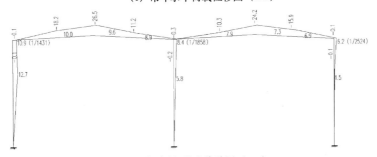

（d）左风1节点位移图（mm）

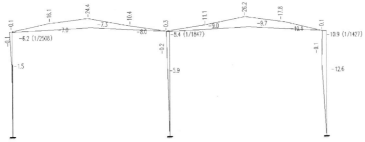

（e）右风1节点位移图（mm）

图 19-8　门式刚架位移图

第20章

钢框架实例

20.1 结构类型

主体结构采用由框架及支撑共同组成抗侧力体系的钢框架-中心支撑结构。典型结构平面及立面如图20-1所示，典型楼层梁布置图如图20-2所示，结构的计算模型轴测图如图20-3所示。柱网尺寸6～9m，纵横两个方向设置钢框架，部分楼层纵横两个方

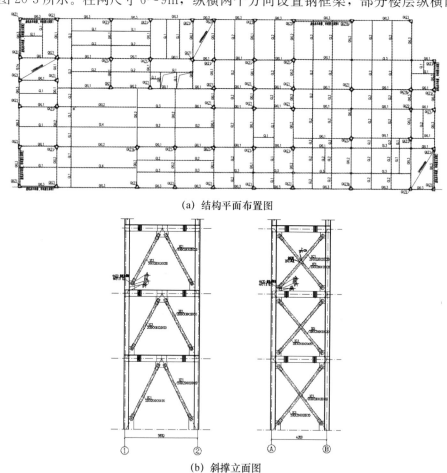

(a) 结构平面布置图

(b) 斜撑立面图

图20-1 典型结构布置图

向不均匀设置柱间支撑。框架箱形柱截面尺寸 400mm×400mm×20mm×20mm、400mm×400mm×34mm×34mm、600mm×600mm×36mm×36mm，框架梁截面采用热轧 H 型钢截面 HN350～900mm，柱间支撑箱形截面 200mm×200mm×20mm×20mm，组合楼板厚度 100～120mm。

钢柱柱脚与地下室混凝土柱铰接，经计算，结构地下一层与首层的侧向刚度比值 X 向为 57.3、Y 向为 75.2，满足地下室顶板作为上部结构嵌固端的刚度要求。

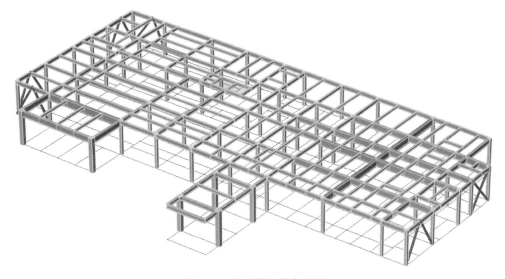

图 20-2　典型楼层梁布置图

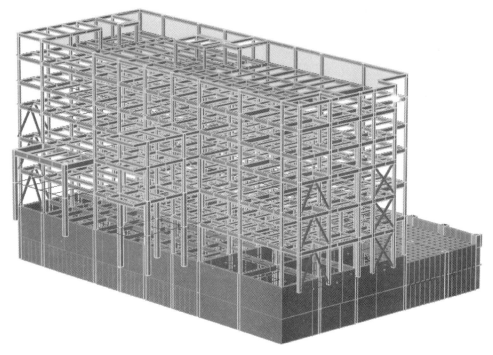

图 20-3　计算模型轴测图

20.2　柱脚连接设计

　　钢柱柱脚与地下室混凝土柱采用铰接连接形式。锚栓直径采用 M24，锚栓材质 Q345B。柱脚锚栓不承受柱脚底部的水平剪力，剪力由底板和混凝土间的摩擦力承担，摩擦系数可取 0.4。柱脚连接大样如图 20-4 所示。

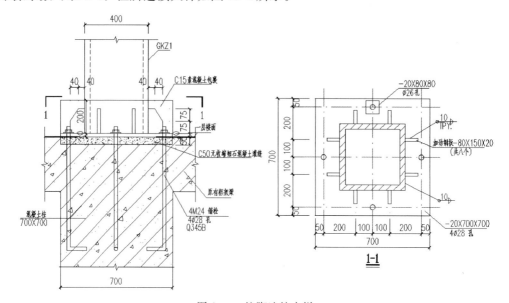

图 20-4　柱脚连接大样

第21章

钢管混凝土束剪力墙结构实例

　　主体结构采用钢板组合剪力墙结构。塔楼典型结构平面图如图 21-1 所示，典型楼层梁布置图如图 21-2 所示，结构所采用的计算模型轴测图如图 21-3 所示。塔楼地上 26 层，地下一层，标准层层高 3.0m，总高 78.30m，±0.00 标高为 69.60m。主体平面两向最大尺寸分别为 26.1m×22.4m，高宽比 3.5，满足《钢板剪力墙技术规程》(JGJ/T 380—2015) 第 3.1.5 条。

　　本工程按 7 度抗震设防，地震动峰值加速度取 0.10g，设计地震分组第 1 组，场地类别为 Ⅱ 类，特征周期 0.35s，结构阻尼比：多遇地震作用下为 0.035，风荷载作用下风振舒适度验算为 0.015，水平地震影响系数最大值 0.08，建筑的抗震设防类别为标准设防类。

　　塔楼钢板组合剪力墙结构中的钢板厚 5mm，墙厚 150mm，钢梁截面 H400～600mm×150mm×8mm×10mm、次梁截面 H400mm×130mm×6mm×8mm、H250mm×130mm×6mm×8mm、H400mm×130mm×8mm×10mm 等。标准层钢筋桁架楼承板厚度为 100mm，屋面钢筋桁架楼承板厚度为 120mm。竖向构件采用钢板组合剪力墙，楼板采用可拆卸钢筋桁架楼承板，楼梯采用预制混凝土楼梯。钢构件采用工厂预制。

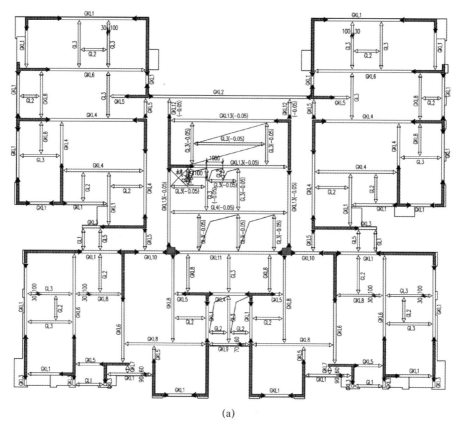

(a)

梁截面表

梁截面形式	梁编号	规格（HxBxtwxtf）	钢材材质	梁截面形式	梁编号	规格（HxBxtwxtf）	钢材材质
	GKL1	H450X150X8X10	Q355B		GL1	H450X150X8X10	Q355B
	GKL2	H550X150X10X12	Q355B		GL2	H300X130X6X8	Q355B
	GKL3	H450X150X8X10	Q355B		GL3	H400X130X8X10	Q355B
	GKL4	H450X150X8X10	Q355B		GL4	H500X130X8X10	Q355B
	GKL5	H400X150X8X10	Q355B		GL5	H450X130X8X10	Q355B
	GKL6	H500X150X8X10	Q355B				
	GKL7	H300X130X6X8	Q355B				
	GKL8	H400X130X8X10	Q355B				
	GKL9	H450X130X8X10	Q355B				
	GKL10	H550X150X10X12	Q355B				
	GKL11	H600X150X10X14	Q355B				
	GKL12	H500X150X10X12	Q355B				
	GKL13	H550X150X10X12	Q355B				

(b)

图 21-1　典型结构平面图

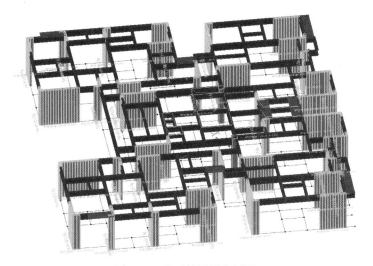

图 21-2　典型楼层梁布置图

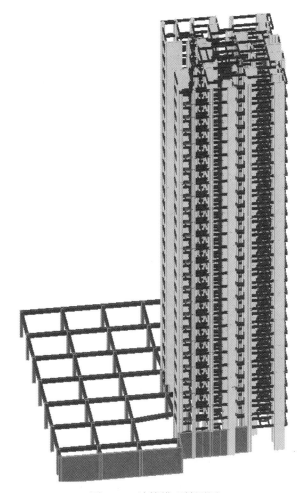

图 21-3　计算模型轴测图

参考文献

[1] 中华人民共和国住房和城乡建设部，中华人民共和国国家质量监督检验检疫总局. 建筑结构荷载规范：GB 50009—2012. 北京：中国建筑工业出版社，2012.

[2] 中华人民共和国住房和城乡建设部，中华人民共和国国家质量监督检验检疫总局. 混凝土结构设计规范：GB 50010—2010. 北京：中国建筑工业出版社，2010.

[3] 中华人民共和国住房和城乡建设部. 高层建筑混凝土结构技术规程：JGJ 3—2010. 北京：中国建筑工业出版社，2010.

[4] 中华人民共和国住房和城乡建设部，中华人民共和国国家质量监督检验检疫总局. 建筑抗震设计规范：GB 50011—2010. 北京：中国建筑工业出版社，2010.

[5] 中华人民共和国住房和城乡建设部，中华人民共和国国家质量监督检验检疫总局. 钢结构设计标准：GB 50017—2017. 北京：中国建筑工业出版社，2017.

[6] 中华人民共和国住房和城乡建设部，中华人民共和国国家质量监督检验检疫总局. 门式刚架轻型房屋钢结构技术规范：GB 51022—2015. 北京：中国建筑工业出版社，2015.

[7] 中华人民共和国住房和城乡建设部，中华人民共和国国家质量监督检验检疫总局. 建筑钢结构防火技术规范：GB 51249—2017. 北京：中国计划出版社，2017.

[8] 中华人民共和国国家质量监督检验检疫总局，中国国家标准化管理委员会. 中国地震动参数区划图：GB 18306—2015. 北京：中国标准出版社，2015.

[9] 张雨滋. Rhino 5.0 完全实战技术手册［M］. 北京：清华大学出版社，2016.

[10] 曾旭东，王大川，陈辉. RHINOCEROS&GRASSHOPPER 参数化建模［M］. 武汉：华中科技大学出版社，2011.

[11] 卫涛，杜华山，唐雪景. 草图大师 SketchUp 应用：快速精通建模与渲染［M］. 武汉：华中科技大学出版社，2016.

[12] 北京金土木软件技术有限公司，中国建筑标准设计研究院. SAP2000 中文版使用指南［M］. 北京：人民交通出版社，2012.

[13] 北京迈达斯技术有限公司. midas Building 工程实例分析与疑问解答［M］. 北京：中国建筑工业出版社，2013.

[14] 涂振飞. ANSYS 有限元分析工程应用实例教程［M］. 北京：中国建筑工业出版社，2008.

[15] 王玉镯，傅传国. ABAQUS 结构工程分析及实例详解［M］. 北京：中国建筑工业出版社，2010.

[16] 张谨，杨律磊. 动力弹塑性分析在结构设计中的理解与应用［M］. 北京：中国建筑工业出版社，2016.

[17] 罗赤宇，焦柯，吴文勇，等. BIM 正向设计方法与实践［M］. 北京：中国建筑工业出版社，2019.

[18] 刘广文. Tekla 与 Bentley Bim 软件应用［M］. 上海：同济大学出版社，2017.

[19] 赵顺耐. Bentley BIM 解决方案应用流程［M］. 北京：知识产权出版社，2017.

[20] 国家标准建筑抗震设计规范管理组. 建筑抗震设计规范（GB 50011—2010）统一培训教材［M］. 北京：地震出版社，2010.

[21] 李永康，马国祝 . PKPM2010 结构 CAD 软件应用与结构设计实例［M］. 北京：机械工业出版社，2012.

[22] 李星荣 . PKPM 结构系列软件应用与设计实例［M］. 北京：机械工业出版社，2014.

[23] 杨星 . PKPM 结构软件从入门到精通［M］. 北京：中国建筑工业出版社，2008.

[24] 陈岱林，高航 . 结构软件技术条件及常见问题详解［M］. 北京：中国建筑工业出版社，2015.